AF274505

# TU
# PRIMER
# PASADO

Juan Suárez Quintanilla
Alejandro García-Pérez

# TU
# PRIMER
# PASADO

De célula a humano,
así se construyó tu cuerpo

la esfera de los libros

Primera edición: septiembre de 2024

© Juan Suárez Quintanilla, 2024
© Alejandro García-Pérez, 2024
© La Esfera de los Libros, S.L., 2024
Avenida de San Luis, 25
28033 Madrid
Tel.: 91 443 50 00
*www.esferalibros.com*

ISBN: 978-84-1384-899-0
Depósito legal: M. 17.296-2024
Fotocomposición: J. A. Diseño Editorial, S.L.
Impresión y encuadernación: Huertas
Impreso en España-*Printed in Spain*

# Índice

*A Mila y a Valentina,*
*ellas representan el soporte vital de nuestra existencia.*

# Introducción
# UNA CUESTIÓN DE SUERTE

Si estás leyendo este libro significa que te ha tocado vivir el mejor período histórico de la humanidad. Piensa en todos los avances que forman parte de tu día a día, las comodidades de las que disfrutas y el grandísimo abanico de posibilidades que se presenta ante ti a lo largo de tu recorrido por este mundo. Esto ya de por sí es un privilegio y debemos de estar agradecidos por ello. Por si fuera poco, ya el mero hecho de «vivir» es alucinante, y aunque esto te suene un poco grandilocuente, podríamos denominarlo como «la condición de mayor fortuna del universo conocido». Cuando un ser vivo nace, tiene como función biológica más importante crecer, desarrollarse y transmitir sus genes a generaciones futuras para perpetuarse. Pero el nacimiento en sí mismo es muy injusto, ya que, según el lugar donde te corresponda nacer, los genes que heredes o la situación histórica y socioeconómica de la que disfrutes, tendrás mayor o menor capacidad para desarrollar tu vida de la forma en que desees.

Con los años, los seres humanos a menudo reflexionamos sobre nuestra existencia presente y pasada y una de las preguntas que habitualmente nos hacemos, y podemos suponer que tú no eres una excepción, es en qué grado somos o hemos sido felices y si hemos tenido suerte. Quizás, si profundizamos acerca del lugar que ocupas como ser humano en este querido planeta Tierra y en cómo has llegado hasta aquí, podamos ayudarte para que tengas presente la suerte de la que disfrutas y, por lo tanto, la oportunidad inestimable que te ofrece la vida para alcanzar la felicidad.

Analízalo detenidamente. Para que una persona de edad avanzada haya sido moderadamente feliz durante su vida (la felicidad absoluta probablemente no exista), la cantidad de casualidades biológicas que han ocurrido son inmensas. En primer lugar, esa persona ha nacido en un planeta biológico (hasta donde se sabe, la Tierra es el único conocido del universo con esas características); para ello, ha sido el mejor de los cientos de miles de espermatozoides de su padre y ha conseguido encontrar un óvulo viable de su madre para nacer y desarrollarse. No solo eso, sino que todo ha ocurrido en una época como la actual en la cual tenemos agua, luz y comida de fácil acceso en la mayor parte de los lugares que han permitido que esa persona crezca con buena salud hasta alcanzar una edad avanzada. De haber ocurrido cualquier mínimo fallo en este increíble concatenamiento de millones de sucesos posibles, no podríamos existir ni, por tanto, alcanzar un mínimo de felicidad.

Para que valores lo importante que es el haber nacido en una zona desarrollada, solo debes imaginarte cómo sería tu vida si después de los complicados procesos biológicos que te han formado en el interior del útero de tu madre, hubieses aparecido en otro lugar del planeta. Naciendo en España como nosotros, perteneces al país número treinta y cuatro en riqueza por persona y al treinta más poblado del globo terráqueo con casi cuarenta y ocho millones de habitantes, una cifra manejable con un sistema democrático. Pero si por un casual vivieses en China o India, con una población superior a mil cuatrocientos millones de habitantes, entonces la dificultad de convivencia por la superpoblación probablemente convertiría tu vida en un número más de la estadística de la competencia por los recursos a tu alcance. El hecho es que son los seres vivos, y en este caso los humanos, los complicados, de acuerdo con el principio biológico de competencia de especies.

La vida es una disputa permanente por los recursos que nos rodean, y de la misma forma que en los documentales de la vida animal puedes ver cómo los depredadores atacan y matan a sus presas por hambre o por necesidad de recursos de agua, los seres humanos organizamos guerras por obtener fuentes de riqueza como el petróleo, el gas, el oro o los diamantes. Incluso en nuestras sofisticadas estrategias de depredación, utilizamos diferencias religiosas, culturales, sociales o sexuales para que la manada nos ayude a pelear, sin que conozcamos exactamente el fin último, que siempre suele ser el mismo: obtener recursos. Sirva como dato curioso de nuestro poder de depredación e inconsciencia el que refleja que solo ha habido doscientos noventa y dos años sin ninguna guerra en los últimos 5.500 de la historia de la humanidad. Es más, en ese período los seres humanos nos hemos enfrentado en 14.513 guerras, con un balance aproximado de 1.240 millones de vidas perdidas. Y seguimos sin aprender la lección, ya que en nuestra despiadada búsqueda de poder, actualmente existen más de sesenta conflictos bélicos en todo el mundo. Lo preocupante de estos datos es que el principio de «competencia biológica entre especies» en nuestro caso se ha convertido al singular, transformándose en «competencia de la propia especie».

Sin embargo, por muy complicados que sean los enfrentamientos entre los propios humanos, lo cierto es que todos hemos comenzado nuestra vida de la misma manera, siendo una sola célula, resultado de la unión de un óvulo de nuestra madre y un espermatozoide de nuestro padre, y tú no eres una excepción. Desconocemos el lugar donde has nacido y crecido, no tenemos ni idea de lo feliz que te sientes y tampoco podemos saber tu sexo, afiliación política, situación económica ni laboral. Pero, pidiéndote que respetes a los que no comparten tu forma de pensar y deseando que no seas de esas personas mezquinas que siendo de una condición política, religiosa o sexual creen que todos los que son de otra diferente son malos, la intención de este modesto libro es explicarte cómo la biología te creó, que es el mismo «pasado» que compartimos sin excepción todas las personas que habitan tu querido planeta Tierra.

Para ello lo primero es presentarnos. Como has podido comprobar en la portada, en este libro figuramos dos autores, Juan Suárez Quintanilla, médico estomatólogo y catedrático de anatomía y embriología de la Universidad de Santiago de Compostela, y Alejandro García Pérez, especialista en cirugía torácica en el Hospital Universitario de A Coruña e ilustrador médico. Nuestros mundos se cruzaron por azar hace muchos años cuando nos conocimos como profesor y alumno; tiempo después, en lo que parecía una simple llamada telefónica para compartir inquietudes, nació el germen de este libro que unió de nuevo nuestras pasiones e intereses, pero esa es otra historia.

Nuestra obligación como profesionales de la medicina y amantes de la divulgación científica es mostrarte cómo todas las personas que habitamos la Tierra somos iguales, con pequeñísimas variaciones genéticas del azar y muchísimos cambios de la suerte. El azar es una condición objetiva y universal que ha creado nuestro mundo, pero la suerte es una condición subjetiva que puede variar nuestra situación socioeconómica y nuestra capacidad intelectual, lo que nos obliga a ser respetuosos con el resto de los miembros de nuestra especie, ya que todos estamos sometidos a las mismas normas del azar. Te ofrecemos la siguiente reflexión: todos, independientemente de las leyes de la fortuna, hemos compartido durante nuestro desarrollo como seres humanos un hecho biológico común: en nuestro inicio hemos sido embriones y fetos. No hay evidencia más democratizadora en la ciencia que este hecho. Así pues, y teniendo en cuenta que en origen hemos sido todos exactamente iguales, ¿no crees que los seres humanos más afortunados deben intentar ayudar a las personas que tengan menos suerte?

Embrión y feto son los dos nombres genéricos que has tenido antes de tu nacimiento, mientras estabas en el útero. Has sido embrión en las primeras diez semanas del desarrollo y feto desde ese momento hasta el nacimiento. La diferencia estriba en algo muy simple. Antes de los tres meses, la forma de tu cuerpo no parecía humana y se asemejaba bastante a la de animales de otras especies, siendo muy difícil distinguir a simple vista por un inexperto entre las primeras fases del embrión de un humano, un pez, un anfibio o un reptil. En cambio, la palabra feto significa que ya tienes la forma de un ser humano y por lo tanto tu forma exterior es, aunque en miniatura, similar a la que tendrás cuando nazcas.

Para que entiendas el milagro biológico desde tu inicio, adelantaremos unos datos curiosos sobre tu tamaño mientras estabas en el útero de tu madre que puedes comparar con alimentos que seguramente tienes en tu cocina o en el supermercado más cercano. Así te darás cuenta de en qué poquito espacio se encuentra toda la información necesaria para construirte y cómo la biología aprovecha como nadie todos los huecos de la naturaleza para que la vida se haga camino. Cuando tenías cuatro semanas de vida, tenías el tamaño de un grano de sal gruesa. Dos semanas más tarde (seis semanas), tu tamaño era de una uva pasa, y es entonces cuando tu cuerpo emitió por primera vez uno de los sonidos más bonitos e increíbles que existen, el latido de tu corazón. A las diez semanas eras del tamaño de un tomate cherry, y tres semanas más tarde (trece semanas), te convertiste en un embrión del tamaño de un kiwi. Seguiste creciendo, para tener el tamaño de un limón a las catorce semanas, de una cebolla a las quince semanas y de una piña a las diecinueve semanas. En fin, no era nuestra intención que llenaras el frigorífico de tu casa de alimentos, pero a lo largo de este libro continuaremos haciendo comparaciones con objetos o alimentos conocidos y habituales en tu vida diaria, para que no pierdas la referencia del tamaño que tu cuerpo y alguna de tus estructuras tenían cuando aún no habías nacido. Es muy sencillo que calcules la edad del inicio de tu primer pasado como persona individual. Solo tienes que sumar a tu edad los nueve meses (o uno o dos menos si has nacido prematuro) en los que has estado en el interior de tu madre. En cambio, tu primer pasado evolutivo comenzó hace muchos millones de años, cuando aún no había vida. En realidad, cuando no había nada. Y este es el principal problema del conocimiento humano actual. Si no había nada, y dentro de muchísimos millones de años volverá otra vez a desaparecer todo el universo, entonces, ¿cuál es el sentido de la vida? Nosotros no lo sabemos, pero lo cierto es que tú eres un ser biológico y de alguna forma has aparecido en nuestro planeta. Este acontecimiento es el que da sentido al título del libro *Tu primer pasado*, porque, de forma muy modesta, intentaremos recorrer las diferentes etapas de tu desarrollo y explicarte esa vida pasada que nadie te ha contado, tu vida antes de que nacieses. Embárcate con nosotros en un camino donde conoceremos un poco mejor tu anatomía, desde esa célula progenitora de cada uno de tus padres hasta el ser humano desarrollado que eres en la actualidad o, dicho de otra forma, «de célula a humano, así se construyó tu cuerpo».

# 1
# Tu inicio

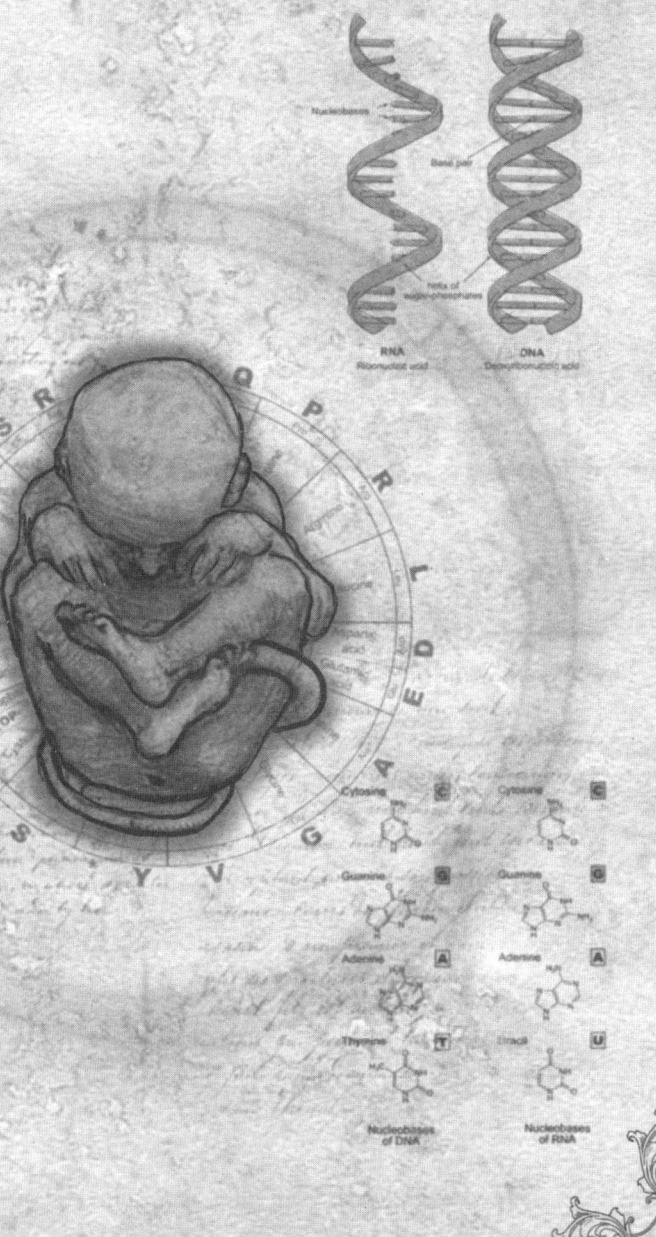

# ANTES DE TU INICIO

Siempre nos ha parecido una genialidad la forma en la que el gran científico Carl Edward Sagan divulgaba la cronología de la historia del universo, de nuestro planeta Tierra y del ser humano. En 1978, este gran astrónomo de Nueva York obtuvo el Premio Pulitzer por su obra titulada *Los dragones del Edén* y, dos años más tarde, en 1980, su fama se hizo eterna al divulgar en televisión la serie *Cosmos*, por la que fue galardonado con el Premio Emmy, que reconoce la excelencia en la industria de la televisión estadounidense.

En el libro y en la serie televisiva, Carl Sagan comparaba el período temporal desde el inicio del universo (hace unos quince mil millones de años) hasta nuestros días, con el transcurso de un año natural cualquiera. Así, el 1 de enero situaba la gran explosión de inicio del universo (el *big bang*), el 1 de mayo la formación de nuestra galaxia (la Vía Láctea), el 9 de septiembre la formación del sistema solar, el 14 de septiembre la formación de nuestro planeta Tierra, el día 2 de octubre ubicaba el inicio de la vida en la Tierra y el 31 de diciembre a las 22.30 la aparición del hombre. De esta forma tan gráfica, hemos podido entender cómo la historia de nuestra especie ocupa una pequeña porción de tiempo con respecto a la historia del universo (Figura 1).

Todos los seres humanos, en algún momento de nuestra existencia, nos hacemos las clásicas preguntas ¿de dónde venimos? y, por supuesto, ¿hacia dónde vamos? Es decir, siempre nos ha preocupado el origen del universo y de la especie humana. De la misma manera, nos inquieta el hecho de que nos extinguiremos como especie y de que el universo se irá apagando dentro de muchos millones de años. Aunque a los humanos nos encanta fantasear con cómo será nuestro futuro, lo cierto es que no podemos saber con exactitud qué nos ocurrirá como especie dentro de miles de años. Pero, en cambio, nuestro pasado sí que está algo más demostrado. Además del inicio de nuestro universo, en ese hipotético estallido inicial o *big bang*, sí

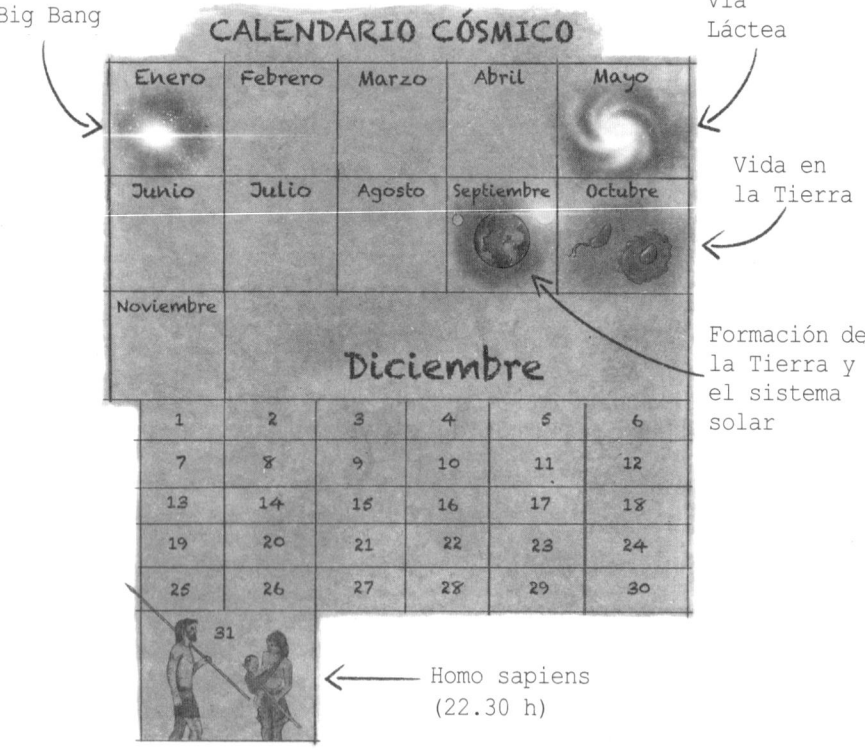

Figura 1. Calendario cósmico.

somos capaces de conocer con claridad nuestro primer pasado como seres individuales y este se sitúa inevitablemente en el útero de nuestra madre.

El período temporal del «primer pasado» de cada ser humano se puede entender de dos formas diferentes. Una, referida a la formación de nuestra especie sobre la Tierra a partir de nuestros antepasados evolutivos (evolución filogenética), y otra que explica la formación del cuerpo humano en el útero de nuestra madre a partir de las células progenitoras de nuestros padres (evolución ontogénica o embriológica). Es muy curioso observar cómo, en las primeras fases del desarrollo de un embrión humano, este se parece mucho al de otras especies. Esta característica tan peculiar no significa que al inicio del embarazo los embriones sean idénticos ni que lleven la misma información genética que los de otros animales, pero nos revela que los parecidos entre embriones están originados desde un punto evolutivo común. Por este motivo, y después de situar el período temporal de la aparición de la especie humana desde el inicio del universo, ahora debemos localizar nuestro presente en el lapso de tiempo desde los albores de la especie humana.

Volvamos al calendario cósmico de Carl Sagan. Si en la comparación entre la historia del universo y un año natural, los seres humanos aparecimos el 31 de diciembre a las 22.30 (hace dos millones de años), esa hora y media que nos queda en el calendario de Sagan hasta la actualidad está llena de sucesos impresionantes. A las 23 horas, 59 minutos y 20 segundos de la noche del calendario de Sagan (hace diez mil años reales), el ser humano inicia la agricultura. Desde entonces, aparecen las primeras civilizaciones (hace cinco mil años), el inicio de la utilización de los combustibles fósiles (hace doscientos años) y el ser humano llega a la luna (hace más de cincuenta y cinco años). Todo lo que podemos recordar de nuestra existencia en nuestro planeta se sitúa en el último segundo del calendario cósmico del año comparativo de Carl Sagan. ¡Ya ves! Nuestra existencia es un suspiro en el tiempo de la eternidad. Pero, aun así, eres la más importante y grandiosa criatura que ha aparecido en la Tierra y por eso mereces que te describamos esa genial obra de teatro que tus padres han interpretado un día para poder crearte.

Las primeras protagonistas que terminaron formando tu cuerpo son un actor con forma de célula de tu padre (el espermatozoide) y una actriz con forma de célula de tu madre (el óvulo). Estas células tienen tres características que las hacen únicas. La primera es que, a diferencia del resto de células de nuestro cuerpo, que replican la información genética para formar células hijas, las que te crearon solo aportarán cada una la mitad de la información genética para así, entre las dos, constituir una nueva célula que tenga tu dotación genética única e irrepetible. Es como si en un juego de naipes de cuarenta cartas, tu madre hubiese aportado veinte, tu padre otras veinte y tú fueses el resultado de mezclar una nueva baraja de cuarenta cartas. Otra característica peculiar, que, por desgracia, no siempre ocurre, es que estas células (espermatozoide y óvulo) son las únicas que pueden sobrevivir a nuestra propia muerte en forma de hija o hijo; al fin y al cabo, los descendientes son las únicas células vivas de un padre o una madre que ha fallecido. Y la tercera característica es relativa al tamaño, ya que el espermatozoide de tu padre era una de las células más pequeñas de su cuerpo, mientras que el óvulo era la célula más grande del cuerpo de tu madre. Este aspecto garantizó mejor la unión, puesto que facilitó la penetración del espermatozoide (célula muy pequeña) en el óvulo (la célula más grande). Esto sería imposible si la diferencia de tamaño entre las dos fuera menor.

## UNA CARRERA CONTRARRELOJ

Sin más preámbulo, empecemos lo que ha sido un viaje de nueve meses, que representa la formación de tu cuerpo humano, o, dicho de otra forma, tu primer inicio como ser humano, «tu primer pasado». Es posible que, como lectora o lector de este libro, nunca hayas obtenido el primer puesto en ningún deporte, ni tengas una medalla de oro de unas olimpiadas. Incluso puede ser que jamás compitieras en ningún evento deportivo o que no te motive el deporte. Pues bien, que sepas que en tu primer pasado, horas antes de formarte como célula (eso es lo primero que eras), se ha celebrado una carrera de fondo en la que la campeona o campeón has sido tú. Pero, además, no ha sido una competición de un escaso número de deportistas, ¡qué va!, tú has surgido de un campeonato en el que participaban millones de células y no era una carrera cualquiera, ha sido una carrera contrarreloj.

Según la edad que tengas pueden sonarte nombres como Farina, Fangio, Fittipaldi, Niki Lauda, Schumacher, Fernando Alonso o Hamilton. Sí, todos han sido campeones del mundo de Fórmula 1.[1] Sin embargo, nadie se acuerda de pilotos extraordinarios que no han alcanzado el pódium. Pues para que tú surgieras, tu primer pasado comienza con una carrera de entre doscientos y seiscientos millones de espermatozoides de tu padre en una búsqueda frenética del óvulo de tu madre. ¿Qué velocidad alcanzó el espermatozoide campeón de tu padre? La velocidad de los espermatozoides nada tiene que ver con las velocidades que se utilizan habitualmente en las carreras de Fórmula 1 (más de 300 km/h), ya que el espermatozoide que te ha formado llegó a la irrisoria velocidad máxima de entre dos y tres milímetros por minuto.[2] Ya sabes, cuando alguien te diga algo por ir despacio, puedes contestarle que aún más despacio ganó la carrera la célula de tu padre que te ha engendrado. Pero, aunque lenta, a esa carrera no le faltaba algo de estrés.

El 13 de julio de 1992, uno de los más grandes deportistas de todos los tiempos realizaba una hazaña épica. Se celebraba una carrera contrarreloj del Tour de Francia. El español Miguel Induráin fue capaz de ganar, con una diferencia con respecto a los favoritos de entre tres y diez minutos. Esta hazaña le valió el sobrenombre, entre sus compañeros, de el Extraterrestre.[3] Este tipo de carreras, como todo lo que se hace en la vida contrarreloj, supone una carga de estrés adicional, ya que no se tiene referencia de los rivales. Con ese mismo estrés se ha realizado la carrera para el encuentro de las células de tus padres, ya que los espermatozoides de tu padre no podían sobrevivir más allá de cuarenta y ocho horas y en ese tiempo han tenido que avanzar lo más rápido posible para encontrarse con el óvulo de tu madre. De la misma forma, el óvulo no puede ser fecundado después de veinticuatro horas desde su salida del ovario materno en su camino para encontrarse con los espermatozoides. En fin, ha sido una carrera lenta pero estresante.

## LOS VELOCISTAS

Describiremos ahora a las células protagonistas de la carrera inicial contrarreloj, que han conseguido ese complejo biológico extraordinario que eres como ser humano. Estas células son el óvulo de tu madre y el espermatozoide de tu padre.

Cuando Juan era un niño, solía jugar en un gran y hermoso parque, cuatro veces centenario, que tiene su ciudad (nació en Santiago de Compostela), que representa un gran pulmón ecológico y que ha sido testigo de confidencias, paseos familiares y enamoramientos diversos. Este gran espacio verde tiene una zona especial, que recibe el nombre de «paseo de la Herradura»[4] por su forma peculiar en «U» similar a la que se coloca en la pezuña de los caballos. Una de sus aficiones era la de ir con sus amigos a ver los renacuajos de un pequeño estanque de piedra que tenía forma de pez. Siempre había alguna cariñosa persona mayor que les explicaba que los renacuajos luego se convertían en ranas. Pero lo que más les gustaba era pescar los oscurillos y móviles renacuajos con una pequeña red, que colgaba de un aro metálico y que sujetaban con un palo. Intentaban competir entre ellos para ver quién podía coger más renacuajos y, como suele ocurrir, todos ganaban, bien porque contaban de más el número de renacuajos que cada uno había cogido, o bien porque decían aquello de «No vale, hicisteis trampas», como estrategia para repetir el juego.

La forma del espermatozoide de tu padre que ha ganado el campeonato y la de todos los que lo han acompañado en el viaje inicial era la de una especie de renacuajo, muchísimo más pequeño, por supuesto (un renacuajo mide más de 2 centímetros, mientras que un espermatozoide mide 0,05 milímetros), con una cabeza, un cuello y una cola[5] (Figura 2). El espermatozoide campeón (el que te formó) ha iniciado su salida en un flujo de líquido de entre 2 y 6 mililitros, acompañado de muchos otros (doscientos a seiscientos millones), pero, afortunadamente, los demás han perdido esa primera carrera contrarreloj. Y decimos afortunadamente, porque si el espermatozoide que ha contribuido a formar tu cuerpo (o el nuestro) no hubiera ganado, no podríamos estar escribiendo este libro y tú no estarías leyéndolo. El espermatozoide que ha contribuido a modelar tu cuerpo, tal y como te hemos mencionado, estaba compuesto por una cabeza, un cuello y una cola (como todos los espermatozoides) y, además, estaba provisto de unas estructuras asombrosas que le permitieron llegar a la meta de encontrarse con el óvulo y luego penetrar en él. Para conseguirlo necesitó combustible, y, curiosamente, no todos tenían el depósito con la misma cantidad. Sin embargo, el espermatozoide que te ha creado había llenado su depósito antes de salir a la carrera. El modo en que almacenan los espermatozoides la energía suficiente para intentar ganar la carrera fue una incógnita hasta el siglo pasado.

## EL DEPÓSITO DE CARBURANTE

En 1953, dos ilustres investigadores alemanes (Fritz Albert Lipmann[6] y Hans Adolf Krebs[7]) obtenían el Premio Nobel de Fisiología y Medicina. Habían descubierto que la corriente de fosfato originaba energía eléctrica similar, en las propias palabras de los investigadores, «a la energía de la corriente eléctrica en la vida de los seres humanos». El fosfato es imprescindible para la vida, y los seres humanos lo utilizan para producir energía en sus células. Esa energía está almacenada en una molécula denominada ATP,[8] cuyo nombre resulta un poco rimbombante: «adenosín trifosfato».

El combustible en forma de moléculas de ATP del espermatozoide que te ha formado no estaba disperso por toda su estructura, sino que la célula diseñó un sistema de depósitos independientes para no desperdiciarlo. Para poder controlar la cantidad de combustible estrictamente necesaria y desplazarse con velocidad, el cuello del espermatozoide está lleno de unas pequeñas estructuras con forma de bañera, similar a la que utilizó Julia Roberts en la famosísima película *Pretty Woman*. Las bañeras del espermatozoide se denominan mitocondrias (Figura 2) y son las responsables, como en el resto de las células, de almacenar la energía que necesitan. El combustible de las mitocondrias del cuello del espermatozoide está lleno de las moléculas de ATP que había descubierto Lipmann y por eso es fácil suponer que el espermatozoide que te ha formado tenía más combustible (en forma de ATP) que el resto para poder ser más veloz que todos sus adversarios en la gran carrera contrarreloj de tu primer pasado. Para que tu espermatozoide paterno se moviera, la energía de sus mitocondrias ha sido enviada hacia la cola del espermatozoide que, mediante una estructura en forma de látigo (flagelo) (Figura 2), pudo moverse e hizo avanzar el espermatozoide de tu padre en busca del óvulo de tu madre.

## EL ASALTO A LA MURALLA

La cabeza del espermatozoide de tu padre también tenía una característica muy curiosa. Estaba cubierta con un gorro (denominado acrosoma) (Figura 2), con una función algo diferente a la de los gorros que utilizamos habitualmente para combatir el frío. Se trata de un gorro de doble fondo, como los que se usan para proteger la cabeza de muy bajas temperaturas, pero, en este caso, ese doble fondo servía para llevar un regalo, quizás con el propósito de ser bienvenido al llegar al óvulo, igual que cuando llevamos algo a casa de quien nos invita a comer. De hecho, en el doble fondo de ese gorro, tu espermatozoide paterno transportaba unas sustancias (enzimas) imprescindibles para poder entrar en el óvulo de tu madre.

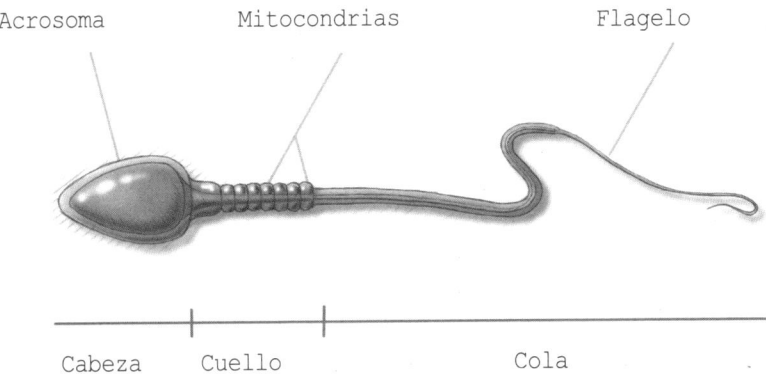

Figura 2. Espermatozoide.

En realidad, aunque las dos células que originaron nuestro cuerpo (óvulo y espermatozoide) han participado en la carrera contrarreloj del inicio de nuestra formación, hemos de decir que hasta este momento el óvulo prácticamente no ha realizado ningún esfuerzo físico destacable. Es más, al inicio de la carrera ni siquiera se encontraba en la línea de salida como los espermatozoides. Ciertamente, esta es una carrera con unas normas un poco extrañas, ya que la célula de tu madre (óvulo) ¡ha empezado a competir desde la línea de meta! Además, el avance del óvulo no se ha producido porque se moviera, sino que ha sido el útero (mediante contracciones de las trompas uterinas) el que ha acercado el óvulo en dirección a la línea de salida en busca de los espermatozoides. Por este motivo, los espermatozoides y el óvulo de tus padres se encontraron a mitad del camino de la carrera. Lo que sí es seguro es que tú te has formado porque ha sido el espermatozoide ganador de tu padre el que primero ha penetrado en el óvulo de tu madre.

Ya hemos señalado que el óvulo[9] es la célula más grande del cuerpo y se puede observar a simple vista (bueno, con una buena vista, porque mide 0,14 milímetros). Su forma puede ser aparentemente muy sencilla, pero podríamos decir que fue construida siguiendo los principios del gran arquitecto Vitruvio.

Vitruvio era el arquitecto de Augusto; en su juventud también lo fue de Julio César, allá por el siglo I antes de Cristo. Este prolífico romano estableció los tres principios de cualquier construcción equilibrada: solidez, utilidad y belleza. Propuso un sistema de construcción de ciudades circulares, protegidas por una muralla que, por fuera, establecía pequeños grupos de viviendas con fines ornamentales. En nuestro país existen muchos ejemplos de ciudades romanas que conservan sus murallas fortificadas, como las de Astorga, Tarragona, Zaragoza o Lugo. A nosotros nos gustaría hablarte en concreto de la de Lugo, donde está ubicado uno de los campus de nuestra universidad. Todo lucense siente un especial orgullo por el antiguo núcleo romano de su ciudad y su muralla, y no es para menos, ya que está formada por una estructura circular de más de dos kilómetros de longitud, llegando en algún punto a los doce metros de altura. Piensa el reto que debió de suponer levantar esta construcción para los arquitectos romanos del siglo III d. C. Esta fortificación, además, merece una mención especial puesto que es la única muralla romana del mundo que se conserva entera en todo su perímetro, tanto es así que ha sido declarada patrimonio de la humanidad por la UNESCO en el año 2000. Lugo es un muy buen ejemplo de que cuando una ciudad se propone mantener su patrimonio intacto, esta puede crecer sin alterarlo. Eso es lo que hicieron desde hace más de dieciocho siglos los habitantes de esta villa, y al contrario que muchas otras ciudades, amplió su casco urbano manteniendo inalterable el perímetro original de la muralla. Dentro de ella se encuentra el antiguo núcleo urbano, donde las gentes iban y venían en sus actividades comerciales y con el bullicio típico de cualquier ciudad. La muralla romana protege este núcleo y está rodeada de estrechas zonas verdes, hoy interrumpidas por la carretera, pero que entonces se continuaban con campos de flores y árboles.

Aunque el óvulo es como un globo esférico, si lo cortásemos por la mitad podríamos observar que, al igual que la ciudad de Lugo, tiene un núcleo grande y redondo, rodeado de una muralla en forma de una capa circular denominada «zona pelúcida» y que, por fuera de la misma, se encuentran las casas ornamentales del exterior de la muralla, que serían unas células formando una corona llamada «radiada» (Figura 3).

Cuando se encontraron los primeros espermatozoides de tu padre con el óvulo de tu madre, lo rodearon, y uno de ellos (el que finalmente te originó a ti) se hizo sitio entre las células de la corona radiada (las casas ornamentales que rodean la muralla), hasta contactar con la zona pelúcida (la muralla de la ciudad medieval). Entonces, el gorro de la cabeza del espermatozoide que te engendró (gorro que lleva por nombre acrosoma) eliminó su contenido para poder atravesar el anillo amurallado que rodeaba al óvulo (zona pelúcida) (Figura 4). El contenido del gorro, técnicamente, está formado por sustancias con nombres muy raros (hialuronidasa, esterasas, acrosina y neuraminidasa),[10] y has necesitado que los gorros de varios espermatozoides que formaban la cabeza de carrera vaciaran su contenido para facilitar que uno solo, el que te formó, pudiera atravesar la fortaleza amurallada del óvulo de tu madre. De modo que sentimos decirte que lo más probable es que tú no seas fruto del primer espermatozoide en alcanzar el óvulo, sino del que llegó primero al lugar indicado en el momento preciso. Además, el óvulo es muy selectivo y solo deja entrar a uno (bueno, a veces a dos o a tres, en el caso de gemelos o trillizos), sin darle ninguna recompensa u oportunidad al resto de los espermatozoides que han ayudado a que se pudieran unir las dos células de tus padres para tu inicio como ser humano.

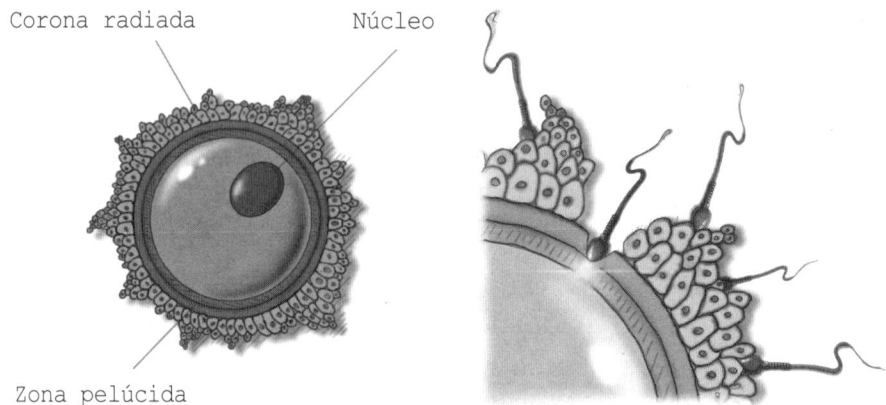

Corona radiada

Núcleo

Zona pelúcida

Figura 3. Óvulo.

Figura 4. Momento en que el
espermatozoide alcanza la zona pelúcida.

## CONSTRUYENDO TU LIBRO GENÉTICO

En los juegos olímpicos de invierno de la ciudad italiana de Turín en el 2006, competían todos los equipos en esquí de fondo. La canadiense Sara Renner[11] partía como favorita para la medalla de oro. De repente, en la carrera, uno de los bastones de esquí de la corredora se rompió. En ese momento apareció el entrenador de un equipo rival (Bjoermar Hâskenmoen, del equipo noruego) y le cambió su bastón por otro que estaba en buen estado. Cuando los jueces le preguntaron por qué había hecho eso, él respondió: «Si no ayudas a alguien cuando debes hacerlo, ¿qué tipo de victoria obtienes?». Personas como Bjoermar Hâskenmoen, que ayudan a sus rivales cuando han tenido un percance, deben ser premiadas, por enseñarnos a todos que, te cueste o no una medalla, algunas acciones humanas valen la pena, aunque pierdas, si has ganado en dignidad.

De igual forma que los jueces de los juegos olímpicos de Turín no puntuaron la ayuda del entrenador del equipo rival para que Sara Renner ganara, el óvulo no tuvo en cuenta el compañerismo de los rivales. En el mismo momento en que el espermatozoide ganador (el que te ha formado) atravesó la muralla del óvulo (zona pelúcida), este estableció un nuevo muro que impidió el paso a los demás espermatozoides. En ese instante se unieron las dos células (espermatozoide y óvulo) para formarte como una única célula. Bueno, es posible que tengas una hermana o hermano idéntica o idéntico a ti (gemela o gemelo). En ese caso, el óvulo de tu madre se dividió en dos (cosa que ocurre en uno de cada doscientos cincuenta nacimientos), pero compartes la misma carga genética de tu padre y de tu madre. También puede ser que seas melliza o mellizo de tu hermana o hermano que te ha acompañado en el parto. Entonces sois diferentes porque lo que ha ocurrido es que dos óvulos de tu madre han sido fecundados por dos espermatozoides diferentes de tu padre, lo que se da con una frecuencia mayor, en uno de cada cien partos. Aún es más raro que compartas el parto con dos o más hermanos o hermanas (los trillizos aparecen en uno de cada seis mil partos y los cuatrillizos en uno de cada quinientos mil partos).[12]

Nos gustaría saber cómo te llamas y seguro que tienes un nombre muy bonito, pero hemos de decirte que en el momento en que fuiste una sola célula resultado de la unión del espermatozoide y del óvulo, has recibido el nombre tan peculiar de «cigoto» [13] (Figura 5). A partir de ahí, te has ido dividiendo para formar todas las estructuras de tu cuerpo. Este momento (fecundación) marcará el primer día de tu desarrollo, el primer día de «tu primer pasado». ¿Cuánto tiempo has tenido la forma de una célula y te has llamado cigoto? De la misma manera que el primer encuentro entre tus padres (más corto, o más largo) pudo haber tenido momentos de miradas mutuas, carantoñas o comentarios graciosos, tenemos que comunicarte que cuando el espermatozoide de tu padre y el óvulo de tu madre formaron una única célula (cigoto), dentro de esa célula, y durante unas treinta horas, hubo intercambio de información genética para decidir cómo ibas a ser tú. Es decir, la información genética de tus padres se entrelazó para poder construir tu libro genético. Estas treinta horas han determinado tu variabilidad genética, un mecanismo que garantiza con mucho éxito la perpetuación de las especies.

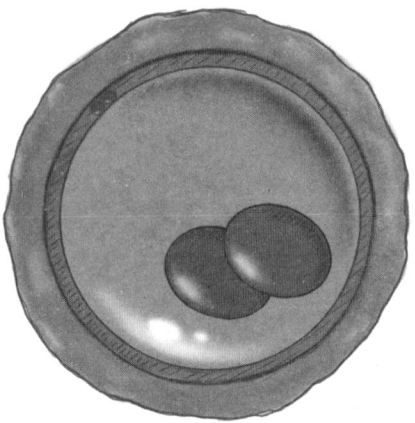

Figura 5. Cigoto.

La reproducción sin sexo (asexual) de algunos animales muy primitivos en la escala evolutiva originaba descendientes idénticos a su progenitor o progenitora. Esta igualdad genética de la descendencia tenía un peligro que consistía en que, cuando una enfermedad o una condición adversa afectaba a una especie, la extinguía en muy poco tiempo, porque no había diferentes individuos con diferentes cargas genéticas que pudieran ser resistentes a esa enfermedad o condición. Sin embargo, la reproducción sexual origina descendencias genéticamente distintas de las de sus progenitores, lo que garantiza variaciones en la susceptibilidad ante una enfermedad o adversidad del medio ambiente que les toque vivir. Te pondremos un ejemplo fácil de entender. Imaginemos que un virus infecta una especie animal en la que todos los miembros son genéticamente idénticos. Si el virus origina mortalidad, es evidente que puede provocar la extinción de esa especie porque todos son igual de sensibles a él. Aunque si un virus infecta una especie en la que todos sus miembros tienen variaciones genéticas entre ellos, algunos morirán por la infección, pero siempre habrá otros que sobrevivirán porque serán resistentes. ¡Imagínate lo que le hubiese ocurrido a la humanidad si durante la pandemia del Covid-19 hubiésemos compartido exactamente el mismo libro genético! Estas variaciones genéticas nos ayudan a adaptarnos, y ese es tu secreto, eres una persona que genéticamente perteneces a los seres humanos, pero tienes diferencias en tu genoma con respecto a tu madre, a tu padre y al resto de los seres de nuestro planeta, todo gracias a la variabilidad genética que proporciona nuestra reproducción sexual. Parece increíble cómo esta compleja variabilidad se ha planificado mientras eras tan solo una única célula.

Para entender lo que ha ocurrido durante las treinta horas que has sido una sola célula (cigoto), permite que te hagamos una comparación. Imagínate que tu madre y tu padre entran en una biblioteca. Cada uno lleva una colección de libros que contiene más de tres mil millones de letras (las letras de la información genética de su célula). Bueno, tendrían que llevar la colección de libros en un camión porque, considerando que el gran libro de Cervantes, el *Quijote*, tiene más de dos millones de letras, sería el equivalente de mil quinientos libros como el de Cervantes. Durante treinta intensas horas tienen que redactar un libro nuevo con la mitad de las hojas que cada uno lleve en su biblioteca. Así, el resultado de este masivo intercambio literario entre tus padres es tu libro genético, que a partir de ese momento se empieza a fotocopiar. Por lo tanto, has sido una célula única durante treinta horas de intercambio genético entre las dos células progenitoras mientras poco a poco se construía tu código genético. A pesar de todo, esta situación no duró mucho, ya que, a partir de esas treinta horas, comenzó tu multiplicación. A modo de ejemplo, si te fecundaron el 1 de enero, empezaste a multiplicarte en más células entre el 2 y el 3 de enero.

Si te gustan las cuestiones asombrosas y te fascinan los gigantescos números de estrellas, planetas y constelaciones del universo, quizás te sorprendan los datos relativos a la información que contenía tu libro genético cuando eras una sola célula o cigoto. Esa célula estaba capacitada para formarte como ser humano, es decir, en palabras de Bill Bryson,[14] eres una persona con 37,2 billones de células, con una información genética contenida en quince mil millones de kilómetros de tu ADN y que estás organizada con una estructura formada por siete billones de billones de átomos (un 7 seguido de 27 ceros). Todo ha surgido de la información de esa única célula. Es curioso cómo los físicos buscan sin cesar las partículas subatómicas del universo, pero lo hacen en el que se encuentra fuera de nuestro cuerpo, porque existe otro universo subatómico en nuestro interior, que también está esperando por nosotros para ser descubierto.

## TUS PRIMERAS DIVISIONES

Después de ser una célula durante más de un día, has comenzado a dividir cada célula en otras dos idénticas multiplicando el número de células de tu cuerpo: primero dos, luego cuatro, luego ocho y luego dieciséis. Paremos aquí. Estas pocas divisiones se han realizado durante unos dos días (si comenzaste a formarte el 1 de enero, estamos en el día 4 de enero). Debes de disculparnos por este lío de nombres, pero ya no te llamas cigoto, ahora respondes al apelativo de mórula.[15] ¿Y por qué mórula? Porque te pareces a las moras o zarzamoras que crecen entre los zarzales. Las zarzas son arbustos trepadores con tallos llenos de espinas y que se sitúan en caminos y senderos. En alguno de estos lugares llenos de zarzas se ha construido un edificio singular de nuestro país, el palacio de la Zarzuela, por lo que la denominación del domicilio actual de los reyes de España en Madrid procede de ahí. Las zarzas existen en muchísimos lugares de la naturaleza y seguro que tú las has visto unas cuantas veces. Si volviésemos a alguno de los recuerdos de la infancia de Juan, otro de ellos sería el paseo de regreso de la playa bajo un sol abrasador, por un camino sin asfaltar lleno del polvo que se desprendía al paso de los coches, que, como él, volvían de disfrutar de un plácido baño veraniego. A los lados, la vegetación llena de zarzas exhibía pequeños frutos negros y rojos. Eran las moras o zarzamoras. Sus padres no le dejaban comerlas porque, como es lógico, le decían que estaban sin lavar y que le podían «sentar mal». Es curioso, pero esa prohibición le ayudó a agudizar el ingenio. Lo que hacía era quedarse rezagado en el camino para que, cuando los mayores no le miraran, coger todas las moras que podía y comérselas de forma disimulada. Bueno, suponemos que esas moras llenas del polvo del camino han contribuido a mejorar su sistema inmunológico, ya que, según los expertos, una de las causas que favorecen la eclosión de tantas alergias es la ausencia de exposición a sustancias cuando nuestro sistema de defensa infantil tendría que aprender a convivir con ellas.

Pues bien, la forma que tenías, cuando solo eras un conjunto de dieciséis y luego de treinta y dos células, es la de una mora (Figura 6). Cada célula que componía tu cuerpo en ese momento es similar a cada uno de los pequeños granitos que puedes observar en una mora. En tus primeros cuatro días de existencia biológica ya te hemos puesto dos nombres, «cigoto» durante tus dos primeros días y «mórula» hasta tu cuarto día. Como curiosidad te diremos que el fruto de la zarza, denominada mora o zarzamora, ha dado lugar a que antiguamente se les llamara «zarzamora» a las personas con los ojos de color negro, y ha inspirado en Andalucía una famosa copla del mismo nombre —compuesta por Quintero, León y Quiroga en 1946— que trata sobre una guapa mujer por el parecido que tenía el color de sus ojos con las negras zarzamoras:[16]

*En el café de Levante, entre palmas y alegría,*
*cantaba la Zarzamora.*
*Se lo pusieron de mote porque dicen que tenía*
*los ojos como la mora.*
*¿Qué tiene la Zarzamora que a todas horas*
*llora que llora por los rincones?*
*Ella que siempre reía y presumía*
*de que partía los corazones.*

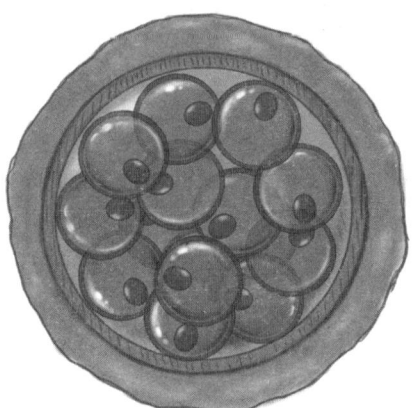

Figura 6. Mórula.

Cuando eras como una mora (mórula) y, por supuesto, no eras más que un pequeño conjunto de células, aún te quedaba un largo camino por delante para poder convertirte en una persona viable por tus propios medios. De todos modos, tus células se comunicaban entre ellas de la misma forma que, en el principio de la evolución de la vida, los animales más simples tenían mecanismos para interpretar el medio que los rodeaba y así reconocer la presencia de sus células vecinas mediante un sistema de señales químicas. Esta forma de comunicación se denomina vía de señalización HIPPO. Es un sistema que permite controlar el crecimiento celular, determinar el tamaño de tus órganos y programar la muerte de algunas células que deben sacrificarse para dejar espacio para formar otras. Pues bien, este sistema de señales es el que regulará la unión y el número de divisiones de tus células durante todo el proceso de formación de tu cuerpo.

## TUS CÉLULAS SE REAGRUPAN

Durante el cuarto día de formación, las células de tu cuerpo con estructura de mora siguen dividiéndose al mismo tiempo que todas están muy unidas entre sí. Entonces ocurrió un proceso que, otra vez, te cambió el nombre. De repente, un líquido procedente del útero de tu madre se introdujo entre la masa de células de la mora (mórula) y ocupó un espacio que desplazó tus células hacia la periferia. Ese líquido formó una cavidad con un nombre técnico muy singular («cavidad blastocística o blastocele»). En ese momento dejaste de llamarte mórula para tener el nombre de «blastocisto»[17] (¡y ya has tenido tres nombres raros!). La forma que tenías era la de una cavidad con un conjunto de células desplazadas y apelotonadas en uno de los puntos del interior (Figura 7). Es como si la misión humanitaria UNPROFOR[18] quisiera mantener tus células agrupadas en una esquina de tu frágil estructura para protegerlas.

Embrioblasto

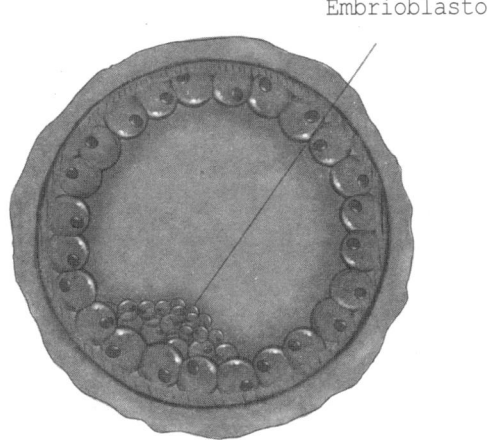

Figura 7. Blastocisto.

Posiblemente la palabra UNPROFOR te suene rara. Estas son las siglas de las fuerzas de protección de las Naciones Unidas. Se constituyeron en 1992 durante las guerras de Yugoslavia. La función de esta institución era la de mantener la paz (o por lo menos intentarlo) en territorios en los que hay conflictos bélicos. Una de sus estrategias más exitosas era la de reagrupar a la población civil y protegerla, para poder utilizar con más eficacia los recursos sociosanitarios destinados al cuidado de las personas más vulnerables. Además, buscaban un lugar seguro, lejos de las zonas de peligro, para establecer grandes campamentos donde los aviones podían aterrizar con todo lo necesario para que la población pudiera recibir la atención adecuada. Esta estrategia de reagrupamiento de defensa de la población civil se repitió en conflictos bélicos posteriores en las misiones «de paz», aunque resulte complicado entender que apliquemos las palabras «de paz» a cualquier cosa que tenga que ver con la guerra.

Cuando tú eras un blastocisto, es decir, una cavidad ovoide con líquido en el medio rodeada de tus células, tu cuerpo realizó dos fenómenos prodigiosos que te salvaron la vida. En primer lugar, un conjunto de células (las que llevaban la misión de formar tu cuerpo) se reagruparon como la estrategia de las misiones de paz, constituyendo una masa celular suficiente para tener la capacidad de nutrirse y de formarte como embrión. Entonces, otra vez cambiaste de nombre, y pasaste de llamarte blastocisto a embrioblasto, una denominación que has tenido desde el quinto día hasta el séptimo día desde la fecundación. ¡Si comenzaste a formarte el 1 de enero, pasaste la festividad del día de los Reyes Magos con la forma de un embrioblasto!) (Figura 7).

El segundo fenómeno que te salvó la vida se lo debes a tu madre, como en numerosas ocasiones de la historia de la humanidad en que las madres han salvado de forma instintiva a su descendencia. Alguien dijo que «el amor de madre no entiende de imposibles», y en tu caso, el cuerpo de la tuya realizó un hito biológico sorprendente. Al mismo tiempo que te formabas como embrioblasto en el interior, su útero programaba la muerte de miles de sus células, configurando una cavidad en su pared que permitió alojarte en ella para que te desarrollaras y crecieras sin que ningún movimiento brusco te molestara. Este fenómeno de programar la muerte de células para facilitar la vida de otras se conoce con el nombre de apoptosis. Los mecanismos sobre la muerte programada o apoptosis en la formación del cuerpo humano fueron descubiertos por los profesores Sydney

Brenner,[19] Robert Horvitz y John Sulston, que obtuvieron en el año 2002 el Premio Nobel de Fisiología.[20]

## TUS TRES MONEDAS

Desconocemos si te gusta la numismática (disciplina que consiste en coleccionar monedas), pero tu desarrollo como ser humano, después de ser embrioblasto, tiene mucho que ver con la forma de las monedas. En la mitología romana, Juno Moneta[21] era la diosa del cielo y de la luz, además de protectora de la fertilidad. Su templo en Roma estaba situado al lado de una casa que ella protegía y donde se acuñaron las primeras monedas de la historia, de ahí su nombre. Aunque lo más común es ver monedas circulares, también existen algunas algo alargadas o elongadas. A veces, cuando visitas una ciudad o monumento, si te fijas lo suficiente, podrás encontrar unas extrañas máquinas con aspecto de caja de engranajes con una manivela en las que, si insertas una moneda (normalmente cinco céntimos en territorio del euro), te la devuelve elongada con un bonito troquelado a modo de recuerdo relacionado con el lugar donde te encuentras. Este tipo de monedas-*souvenir* fueron fabricadas por primera vez para la Exposición Universal de Chicago en 1892.

Volviendo de nuevo a tu primer pasado, entre el día 8 y el día 14 del inicio de la formación de tu cuerpo, las células que se disponían apelotonadas en un extremo del interior de la cavidad son las que te dan forma de embrión, razón por la que se denominarán en conjunto embrioblasto. Unos días después, las células que formaron tu cuerpo se colocaron ligeramente hacia el centro de la cavidad, quedando esta dividida en dos cavidades internas llamadas saco vitelino y cavidad amniótica (Figura 8). Las células que constituirán todo tu cuerpo serán las que se sitúen en el centro de la cavidad, por lo que nos centraremos en explicarte solo la cantidad de modificaciones de esas células, sin aburrirte con el destino de las dos cavidades que las rodean (saco vitelino y cavidad amniótica), aunque, para hacerles justicia, te diremos que esas dos cavidades han sido imprescindibles para tu nutrición y defensa durante todo el desarrollo hasta el día en que naciste.

Tus células del centro de la cavidad (el embrioblasto) se dividieron en dos capas, adoptando una disposición similar a la de dos monedas elongadas (una encima de la otra) (Figura 9), como las que se fabricaron por primera vez en la Exposición Universal de Chicago. Las células de la capa superior (la moneda superior) reciben en conjunto el nombre de epiblasto, mientras que las células de la capa inferior (la moneda inferior) forman lo que se conoce con el nombre de hipoblasto. De este modo, la forma que tienes cuando has terminado tu segunda semana del desarrollo es la de dos láminas o monedas unidas ovaladas y elongadas. Por eso, en este momento, cuando tienes unas dos semanas de vida, dejaste de llamarte embrioblasto y te bautizaron con el nombre de embrión bilaminar,[22] porque ¡ahora ya eres un embrión de dos láminas de células! (Figura 9). De repente, en tu cuerpo comenzó a originarse un surco, como si un labrador invisible pasara su arado para iniciar la plantación de la cosecha de patatas.

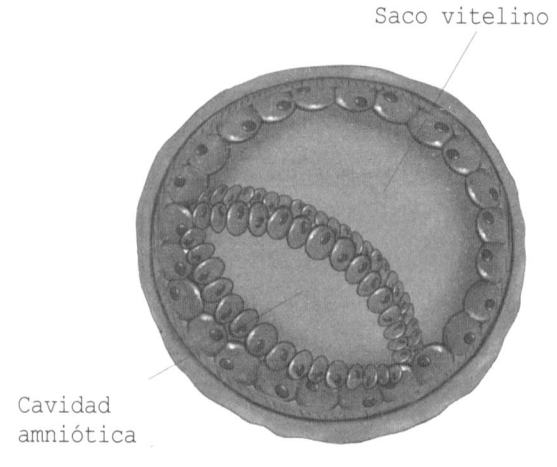

Figura 8.

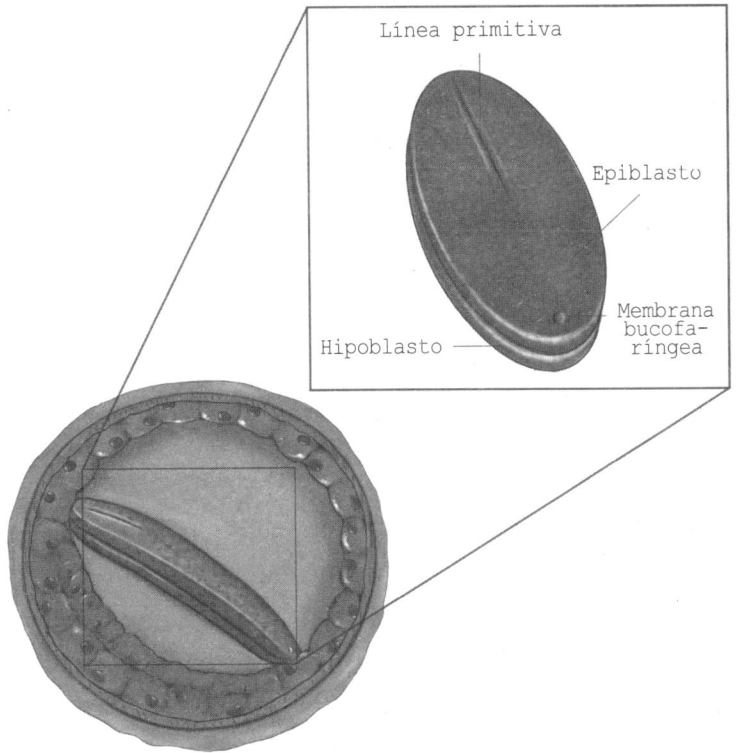

Figura 9.

Suponemos que alguna vez en tu vida has visto arar la tierra. El arado es una de las herramientas más antiguas utilizadas en la agricultura; de hecho, allá por el cuarto milenio antes de Cristo, en la antigua Mesopotamia, ya se empleaba.[23] El diseño del arado está pensado para abrir surcos y remover la tierra antes de la siembra, ya que estos antiguos agricultores se dieron cuenta de que las semillas crecían mejor en tierra desmenuzada. Inicialmente, los arados eran de madera y tirados por personas, pero posteriormente se comenzaron a usar bueyes a modo de tracción. Alejandro ha nacido en un pequeño pueblo en el interior de Galicia llamado Chantada. Allí, además de buen vino (su ribera forma parte de la famosa Ribeira Sacra), hay una profunda tradición ganadera, y aunque él no ha llegado a verlo nunca, sí ha escuchado las historias de su abuelo, quien le explicaba lo dura que era antes la vida en el campo y cómo, siendo niño, llevaba esos bueyes para arar la tierra durante pesadas jornadas de trabajo. Con el paso del tiempo, la vida ha mejorado y los avances tecnológicos han facilitado el trabajo en el campo. Así, hoy en día, y si has tenido la suerte, como Alejandro, de haber nacido en un pequeño pueblo de la Galicia rural, estarás harto de ver los famosos tractores verdes de la marca John Deere. Pues bien, ese mismo John Deere, en sus orígenes, fue un humilde herrero estadounidense quien, tras mucho empeño e ingenio, inventó el primer arado de acero en el año 1837, convirtiéndose posteriormente en uno de los mayores fabricantes de equipos agrícolas y de construcción del mundo.[24]

Volviendo al inicio de la tercera semana de tu desarrollo, cuando tenías la forma de dos monedas elongadas, una encima de la otra, apareció un surco como el que haría un John Deere en la tierra (Figura 9). Este surco se llamaba línea primitiva y empezó en uno de los extremos de la superficie superior de una de tus monedas y fue avanzando hacia el otro extremo. Igual que un labrador introduce las semillas en el interior del surco que ha arado, tus células de la superficie se colocaban poco a poco entre las dos capas de células de tu cuerpo, para terminar formando una tercera capa celular entre las dos, como quien inyecta queso fundido entre dos rebanadas de pan para hacer un bocadillo (Figura 10). De esta manera, al final de la tercera semana de tu desarrollo, tu aspecto ya no es el de dos monedas elongadas unidas, sino el de tres monedas elongadas unidas, las dos que ya tenías y una nueva capa de células que se introdujo entre las otras dos. Por este motivo, en la tercera semana de tu desarrollo como embrión, ya no eres bilaminar (dos láminas), ahora eres un embrión trilaminar (tres láminas o tres monedas elongadas y apiladas).[25] Las tres láminas o las tres monedas apiladas tienen ahora nombres propios. La capa superior (la moneda superior) se llama ectodermo; la capa intermedia (la moneda intermedia) es el mesodermo y la capa inferior (la moneda inferior) se denomina endodermo.

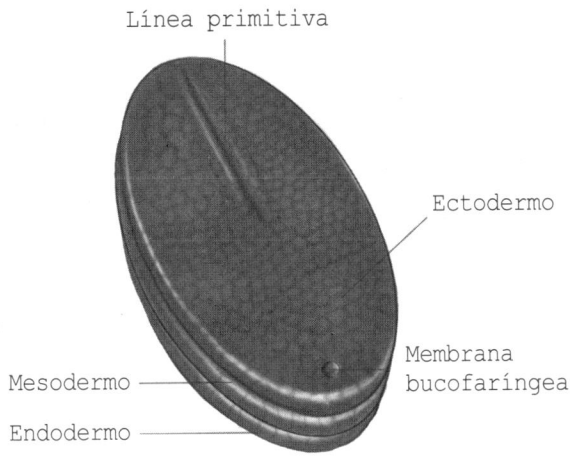

Figura 10.

No es un secreto que la formación académica y la especialización es cada vez más exigente en la sociedad intelectualmente competitiva en la que vivimos. Primero, la educación obligatoria; luego, el bachillerato o la formación profesional. Los que ingresan en la universidad o quieren destacar en un campo concreto realizan cientos de cursos que los capacitarán para una tarea determinada. En todo este proceso, la vida previa a obtener trabajo está sometida continuamente a exámenes de evaluación y oposiciones que suponen muchísimas horas de esfuerzo y grandes dosis de estrés. En tu cuerpo, desde muy pronto, las células se van especializando para funciones cada vez más específicas, para conseguir superar una durísima prueba selectiva que consiste en construir un cuerpo, con tantos órganos y funciones diferentes.

Cuando finalizaste tus estudios de enseñanza obligatoria, era muy difícil saber la tarea profesional a la que te ibas a dedicar de mayor. Servías para todo: trabajar en una oficina, médico, profesor, empleado de banca, carpintero, alfarero, físico, biólogo o policía. Sin embargo, aún no sabías ejercer ningún oficio, porque te faltaba la formación y la especialización. De igual manera, cuando eras un amasijo celular con forma de mora, tus células tenían la capacidad de formar cualquier parte de tu cuerpo, pero todavía no habían comenzado a especializarse en elaborar partes concretas del mismo. Estas células tenían la capacidad de constituir un hígado, un riñón, el corazón o el cerebro. Por este motivo, a estas células en investigación se les denomina «células totipotentes», porque tienen la información necesaria para convertirse en cualquier tipo de tejido necesario para conformar tu cuerpo.

Al terminar tu enseñanza obligatoria, has tenido que elegir entre tres caminos diferentes: bachillerato, formación profesional o comenzar como aprendiz de un oficio. Pues del mismo modo, cuando tus células han configurado tres capas con forma de tres monedas apiladas y alargadas (ectodermo, mesodermo y endodermo), cada una de ellas solo era capaz de formar algunos tejidos de tu cuerpo, ya habían iniciado destinos diferentes.

Tus células de la moneda superior (ectodermo) se especializaron para tener la capacidad de formar los órganos y las estructuras que están en contacto con el mundo que te rodea, es decir, el sistema nervioso, oídos, ojos, nariz y piel. Las células que estaban en la moneda del medio (mesodermo) se dedicaron a aprender los mecanismos biológicos para desarrollar tu corazón, los vasos que llevan tu sangre por todo el cuerpo, las estructuras que permiten moverte (huesos, articulaciones y músculos) y tus genitales. Y las células de tu cuerpo que eligieron colocarse en la moneda inferior (endodermo) serían las imprescindibles para que se construyeran tu sistema digestivo y respiratorio. En este momento, todas tus células ya no podían formar cualquier tejido u órgano de tu cuerpo, solo estaban capacitadas para constituir varias partes de tu cuerpo, pero no todas, por eso en este momento de tu desarrollo estabas integrado por células pluripotentes (potentes para hacer varios órganos), pero ya no eran totipotentes (una célula destinada a construir tu piel no era capaz de construir tu corazón). Bueno, esto no es muy exacto, ya que, gracias a los avances científicos de los últimos años, grandes equipos de investigación son capaces de reprogramar las células y adaptarlas para que tengan la capacidad de construir cualquier tejido del cuerpo,[26] pero nuestra explicación era solo para ilustrarte que las células de tu cuerpo se han ido especializando con una precisión increíble.

Cuando estabas formado por las tres capas o monedas de células (Figura 10) tenías tres semanas de vida. Si el óvulo de tu madre y el espermatozoide de tu padre te fecundaran el 1 de enero, ahora estarías en el día 21 de enero. El día 21 de enero de un año cualquiera no es muy diferente al resto de los días, excepto si te llamas Inés, porque es tu santo. Sin embargo, el día veintiuno de la formación de tu cuerpo sí que es muy especial, porque aunque eras insignificante, hiciste algo asombroso. Creciste progresivamente, te plegaste como si te dedicaras al contorsionismo y comenzaste a formar unas estructuras con forma de tubos en tu interior.

Esperemos que no te parezca mal lo de insignificante, pero, aunque representabas lo más grande para tus padres, en cuestión de tamaño no eras gran cosa. Aunque no lo creas, entonces tenías una longitud de casi 5 milímetros. Sí, ya sabemos que te sorprende: por muy alta o alto que seas ahora, en ese momento medias menos que el ancho de uno de tus dedos. Para que no nos leas enfadado/a por llamarte insignificante, durante el resto de esta conversación que gracias a este libro conseguimos tener contigo, nos gustaría que, si tienes a mano una regla milimetrada, la cojas y hagamos juntos un recorrido por lo que ha sido tu tamaño hasta que tuviste la forma de bebé.

En la segunda semana, cuando tenías forma de dos monedas, una sobre otra, medías 0,2 milímetros, ni siquiera habías alcanzado el milímetro.[27] Cuando tenías cuatro semanas de vida, ya llegaste a 5 milímetros. En la sexta semana, con 6 milímetros, ya tenías el tamaño de un garbanzo. En tu séptima semana, ya ibas tomando forma de bebé, aunque no del todo, pero solo medías 22 milímetros. La primera vez que de manera inconfundible parecías un bebé fue en la octava semana (si te fecundaron el 1 de enero, esto corresponde a finales de febrero o principios de marzo), pero eras un bebé en miniatura, ya que medías unos 5 centímetros y pesabas unos 9 gramos.

Luego te dedicaste a crecer: a las diez semanas tenías la longitud que tiene ahora tu dedo pulgar, a las doce semanas tenías el tamaño de tu dedo más largo de la mano (el dedo medio) y, como suponemos que la regla que has cogido para medir tendrá por lo menos 15 centímetros, conseguiste tener esa longitud a los cuatro meses de vida dentro de tu madre.

Ahora ya podemos seguir, sin que te parezcan mal los adjetivos relativos a tu tamaño durante el período de embarazo que estuviste en el interior de tu madre. Cuando estabas formado por las tres monedas (ectodermo, mesodermo y endodermo) y con 5 milímetros de longitud, te plegaste hacia dentro como un contorsionista. Es decir, las tres monedas elongadas y apiladas se plegaron hacia abajo tanto en los extremos como en los lados, algo así como si fueran de chocolate y con el efecto del calor se ablandaran y se curvaran dejando la moneda inferior (el endodermo) en la zona más interna del plega-

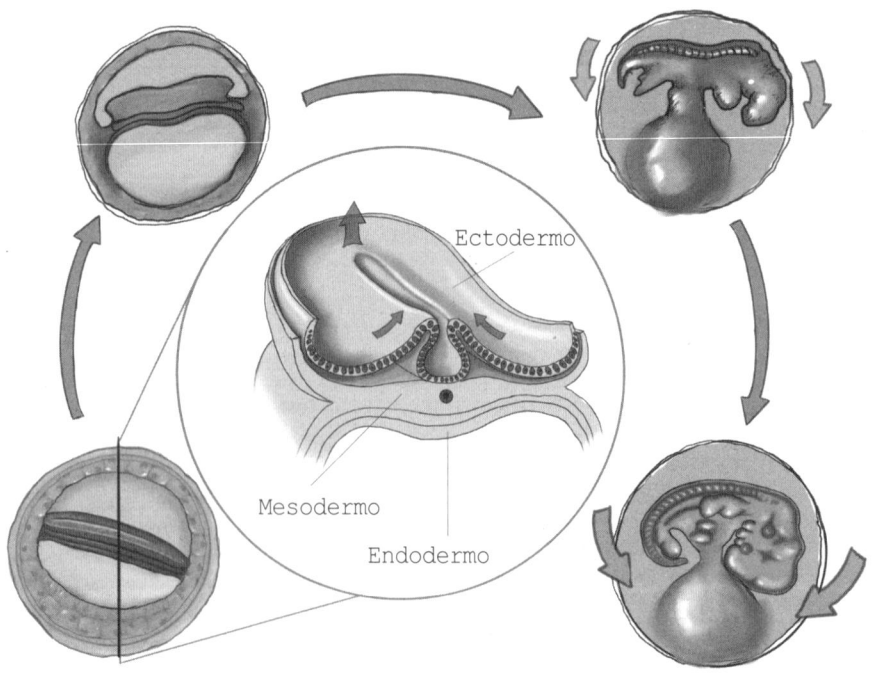

Figura 11. Pliegue embrionario.

miento (Figura 11). En realidad, si quieres simular lo que ocurrió, solo tienes que acurrucarte hacia abajo y meter tus brazos hacia el interior de tu cuerpo, así te darás cuenta de que ese plegamiento es lo que originó tu posición fetal para el resto del embarazo en el interior de tu madre.

Al mismo tiempo que te plegabas, tus células iban formando intrincados cilindros, bombas, tubos y palancas en tu interior para dar lugar a tus órganos. Por si aún no te has dado cuenta, la naturaleza es el mayor inventor del universo y ha ocupado mucho de su tiempo en patentar ingeniosos sistemas, que, juntos, trabajan en armonía para dar forma y vida a tu cuerpo. Toda esa maquinaria, que ahora mismo está funcionando a pleno rendimiento mientras lees estos párrafos, se ha ensamblado de manera perfecta en el vientre de tu madre. Acompáñanos a descubrir los ingenios de tu cuerpo y quizás comprenderás un poco mejor cómo tus órganos se han ido creando y conectado entre sí para construir tus sistemas corporales. Empecemos con los cimientos de tu organismo, con «tu armazón».

# 2
# Tu armazón

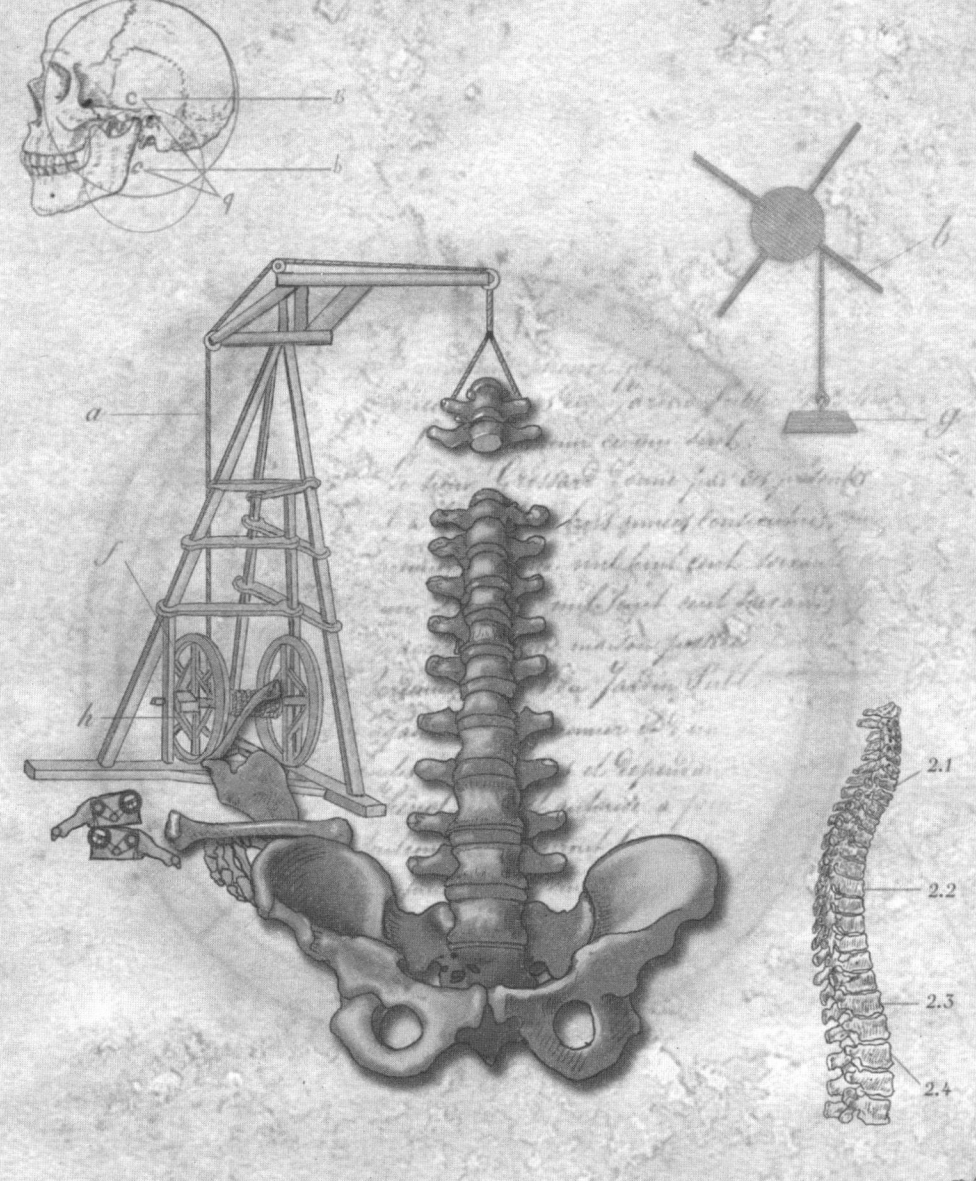

## LOS CIMIENTOS

Cualquier edificio de varias plantas está constituido por cimientos, estructura, muros exteriores, separaciones interiores, dispositivos de comunicación y sistemas de suministro. Algunas de las células que te han ido formando en el interior del útero de tu madre se han especializado en establecer los cimientos que soportarán y darán función a ese complejo sistema biológico que eres tú. Pero, a medida que se construye un edificio, se añaden mallas de hierro, hormigón, pilares y vigas, elementos necesarios para soportar el peso y darle resistencia. En tu cuerpo, el equivalente de estos elementos de la construcción es lo que conforma tu esqueleto, ese conjunto de huesos tan característico como icono en las camisetas de la celebración del día de Halloween. Por eso, antes de explicarte cuándo y cómo se formaron tus huesos, permítenos un pequeño viaje por tu estructura de soporte, tu esqueleto.

Los huesos tienen que proporcionarte la fortaleza para aguantar tu propio peso corporal y, en la mayoría de los casos, estamos hablando de soportar pesos de entre sesenta y hasta más de cien kilos. Pero, además, tus huesos tienen que proteger órganos blandos y muy sensibles como el cerebro, el corazón o los pulmones. Si encargaras a una empresa de arquitectura la estructura de tu cuerpo para estas dos funciones, la cuestión sería sencilla, ya que diseñaría un boceto más o menos sofisticado y más o menos grande, que cumpliría ese cometido. Incluso podrían diseñar dispositivos para que el edificio aguantara la gran fuerza de los terremotos. Sin embargo, tus huesos tienen que resistir fuerzas gigantescas como saltar o correr y, para ese propósito, tienen que combinar una gran dureza con una adecuada flexibilidad, y eso no hay proyecto arquitectónico que lo supere. ¿Te imaginas un edificio que pudiera aguantar su propio salto?

Es posible que si te hablamos de sangre, enseguida te venga a la mente una hemorragia o pienses en el corazón y los vasos sanguíneos, pero nunca pensarías en un hueso. Pues aunque te parezca raro, las células de la sangre se forman en los huesos. Y no solo tienen esa relación con la sangre, sino que tienen otra que no es menos importante. Cuando el nivel de calcio en la sangre disminuye, los huesos aportan el calcio necesario al torrente sanguíneo. Si esa disminución se mantiene en el tiempo (lo que en medicina se conoce como «crónica»), los huesos pierden el calcio y se hacen más débiles, como ocurre en la famosa osteoporosis[1] de las personas mayores.

Del mismo modo que en arquitectura las piezas para construir pueden ser estructurales (para soportar grandes fuerzas), funcionales (para facilitar espacios) o decorativas (para alegrarnos la vista), en tu cuerpo los huesos también tienen diferentes formas, ya que, al no poder doblarse, deben tener configuraciones distintas para adaptarse al soporte de diferentes pesos, a la protección de estructuras y al movimiento. Tu cuerpo se ha construido con huesos de cinco formas diferentes. Los huesos pueden ser largos (como el fémur[2] de tu muslo), cortos (como algunos huesos que están dentro de tu palma de la mano), planos (como los que protegen la parte superior de tu cabeza), irregulares (cuando tienen que adaptarse a zonas con espacios complicados) o sesamoideos (llamados así porque son pequeños huesos que tienen el tamaño de un grano de sésamo).

Como es lógico, los huesos de tu cuerpo están articulados entre sí. Pero no todos. Dos de ellos están sueltos. Bueno, exactamente sueltos no están, se sujetan por músculos, pero no están unidos a otro hueso. Uno está en tu cuello (el hioides)[3] y otro está en tu rodilla (la rótula). Si estás sentado o acostado leyendo este libro y flexionas la rodilla, notarás en la parte anterior un hueso saliente, ese con el que dabas los rodillazos al balón en el patio de tu colegio. Pues si te pones de pie y coges ese hueso saliente con dos dedos, presionando lateralmente con la planta del pie en el suelo, comprobarás que está suelto y que lo puedes mover hacia los lados. Es la rótula[4] y la puedes movilizar porque no está unida a ningún hueso, solo está sujeta por una cinta vertical (tendón rotuliano) y la piel.

Con los huesos de tu cuerpo existe un problema difícil de solucionar. Deben ser duros para sujetar tu peso corporal y, al mismo tiempo, han de pesar lo menos posible para que puedas moverte. Si tus células fabrican huesos muy duros, estos pesan más y aumentan la dificultad para moverte. Pero si se forman huesos menos duros, no serían capaces de soportar tu peso corporal. ¿Cómo se las ingeniaron tus células embrionarias para conseguir tus huesos ligeros y resistentes? Tratemos de encontrar la respuesta en la física.

## LOS MATERIALES

Los científicos han buscado siempre materiales que fueran lo más resistente posibles y con el menor peso. En el año 2004, dos investigadores rusos, Andre Geim y Konstantin Novoselov, descubrieron un material que hasta el momento es el que mejor cumple las dos características de resistencia y ligereza. Los dos investigadores recibieron, seis años después de su descubrimiento, el Premio Nobel de Física. Lo curioso es que el grafeno,[5] que así se llama su hallazgo, estaba entre nosotros de forma habitual, ya que forma parte de las minas de los lápices. Si en una hoja de papel rayas una sombra muy fina con un lápiz, la capa oscura que forma el dibujo son capas de grafeno. El grafeno es tan increíble que una capa de este material es doscientas veces más resistente que el acero y muchísimo más ligero. El secreto de su magia está en que es extremadamente fino (está formado por una sola capa de átomos de carbono), pero su resistencia queda reflejada en la frase divulgativa de algún académico de renombre: «Si una taza de café se cubriera con una lámina de grafeno y en el medio se colocara un soporte, este aguantaría el peso de un coche sin romper la lámina».[6]

La dureza y el espesor de tus huesos, por supuesto, no tienen la capacidad del grafeno, pero tus células embrionarias han ideado un sistema muy ocurrente para fabricar tus huesos con la dureza suficiente para soportar la carga de tu cuerpo sin que el peso de tu esqueleto te dificulte el movimiento. Ya que tus padres no te han podido forjar con grafeno, la biología diseñó una forma de construcción hueca. En tu cuerpo, las paredes de cada hueso están compuestas por una lámina de tejido óseo muy compacta, muy resistente, pero muy delgada. El interior de la mayoría de tus huesos es muy poroso y está constituido por múltiples varillas que conectan las paredes del hueso[7] (Figura 12).

La apariencia es similar a la que tiene la estructura llena de barras de hierro para sujetar las paredes y el techo de una construcción, mientras no se aseguran definitivamente con cemento. Esta estructura permite dar ligereza y resistencia a todo tu esqueleto. Cuando el hueso necesita soportar más peso o el impacto de fuerzas externas, la lámina externa más compacta es un poco más gruesa, y cuando se trata de un hueso que no necesita sufrir fuerzas mecánicas, su estructura porosa interna ocupa casi todo el espesor.

La biología es una gran ingeniera y, como ya te hemos dicho, se ha ocupado durante miles de años de crear patentes increíbles; por ejemplo, para permitir que las aves vuelen, hace que el peso de sus huesos sea inferior al de sus plumas, ¿cómo ha conseguido esto? ¡Creando huesos huecos por dentro! La creatividad de la naturaleza es asombrosa. Volviendo a nuestros huesos, es interesante saber que

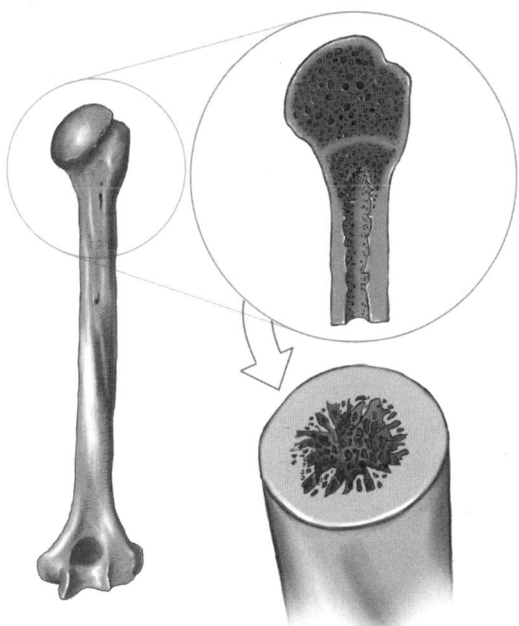

Figura 12. Mirando en el
interior de tus huesos.

son capaces de adaptar su dureza a diferentes circunstancias. Por
ejemplo, cuando el cuerpo no está sometido a las fuerzas de la gravedad —como es el caso de personas enfermas que están encamadas
o el de los astronautas, que pasan largos períodos en la ingravidez—,
los huesos se debilitan simplemente porque no tienen que soportar
la fuerza de su peso. Cuando envejecemos, se hacen más frágiles porque pierden calcio, pero la parte que primero sufre es la interna más
porosa, que progresivamente rompe las varillas de hueso. Esta des-
trucción de la parte interna del hueso origina una de las principales
enfermedades que sufrimos al envejecer y que se denomina osteoporosis.[8] Es como si en el edificio en construcción, que está sujeto por
provisionales varillas de hierro entrelazadas, fuésemos quitándolas
progresivamente. Llegaría un momento en que la estructura cedería
con el peso. Eso es lo que ocurre cuando una persona mayor con osteoporosis tiene una fractura con una pequeña caída, incluso sin haber sufrido un golpe ni realizado ningún movimiento brusco. Esto
explica que los huesos que más sufren de osteoporosis son los que

están asociados a articulaciones que más peso soportan; es el caso de la cadera, la rodilla y la parte inferior de la columna vertebral.

La osteoporosis es una enfermedad que afecta a todas las poblaciones actuales del mundo. En algunas ocasiones, es originada por el envejecimiento, pero en otras ocurre en gente más joven, como un efecto secundario de otras enfermedades o del uso prolongado de medicamentos.[9] Algunos de los factores que afectan a esta afección son difíciles de modificar, pero, en general, hoy conocemos con gran contundencia científica[10] que el hábito de fumar, la ingesta periódica de alcohol, tener sobrepeso o la falta de ejercicio físico son causas del avance de la osteoporosis. Está claro que en la formación de tu cuerpo, tus células han tenido el encargo de fabricar material para que tus huesos sean resistentes, pero, sin embargo, no son adivinas para intuir los malos hábitos que podrías tener. Si te diseñaran unos huesos para soportar grandes dosis de tabaco o de alcohol, no moverte demasiado y alimentarte con comida basura, es evidente que pondrían en su fabricación materiales más resistentes, pero te sería casi imposible moverte por el peso. Con esa estructura tan densa de hueso, es probable que no tuvieras riesgo de osteoporosis, pero no podrías disfrutar de la vida por lo difícil que sería moverte. En el equilibrio está la virtud: tienes huesos lo suficientemente resistentes y ligeros para toda tu vida, siempre y cuando te cuides un poco.

A pesar de que la osteoporosis es cada vez más frecuente, esto tiene dos formas diferentes de interpretarse, una mala y otra buena. La peor cara es que se trata de una enfermedad muy afectada por las costumbres poco saludables de la vida moderna, ya que hemos sido diseñados por genes muy antiguos en la evolución, que toleran mal los hábitos nocivos, como la ausencia de ejercicio regular o los hábitos tóxicos, y en una sociedad sedentaria como la nuestra, con altos consumos de alcohol, grasas y tabaco, los huesos se vuelven frágiles con el paso de los años. Sin embargo, esta enfermedad nos lleva a una reflexión evolutiva muy esperanzadora y es que vivimos mucho más tiempo del que la biología imaginó cuando diseñó a nuestros primeros antepasados humanos. La vida media de las personas es cada vez mayor y, por lo tanto, es lógico que la fragilidad de los huesos aumente en poblaciones muy envejecidas. Podemos interpretarlo como si la osteoporosis fuese un peaje que debemos pagar por vivir tantos años.

En el año 2021, un estudio de la universidad iraní de Kermanshah[11] analizó la incidencia de la osteoporosis en 103.334.579 personas de todo el mundo entre quince y ciento cinco años, y concluyó que el 18,3 por ciento de la población mundial tiene osteoporosis. Estos mismos autores determinaron que la osteoporosis en las mujeres (23,1 por ciento) era superior a la de los hombres (11,7 por ciento), lo cual es lógico, ya que la menopausia femenina es un factor que favorece la enfermedad. No obstante, no parece tan razonable que la población de África, como afirma esta investigación, sea la que más osteoporosis tenga de los cinco continentes,[12] teniendo en cuenta que la población africana es de las menos longevas del planeta, pero esto tiene una fácil explicación.

Cuando se analiza la osteoporosis en toda la población mundial, en las zonas que más desnutrición padecen, como es el caso de algunos países del África subsahariana, se observa que la principal causa de la descalcificación de los huesos en todas las edades es la falta de alimento y no la edad. Otra cosa diferente sería el análisis de la influencia de la edad en la osteoporosis, sin tener en cuenta la desnutrición, ya que es evidente que las poblaciones más envejecidas son las que, por lógica, más osteoporosis tendrían. Eso fue lo que hicieron estos mismos autores. El mismo año en que aparecía un estudio de la incidencia de osteoporosis mundial en todas las edades, desde quince a ciento cinco años, publicaron otro[13] en el que solo analizaban a los pacientes mayores de cincuenta y cinco años. Y la cosa cambia bastante. Casi un cuarto de la población mayor de cincuenta y cinco años en el mundo tiene osteoporosis, más de un tercio de las mujeres del planeta han sido diagnosticadas de esta enfermedad. Asia es el continente con más osteoporosis asociada al envejecimiento

(24,3 por ciento), seguida de Europa (16,7 por ciento). Es decir, la osteoporosis es una enfermedad que aumenta con el envejecimiento; de hecho, las zonas más envejecidas de nuestro planeta son las que presentan más población mayor con la enfermedad, pero que aparezca antes o después depende de los hábitos saludables de cada persona. Si tienes una buena nutrición, no fumas, bebes con moderación y haces ejercicio físico, es evidente que la osteoporosis llegará mucho más tarde o no llegará, y disfrutarás de una vida mucho más feliz. Tus huesos se han diseñado para una vida biológica más corta que la que tenemos actualmente, pero, insistimos, no maltrates tu esqueleto con malos hábitos.

## TETRÁPODOS

No es nada personal, pero tus huesos forman el esqueleto de un tetrápodo. Los tetrápodos son los animales que tienen cuatro extremidades, y nosotros tenemos brazos (extremidades superiores) y piernas (extremidades inferiores). Estas extremidades se desarrollaron cuando nuestros antepasados de la evolución pasaron de ser peces a anfibios. No se conoce con exactitud el motivo, pero esa transición del agua a la tierra pudo deberse a un período de sequía de nuestro planeta que obligó a buscar recursos fuera del agua. Este paso del agua a la tierra se materializó en que algunos peces se convirtieron en anfibios desarrollando extremidades con el fin de poder desplazarse fuera del agua. Una vez que los animales acuáticos conquistaron tierra firme, se diversificaron en animales como ranas, mamíferos, cocodrilos, tortugas y dinosaurios (estos últimos se han hecho los más populares gracias a grandes directores de cine como Steven Spielberg).

Por pertenecer a los tetrápodos, nuestro esqueleto está dividido en huesos que forman la cabeza y el tronco (esqueleto axial) y los huesos que componen nuestros apéndices, «brazos y piernas» (esqueleto apendicular). La parte apendicular del esqueleto delata nuestra antigua transición evolutiva del agua a la tierra firme o, dicho de otra manera, cada vez que mires o notes tus brazos y tus piernas, acuérdate de que las tienes gracias a que unos peces muy antiguos las desarrollaron para poder desplazarse fuera del agua.

Es muy difícil encontrar los antepasados comunes entre especies a lo largo de la evolución; de hecho, nadie ha sido aún capaz de descubrir el antepasado común entre el chimpancé y los homínidos. De todos modos, a veces gracias a la tenacidad de los investigadores, se localizan criaturas que representan el eslabón perdido entre dos especies. Y este es el caso del animal que se considera el paso evolutivo de peces a tetrápodos.

En el año 2006, Neil Shubin y su equipo de investigación realizaron en la bahía de Fundy, en Nueva Escocia, un descubrimiento que cambiaría nuestro conocimiento sobre la evolución. Tal como relata Shubin en sus documentales y publicaciones,[14] en la bahía de Fundy ocurre un hecho geográfico muy curioso. Es el lugar con las mareas más grandes del mundo. En ciclos de seis horas, cien mil millones de toneladas de agua se retiran para dejar 800 metros de suelo marítimo libre. Esta diferencia de mareas erosiona los acantilados de la bahía, y transforma sus paredes en un verdadero mural lleno de fósiles de diferentes períodos evolutivos. Los restos encontrados por Shubin pertenecían al Tiktaalik, un pez sarcopterigio que vivió hace 375 millones de años; su cuerpo aún era de un pez, pero había desarrollado los huesos de las extremidades para convertirse en un tetrápodo. Se trataba de un pez reptiliano, el antepasado entre peces y reptiles, tan buscado por la ciencia durante muchos años.

El siguiente paso evolutivo que fue modelando todos tus huesos fue la transformación de reptiles en mamíferos. Para ello también era imprescindible encontrar el antepasado común entre ambas especies. El tan ansiado fósil apareció en el Karoo, un desierto situado entre el sur de Sudáfrica y el sur de Namibia. En esta zona, se han descubierto los fósiles de los primeros reptiles mamiferoides ya extintos, los gorgonopsios.[15] Así, a través de posteriores modificaciones evolutivas hasta que aparecieron los humanos, se ha ido formando un esqueleto como el tuyo, que resulta ser un puzle de muchos huesos, colocado cada uno en su sitio adecuado para proteger tus vísceras y darle una palanca de apoyo a tus músculos para que te puedas mover.

Poco a poco, las células que te originaron se han ido especializando, y las encargadas de fabricar tus huesos decidieron diseñar muchas piezas de diferentes formas y tamaños que, articuladas entre sí, lograron proporcionarte un soporte ágil y consistente a la vez. En tu cuerpo tienes doscientos seis huesos, tu cabeza tiene veintiocho, tu tronco cincuenta y dos, y entre tus dos extremidades (brazos y piernas) suman ciento veintiséis. Pero ¿cómo es posible que se formen tantos huesos a partir de un pequeño amasijo de células que tenían forma de monedas elongadas, apiladas y plegadas? Te lo vamos a explicar.

## TU COLUMNA VERTEBRAL

Cuando cumpliste un mes de edad desde que tus padres te fecundaron, tenías una estatura de 5 milímetros (un poco menos de la mitad del ancho de una de tus uñas); en ese momento, en los laterales de tu cuerpo comenzaban a formarse unos pequeños segmentos (cada uno de los cuales forman un abultamiento superficial) que se disponían de arriba abajo, como si fueran las cuentas de un rosario (Figura 13). Estos abultamientos reciben el nombre de somitas[16] y son los que formarán tu columna vertebral, tus costillas y todos los músculos asociados a ellas.

Tu columna vertebral es una obra de ingeniería formada por treinta y tres huesos que se llaman vértebras. Todos nacemos con siete vértebras cervicales, doce torácicas, cinco lumbares, cinco sacras y cuatro del cóccix. Estas últimas (sacras y del cóccix) se unirán posteriormente formando sendos huesos (sacro y cóccix). Tu columna sirve para mover tu tronco, para proteger tu médula espinal y para so-

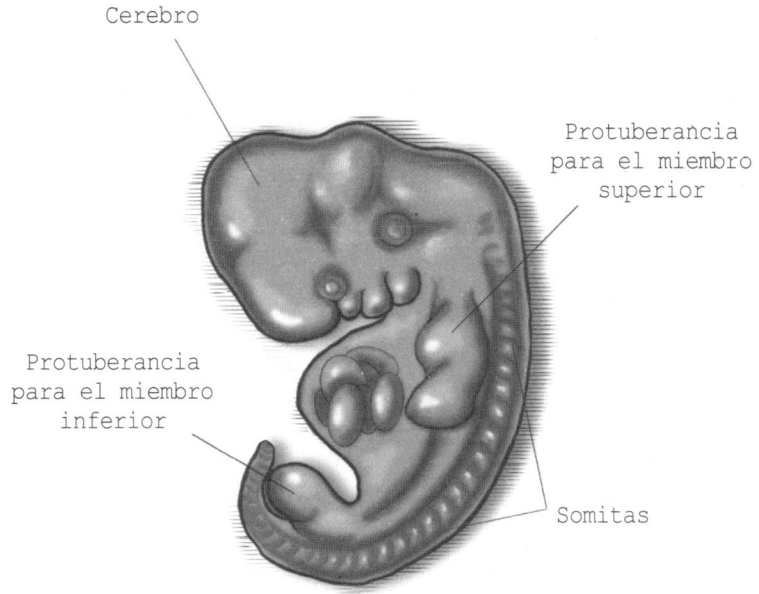

Cerebro

Protuberancia
para el miembro
superior

Protuberancia
para el miembro
inferior

Somitas

Figura 13. Embrión a los 30 días.

portar el peso del cuerpo, recorre verticalmente la parte posterior de tu cuello, tu tórax, tu abdomen y tu pelvis (Figura 14).

La vértebra superior de la columna se encarga de sujetar tu cabeza y se llama atlas. Además de tener nombre propio, es única, ya que tiene una forma radicalmente diferente al resto de las vértebras de tu cuerpo; sería algo así como una especie de anillo formado por dos cojines unidos por dos arcos sobre los que se apoya el cráneo. Esta vértebra tan especial debe su nombre al titán Atlas de la mitología griega, que fue condenado por Zeus a sostener el mundo sobre esa parte de la anatomía.

Entre cada dos vértebras sale un nervio a cada lado que recorre hacia delante tu cuerpo asociado a músculos, recordándonos a una disposición en segmentos transversales como si se tratara de cajas redondas apiladas. De hecho, un dato curioso que debes saber es que, en tu desarrollo embriológico, igual que en el resto de los vertebrados, la formación de tu cuerpo está diseñada por unos genes que tie-

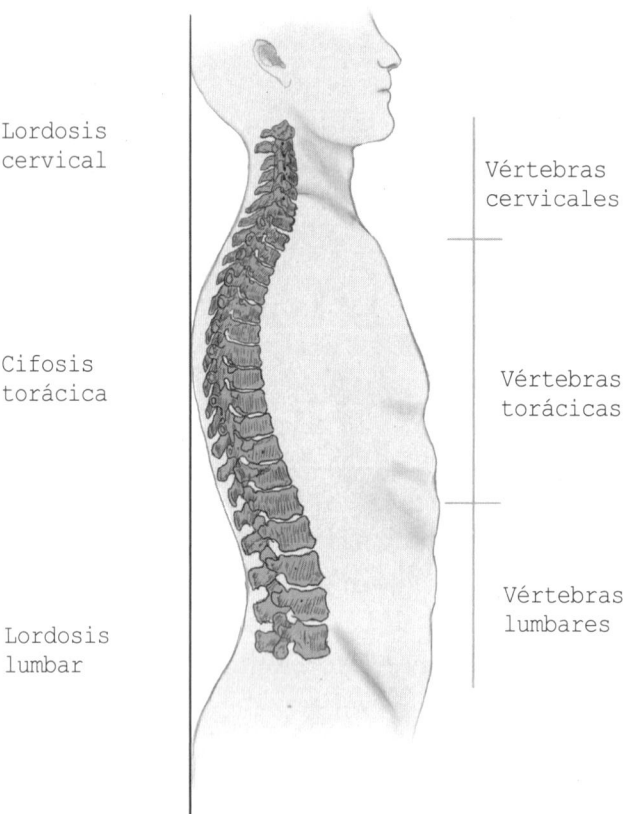

Lordosis
cervical

Vértebras
cervicales

Cifosis
torácica

Vértebras
torácicas

Vértebras
lumbares

Lordosis
lumbar

Figura 14. Columna vertebral.

nen la misión de constituirte en segmentos, es decir, cada parte de tu tronco (torso) se ha formado con un patrón en rodajas transversales. La sensibilidad de la piel de cada rodaja o segmento de tu tronco está conectada con la sensibilidad de los órganos más profundos de tu cuerpo. En el adulto, cada segmento que se ha establecido a partir de las «rodajas embrionarias» o «somitas» se denomina dermatoma y tiene un gran significado clínico porque la palpación de la piel de cada segmento nos da pistas acerca de la estructura profunda de tu cuerpo que puede estar enferma.

Si observas cualquier feto en una ecografía de un embarazo avanzado, te darás cuenta de que siempre está acurrucado y su columna está curvada hacia delante. Sin embargo, si te pones de pie, lo lógico es que la columna quede vertical y recta. Vertical sí está, pero recta no. Levántate (perdona que te molestemos tantas veces, moviéndote de tu silla, sillón o sofá de lectura) y sitúate con la espalda totalmente apoyada en una pared, es decir, con los talones, el culo y la cabeza pegados a ella. Comprobarás que tu espalda no queda totalmente pegada a esa pared y que puedes pasar una mano por detrás del cuello y por detrás de la parte inferior de tu tronco. Es decir, la columna no está totalmente recta, sino que tiene unas ligeras curvas que la separan de la pared. No obstante, cuando naciste, tu columna vertebral estaba totalmente curvada hacia delante, pero, a los pocos meses de tu nacimiento, intentaste muchas veces levantar tu cabeza para descubrir el mundo que te rodeaba, y de tanto intentarlo, tu columna se curvó hacia atrás en la zona de tu cuello. El segmento de tu columna vertebral que forma tu cuello no está curvado hacia delante, sino hacia atrás; esta inclinación dispuesta al revés se conoce técnicamente con el nombre de «lordosis cervical» (Figura 14).

Es por este motivo por el que puedes pasar la mano por detrás de tu cuello, aunque estés totalmente pegado a la pared. Lo cierto es que el diseño de la columna cervical es tan eficiente que si miramos a los animales con los cuellos más grandes, veremos que su estructura ósea se replica de manera sorprendente. Se nos ocurre una pregunta: ¿cuál es el animal vivo con el cuello más largo que conoces? (decimos vivo, porque posiblemente se te venga a la cabeza algún famoso dinosaurio). Seguro que has respondido la jirafa. Pues bien, ahora te lanzamos la segunda pregunta: ¿cuántas vértebras cervicales crees que tiene la jirafa? Teniendo en cuenta que el tamaño de su cuello es casi el equivalente al resto de su cuerpo, te resultará interesante saber que tiene exactamente el mismo número de vértebras cervicales que tu cuello, es decir, tan solo siete (Figura 15). La naturaleza simplemente ha ido modificando esas vértebras a lo largo de la evolución hasta conseguir que alcancen un tamaño y una forma ideales para que estos majestuosos mamíferos desarrollen la altura necesaria y así llegar con facilidad a las hojas más elevadas de los árboles, pero no ha aumentado el número de vértebras porque con siete se obtiene la mayor eficacia de combinar el movimiento del cuello con el soporte del peso de la cabeza.

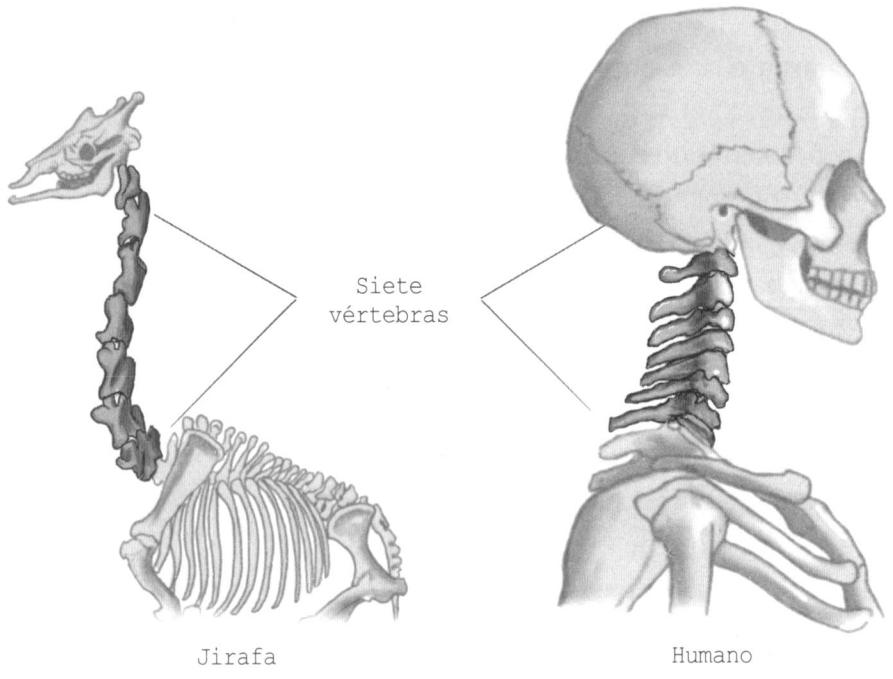

Jirafa                                    Humano

Figura 15. Vértebras cervicales.

Volvamos de nuevo a tu desarrollo. Pasados unos meses, cuando estabas dando tus primeros pasos, al intentar levantar tu cuerpo con tus piernas desarrollaste otra curva hacia atrás en tu espalda. Esa curva la puedes notar también cuando estás apoyado con tu cabeza, tu culo y tus talones de espaldas contra la pared, ya que puedes pasar la mano por detrás de la zona más baja de tu tronco sin separarte de ella. Esta otra curva, que lleva una disposición contraria a la curvatura hacia delante de la vida fetal, se denomina «lordosis lumbar» (Figura 14).

¿Cómo es posible que tu primer pasado diseñara una columna vertebral tan dura y flexible, que te deja flexionar hacia delante y hacia los lados con tanta facilidad sin perder resistencia? Eso se debe al extraordinario proceso de modelado de los huesos durante la formación de tu cuerpo. Para empezar, para que tu columna vertebral se fuera amoldando a las estructuras que la rodeaban (músculos, costillas y órganos) no se ha constituido directamente como hueso, lo que originaría mucha rigidez. Primero comenzó como un tejido muy blando y después, en tu sexta semana de formación dentro del útero de tu madre, ese tejido blando se transformó en cartílago hasta que, en la séptima semana, se inició un proceso de conversión de cartílago en hueso. Podemos decir que cuando comenzó a formarse tu columna, primero era blanda como una barra de regaliz, pero luego se ha ido endureciendo hasta terminar compuesta por hueso muy resistente. Te sorprenderá, pero tu columna vertebral ha tardado en transformarse en hueso más de veinticinco años. Lo que oyes: has nacido con una columna vertebral inmadura, y esta ha seguido endureciéndose y creciendo hasta que cumpliste los veinticinco años. Si eres una persona afortunadamente joven y aún no tienes esa edad, ¡enhorabuena!, que sepas que tu columna vertebral todavía puede endurecerse y alargarse más. Otra característica que ha conseguido el milagro biológico de obtener una columna tan dura pero tan flexible es que, entre cada dos piezas óseas de ella (ya te hemos explicado que tienes treinta y tres vértebras), existe un disco más blando que el hueso (formado por un núcleo gelatinoso rodeado de fibras).[17] Este disco es como una pequeña almohadilla que sirve para facilitar el movimiento de la columna y aguantar el peso corporal. Si todas tus vértebras estuvieran colocadas cada una encima de la siguiente, tendrías que andar muy rígido, porque sería como llevar una columna modelada con piedras como cada una de las que sujetan los edificios, que son muy resistentes, pero no tienen capacidad de movimiento entre ellas. Este mecanismo de una estructura más blanda entre cada dos vértebras más duras es lo que permite darle movilidad a tu columna sin perder estabilidad. Sin embargo, hemos tenido que pagar un alto precio por esto, porque, a veces, esta almohadilla se ablanda y desplaza el compartimento gelatinoso que lleva en su interior, presionando los nervios que salen a los lados de la columna vertebral. Aunque quizás no sepas lo que es el disco entre tus vértebras, seguro que en alguna ocasión has escuchado que alguien tenía dolor de espalda por una hernia de disco. Ese dolor se produce cuando uno o varios discos se desplazan fuera de su sitio y comprimen los nervios que salen entre las vértebras de la columna vertebral. Cada uno de esos discos es suficientemente duro para soportar el peso de las vértebras que están por encima y suficientemente blando para permitir el movimiento entre ellas. Todo un ingenio biológico.

No tenemos ni idea de cuánto mides, pero seguro que, como dicen las abuelas, será «lo adecuado». De todas maneras, hemos de decirte que no mides lo mismo a lo largo del día, y eso es por culpa de tu columna vertebral, o más bien debido a los discos o almohadillas que están entre tus vértebras. Cuando te levantas por la mañana, has estado varias horas acostado en la cama sin que tu columna soportara peso. En todo ese período de descanso, los discos entre las vértebras absorben agua y aumentan ligeramente de tamaño, y esto hace que tu columna vertebral sea mayor en longitud. A lo largo del día, el peso del cuerpo ha ido aplastando ligeramente el disco y la columna se reduce de tamaño. Por eso, si te mides por la mañana y por la noche, podrás observar que eres casi 2 centímetros más alto cuando te levantas. Lo mismo ocurre con el envejecimiento. A medida que pasan los años, los discos intervertebrales disminuyen de tamaño, se reduce la longitud de la columna vertebral y el tórax se curva hacia delante. Por este motivo, cuando envejecemos somos más pequeños y nos vamos encorvando hacia delante.

## TUS COSTILLAS

En tu tórax, cada una de tus vértebras está conectada con un par de costillas que se curvan hacia delante para flanquear y proteger tus pulmones. Las costillas han sido motivo de largos y profundos debates en las antiguas culturas, carentes de rigor científico, sobre la creación del ser humano.

La Biblia es el libro más citado de la historia, aunque curiosamente no es el más influyente, ya que este honor probablemente lo tengan los *Diálogos* de Platón.[18] La costilla más citada y conocida de la literatura está en la Biblia y es «la costilla de Adán». Aunque esta es una famosa estructura anatómica de la historia de la creación, también resultó ser título de una de las mejores películas de la historia del cine, protagonizada por la gran actriz Katharine Hepburn y el actor Spencer Tracy y candidata al Oscar al mejor guion original en 1951. Aunque la Biblia y la película las conoce todo el mundo, pocos saben que una planta ornamental muy frecuente en todos los hogares se llama «costilla de Adán»: debe su nombre a que sus hojas tienen forma de anchas costillas que salen de un tallo que puede representar tu columna vertebral. En fin, que, gracias a la anatomía, la Biblia, el cine y el estudio de las plantas, todos somos capaces de reconocer y palpar nuestras costillas.

Lo cierto es que tus costillas conectan tu columna vertebral con el hueso que tienes delante del tórax, llamado esternón.[19] Tú tienes veinticuatro costillas, doce a cada lado, si bien hay personas (una de cada cien aproximadamente) que desarrollan una costilla a mayores en la base del cuello. A esta costilla accesoria, la llamamos costilla cervical o (y haciendo alusión de nuevo a la referencia bíblica) «costilla de Eva».[20] Las veinticuatro costillas, junto a tu esternón y las vértebras torácicas de tu espalda, forman el esqueleto de tu tórax para proteger tu corazón y tus pulmones. Si palpas tus costillas o las presionas (lo que es fácil, porque son muy superficiales por debajo de la piel de tu tórax), notarás que forman un esqueleto muy rígido. Sin embargo, esta rigidez parece incompatible con la aparente elasticidad de tu pecho cuando aumenta y disminuye de tamaño al coger y echar el aire cuando respiras. Si coges aire, te darás cuenta de que, aparentemente, tu tórax aumenta de tamaño, y si expulsas el aire, se reduce. ¿Cómo es posible que huesos tan duros como las costillas puedan aumentar y disminuir el tamaño de una estructura tan rígida como tu esqueleto torácico? En realidad, las costillas no aumentan y disminuyen el tamaño de tu caja torácica. Cuando coges aire, cada una de ellas apenas se mueve en relación a sus vecinas, pero las veinticuatro costillas, junto con el esternón y los fuertes músculos de tu tórax, constituyen una estructura rígida con forma de campana que no se puede deformar, pero que sí puede subir y bajar. Esto se conoce como el «efecto caldero». Se llama así porque si cubres un caldero volteado hacia abajo con un globo y lo inflas, notarás que el caldero no aumenta su tamaño, pero se levanta del suelo. Si después le quitas aire al globo, verás cómo el caldero vuelve a descender. Si la estructura rígida de los huesos de tu tórax es el caldero y tus pulmones son el globo, notarás que, cuando coges aire, tu tórax sube y cuando lo expulsas el tórax baja, pero el tórax no aumenta y disminuye de tamaño cuando respiras, solo asciende y desciende con cada respiración.

Como habrás comprobado, solo tienes costillas en el tórax. No tienes costillas en el cuello ni en el abdomen. En nuestro desarrollo evolutivo desde que éramos peces, las costillas han ido desapareciendo. En los peces están representadas por las espinas laterales, que, si te fijas la próxima vez que comas pescado, están presentes a lo largo de todo el cuerpo. Algunos animales, como los cocodrilos, tienen costillas hasta en el cuello y, en general, la evolución ha desarrollado costillas grandes en animales de gran tamaño para proteger el corazón y los pulmones sin que dificulten los movimientos del cuerpo. Como tus costillas tienen que resguardar los órganos del tórax, se han originado hacia delante desde la columna vertebral, pero solo en la porción que atraviesa esta región. Por este motivo, únicamente las vértebras torácicas se articulan con las costillas, y como hay doce vértebras torácicas, y como de cada una sale una costilla para cada lado, pues tenemos doce costillas derechas y doce izquierdas.

## TU BÓVEDA DEL PENSAMIENTO

Ahora nos toca explicarte una parte de tu esqueleto cuyo dibujo se asocia a situaciones de riesgo de muerte. La calavera nos indica peligro en las instalaciones de alto voltaje, se dibuja en las etiquetas de productos venenosos e incluso ha sido la figura más representativa de la bandera pirata y las fiestas de Halloween. Pero también ha sido un símbolo romántico, lo que, sin duda, merece una introducción poética.

El Romanticismo fue un movimiento artístico y literario que surgió en Alemania e Inglaterra entre finales del siglo XVIII y principios del XIX. Una de las poesías románticas atribuidas a George Gordon Byron, más conocido como Lord Byron, trata sobre un cráneo que se encuentra en el barro y describe de esta manera:

> *Contemplar su arco roto, su muro ruinoso.*
> *Sus desolados salones, su sucio portal.*
> *Sí, fue una vez el orgulloso espacio de la ambición.*
> *La bóveda del pensamiento, el palacio del alma.*
> *Se percibe cada agujero sin vida, sin ojos.*

Puedes quedarte con el renglón que más te guste, pero nosotros preferimos explicártelo como tu «bóveda del pensamiento», porque el cráneo protege el cerebro, la estructura que permite guardar y desvelar los secretos más íntimos del ser humano, de los que destaca la imaginación, una de las únicas cualidades que nunca alcanzará, por muy sofisticada que sea, la inteligencia artificial.

Los huesos de tu cabeza se dividen en dos: unos forman tu casco óseo de protección del cerebro y otros sirven de defensa y soporte de tu cara.[21] Tu cerebro no solo está protegido contra los golpes por una bóveda de huesos, sino que también está apoyado en una base situada como una estantería horizontal colocada encima de tus ojos y tus oídos; es «la base del cráneo» (Figura 16). En esta estantería existen varios agujeros por los que entran y salen muchos de los nervios que regularán las funciones de tu cuerpo. A lo largo de la evolución, desde los animales que nos han precedido hasta nosotros, ha sucedido un larguísimo recorrido temporal. Una de las estrellas más notables de esa evolución ha sido el desarrollo del cerebro. Sin embargo, no podemos conservar ninguno, porque, aunque imprescindible para la vida, desaparece con el tiempo, como el resto de los tejidos blandos del cuerpo. Pero como las estructuras duras de los huesos del cráneo están inevitablemente modeladas por los tejidos blandos de su interior, sí pudimos encontrar y conservar la estructura de huesos que ha protegido ese cerebro, los cuales nos sirven para reconstruir el relato de nuestra evolución. Así como la luz nos ha permitido conocer el pasado del universo, los huesos fósiles de los cráneos posibilitan que averigüemos cuáles eran el tamaño y la forma cerebral en nuestros orígenes.

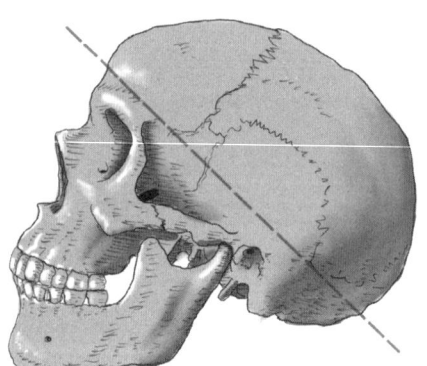 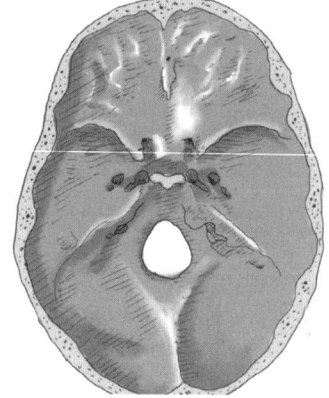

Figura 16. Base del cráneo.

Siguiendo con la metáfora bíblica, podemos asegurar que nuestros primeros padres, Adán y Eva, nacieron y vivieron en el continente africano. Se puede considerar que los primeros humanos habitaron las regiones situadas donde hoy está Etiopía hace unos 7 millones de años. A lo largo de la evolución, muchas de las características del cuerpo humano han ido cambiando, pero destacaremos la que más ha facilitado el crecimiento del cerebro. Así entenderás cómo se ha formado tu cráneo desde que solo tenías 5 milímetros de tamaño en el útero de tu madre.

El volumen de sangre de un mamífero está repartido entre todas las partes de su cuerpo. Si alguna de ellas necesita menos sangre, la evolución hace que ese volumen se redistribuya por las demás. En los animales inferiores, el volumen sanguíneo que requiere el aparato digestivo es mucho mayor que el que precisa el cerebro. Así era en nuestros queridos prehomínidos. Pero, en un momento de la evolución, fuimos capaces de conseguir una dieta más fácil de digerir. Entonces, el estómago, los intestinos y las demás estructuras del aparato digestivo se hicieron más pequeñas, porque ya no les hacía falta tanta superficie para procesar los alimentos. Ese volumen de sangre, que ya no necesitábamos para nuestra digestión, facilitó el aumento de volumen sanguíneo en otra parte del cuerpo, nuestro cerebro. Así, de manera progresiva, el cerebro pudo aumentar de tamaño y, por lo tanto, el cráneo que lo protege hizo lo mismo. El crecimiento del cerebro ha ido asociado a otra característica evolutiva imprescindible: la locomoción bípeda. Ya no teníamos que andar a cuatro patas. Pero surgió un problema mecánico. Si el cerebro crecía mucho, llegaría un momento en que no podría pasar por el canal del parto de una pelvis femenina, que no podía ampliar su tamaño, porque sería incompatible con la capacidad de andar. De hecho, te puede resultar curioso cómo cualquier mamífero, ya sea un perro, un gato, un caballo, un tigre o un león, una vez que nacen, en pocos minutos se incorporan y empiezan a caminar junto a sus madres. Esto es porque sus cerebros ya casi tienen el tamaño suficiente para realizar todas las tareas para las que están diseñados. Por el contrario, el ser humano nace inmaduro, ningún recién nacido es capaz de caminar, ni siquiera a los pocos días después de nacer. Esto ocurre así porque la naturaleza ha dispuesto un mecanismo adaptativo muy ingenioso. Ya que un cerebro maduro del ser humano no puede pasar por el canal del parto de su madre, entonces nace con el volumen máximo posible, aunque esté inmaduro, pero termina de desarrollarse después de nacer. Por este motivo, no podemos andar hasta varios meses después de salir del útero y necesitamos algunos años para adquirir habilidades cerebrales tan sofisticadas como el habla fluida. Da bastante que pensar el hecho de que nos creamos los dueños de este planeta siendo uno de los seres que llegamos al mundo de la forma más inmadura e indefensa.

Sigamos con tu desarrollo. Al cabo de un mes desde que tus padres te concibieron, medías solo 5 milímetros, pero ya se podía apreciar en tu cabeza el abultamiento originado por tu cerebro (Figura 13). Desde ese momento, el cerebro ha ido creciendo progresivamente hasta su tamaño definitivo. Pero la construcción del casco protector que se convertiría en tu cráneo tenía que enfrentarse a dos problemas arquitectónicos, ya que los huesos de la bóveda craneal no podían ser tan duros como para impedir que tu cerebro creciera y la base sobre la que se sitúa debería ser dura para soportarlo. Por un lado, los huesos de tu cabeza no podían ser muy duros ni estar unidos, ya que eso dificultaría que tu cerebro se expandiera y desarrollara. Para solucionar el problema, primero se formó una membrana protectora blanda, que luego se iría endureciendo con el tiempo y pasaría a constituir los duros huesos que tienes en la actualidad debajo de tu pelo. Pero, si la base donde se apoyaba el cerebro en expansión era blanda, entonces llegaría un momento en que no se podría sostener el peso del mismo y se aplastaría contra tu cara y tu cuello. Para evitar que eso sucediera, tu cráneo se ha ido formando a dos velocidades: primero se endureció la base sobre la que se apoyaba y luego, sin prisa, se ha ido endureciendo de forma más lenta la estructura de tu cúpula craneal. Solo hay una forma de hacer dos partes de tu cráneo con dos tipos de dureza; el secreto está en utilizar dos tipos de materiales, uno de endurecimiento más rápido para construir la parte sobre la que se apoya el cerebro y otro de fraguado más lento para terminar la cúpula, como si se tratara de una gran construcción gótica o renacentista.

En 1296 se comenzó a construir la basílica catedral de Florencia, también conocida como Santa María del Fiore.[22] El arquitecto
Arnolfo di Cambio realizó el proyecto de este hermoso edificio gó-
tico cuya edificación quedó interrumpida por la peste negra en
1348, que terminó con la vida de más de un tercio de la población
europea. En el siglo XV se sacó a concurso la construcción de una
cúpula para terminar la catedral. El edificio tenía un problema
muy difícil de solucionar: su nave central era demasiado grande para poder cubrirla, ya que en aquel entonces no se habían diseñado
proyectos de cúpulas que pudieran soportar mucho peso. Pero el
gran arquitecto Filippo Brunelleschi se atrevió con un proyecto in-
novador. Sobre la fuerte base octogonal, diseñó un sistema de cuerdas y dos cúpulas, una interna y otra externa. Así pudo terminar
con materiales más resistentes una cúpula que pesa treinta y siete
mil toneladas y que es el edificio que marca el inicio de la arquitectura renacentista.

La idea de Brunelleschi de utilizar estructuras blandas como
cuerdas sobre una base dura, para poder diseñar una cúpula interna
y luego cubrirla con una cúpula externa, fue compartida muchos millones de años antes por la biología que diseñó la cúpula del cráneo.
La base del cráneo, la estantería que sostiene el cerebro, se forma mediante un tejido resistente compuesto por cartílago que se transforma en hueso. Sin embargo, la bóveda del cráneo, como la bóveda de
la basílica de Florencia, se constituye primero de una membrana con
cuerdas (fibras de tejido conjuntivo), sobre la que luego se forma
hueso muy duro y resistente para proteger nuestro cerebro.

Este genial diseño facilitó además un conflicto de espacio muy
difícil de solucionar. Si los huesos de tu cabeza se sueldan antes del
nacimiento, el cerebro no puede crecer después, pero si el cerebro se
desarrolla por completo antes del parto, sería imposible que un cráneo tan grande pudiese pasar por la pelvis de una parturienta. Así, el
endurecimiento progresivo y lento de tu cúpula cerebral ha sido diseñado para que tu cabeza accediese con facilidad por el canal de la

pelvis de tu madre cuando naciste. Los huesos de la cabeza, antes del nacimiento y hasta que tu cerebro alcanzó el tamaño definitivo, no estaban unidos, sino separados por un material más blando que el hueso, que ha servido de soporte para su construcción. De esta manera tan ingeniosa, el hueso puede seguir creciendo mucho más tiempo después del nacimiento, hasta que los huesos vecinos se van encontrando y soldando entre sí.

Para que tú pudieras nacer, tu cabeza se aplastó ligeramente por los lados, para adaptarse al espacio de la pelvis de tu madre. Esto ha sido posible gracias a que los huesos estaban separados y conectados por unos espacios de material más blando. Esas zonas blandas se pueden palpar en un recién nacido; si presionamos con suavidad con un dedo, siempre con mucho cuidado, notaremos cómo se hunde ligeramente. Esos espacios blandos entre los huesos se denominan fontanelas,[23] que significa «ventanas pequeñas», porque cuando se observa un cráneo seco de un recién nacido o de pocos meses de edad, se aprecian los huesos separados por espacios que simulan pequeñas ventanas en la cúpula del cráneo, como si fueran miradores para ver el paisaje del cerebro (Figura 17).

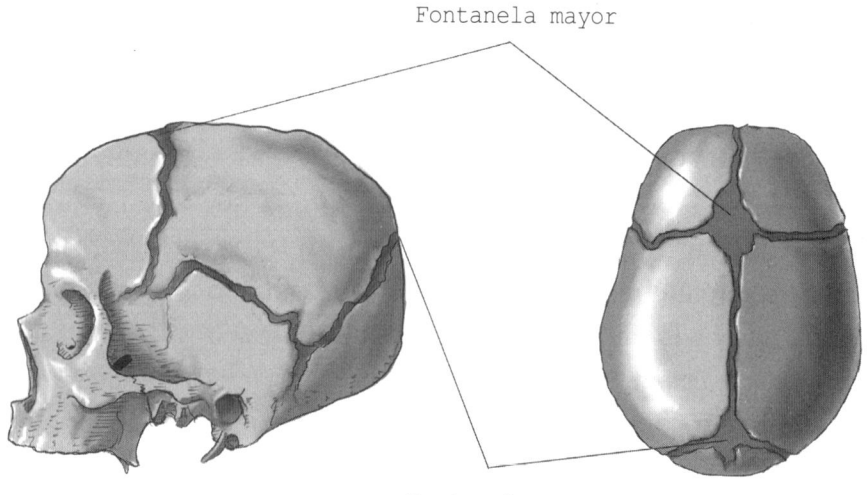

Figura 17. Fontanelas.

## TU CADERA

Hablemos ahora del hueso que forma tu pelvis y tu cadera. La cadera femenina es más ancha que la masculina por un esfuerzo biológico máximo que la naturaleza pudo conseguir para combinar el tener un espacio grande para expulsar el feto en el momento del parto con la actividad física de poder andar sin tener muy separadas las piernas. Solo recientemente la humanidad pudo combatir, gracias a los avances sanitarios, la terrible realidad a la que se enfrentaba una madre que no podía dar a luz por un canal del parto estrecho. En algunos casos, solo se salvaba la vida del bebé con la cesárea, pero en otros, la muerte de madre e hija o hijo estaba asegurada. La anchura de la pelvis y de las caderas femeninas ha salvado la continuidad de la especie. No es de extrañar que la marca de bebidas más famosa del mundo escogiera para su silueta el perfil de la anchura de la cintura femenina.

Si te preguntamos qué es *hobble skirt*, posiblemente no seas capaz de contestar, pero si te hablamos de Coca-Cola, inmediatamente te vendrá a la mente el refresco más famoso del planeta. Un químico y farmacéutico de Atlanta, en Estados Unidos, llamado John Stith Pemberton, creó la Coca-Cola sin imaginar que se convertiría en un sustituto perfecto de las bebidas alcohólicas durante la Ley Seca, que, aunque entró en vigor en 1920, unos años antes ya se había aprobado en el estado de Georgia, que era donde Pemberton tenía su farmacia.[24] Con el objetivo de disponer de una bebida que no tuviera alcohol en su composición y así poder venderla como sustituta de las bebidas alcohólicas, comenzó a comercializarse la Coca-Cola con gran éxito. Hubo muchos intentos de imitarla. Y, en 1915, para evitar que los consumidores se confundieran de bebida, la empresa propuso un concurso para diseñar una botella diferente, con un diseño único e inconfundible, a salvo de las imitaciones. Alexander Samuelson, trabajador de Coca-Cola, proyectó una botella basada en el perfil del grano del cacao, y que fue el origen de la forma de la botella clásica de cristal de la famosa bebida. Pese a ello, al diseño le comenzaron a denominar *hobble skirt*, porque parecía la silueta de una de las prendas más novedosas de la moda femenina del momento, que consistía en una falda muy estrecha en la parte inferior de las piernas y que aumentaba su volumen hacia la cadera. Lo que empezó siendo el perfil de un grano de cacao terminó convirtiéndose en el contorno de la anchura de la cadera femenina.

## TU PRIMER HUESO

Volvamos a cuando medías 5 milímetros y solo tenías un mes desde tu inicio. En ese momento, aparecieron en tu cuerpo cuatro bultitos que serán los esbozos de tus brazos y tus piernas (Figura 13). En su interior, se irán formando los treinta y tres huesos de cada una de tus extremidades superiores (brazos) y los treinta y un huesos de cada una de las inferiores (piernas). Todos los huesos de tu cuerpo se fueron estructurando y endureciendo poco a poco, pero el primero que comenzó a hacerlo lo puedes palpar con facilidad ya que se trata de la clavícula,[25] nombre muy curioso que le asignaron los primeros que lo describieron por parecerse a la llave de las antiguas cerraduras.

Las llaves de las cerraduras tienen una larga historia, ya que parece ser que conviven con nosotros desde la cultura egipcia hace cuatro mil años. De todos modos, la invención de la llave se atribuye a Teodoro de Samos,[26] un inventor de la antigua Grecia al que, por cierto, también se le atribuyen el cartabón, la regla y el desodorante. Las llaves ideadas por este genio de la isla de Samos eran de madera y muy alargadas. La forma de las clavículas recuerda a la de las antiguas llaves inventadas por Teodoro de Samos, por eso, cuando se describió la clavícula se le otorgó el nombre derivado del latín *clavis* (llave), más el sufijo *-ula* (pequeña). Este importante hueso, que facilita el movimiento de tu brazo, es el primero que comenzó a endurecerse (osificarse) de todo tu cuerpo, casi al mismo tiempo que en los dedos de tus manos y tus pies comenzaban a verse los surcos que separarían tus dedos.

## UNIENDO LAS PIEZAS

Como acabamos de ver, la clavícula fue el primer hueso en comenzar a endurecerse en tu cuerpo y marcó el principio de tu osificación, en la que todos los demás huesos se endurecieron progresivamente hasta que se unieron entre ellos para constituir todo el esqueleto. Aun así, la unión de muchos huesos no podía ser rígida, ya que esto originaría que no pudieran moverse. Si tu esqueleto fusionara todos tus huesos como las piedras de un edificio, podrían soportar mucho peso, pero tendrías que moverte en bloque como si estuvieras escayolado. La biología ha buscado un sistema arquitectónico cinético, que permite la flexibilidad de movimiento entre tus huesos. ¿Y qué es eso de la arquitectura cinética?

Cuando vas de viaje, puedes observar edificaciones colosales y hermosas como la catedral gótica de Notre Dame, los más de veinte mil kilómetros de la Muralla China, la moderna Ópera de Sídney o la emblemática Torre Eiffel, unos monumentos que causan admiración y que convierten en realidad la gran frase de Nelson Mandela: «Siempre parece imposible hasta que se hace». Todas estas edificaciones y muchas otras igualmente asombrosas tienen una característica lógica: son inmóviles. Esto es debido a que estas estructuras están formadas por piezas unidas de forma muy rígida y precisa. Pero este tipo de construcciones siempre han corrido el riesgo de no poder absorber el impacto de grandes catástrofes naturales por no tener un sistema flexible de unión entre sus componentes. A lo largo de la historia hemos visto cómo edificios enteros se aplastaban como un acordeón contra el suelo a causa de un terremoto o la gran crecida de un río. Esto era culpa, dejando aparte a algún constructor desalmado que ahorraba en materiales, de la excesiva rigidez de su construcción. Sin embargo, todo cambió cuando llegó la arquitectura cinética, que es la rama de la arquitectura que permite que estructuras que forman parte de un edificio se muevan entre sí para absorber las fuerzas excesivas. A veces, los edificios cinéticos incorporan solo ligeros movimientos para soportar posibles fuerzas de la naturaleza. Otros, en cambio, pueden llegar a moverse hasta 360 grados, como la impresionante torre giratoria de Dubái. Pero ningún edificio puede construirse, por muy cinético que sea, para moverse con la elegancia y precisión con la que se mueve tu esqueleto.

Igual que las piezas de las construcciones, los huesos de tu cuerpo están unidos entre sí, pero no por tornillos, clavos o cemento. Algunos de ellos están literalmente soldados entre sí mediante unos bordes con forma de dientes de sierra curvos. Pero el resto suelen estar ensamblados a través de ligamentos, que son cuerdas y cintas de un tejido muy flexible y resistente.[27] Los huesos que necesitan moverse más están unidos por un manguito parecido al que los niños utilizan para aprender a nadar. Ese manguito se llama cápsula y es el que evita que los huesos se salgan de su sitio en movimientos excesivos de la articulación.

El ejemplo más típico de esta soldadura son los huesos de tu bóveda craneal, ya que una vez que ha terminado tu crecimiento, forman una estructura rígida que protege tu cerebro. Pero las uniones de los huesos que más necesitan moverse son las que están unidas por un manguito resistente pero flexible y reforzadas por cuerdas o cintas anchas que impiden su separación. Las partes de tu anatomía que más requieren separarse de tu cuerpo para coger un objeto o cruzar un riachuelo son las que unen tus brazos y tus piernas a tu tronco, es decir, tu hombro[28] y tu cadera.[29] Algunas uniones son cortas, porque también son pequeños los huesos que se articulan en ellas, como por ejemplo las que unen los huesos de tus dedos,[30] pero otras son grandes y anchas porque tienen que soportar mucho peso corporal, como es el caso de la unión de los huesos de la rodilla,[31] ya que en ella se junta la superficie inferior ancha del hueso de tu muslo o fémur con la superficie superior de un hueso de la pierna o tibia. Por cierto, la gran superficie de la tibia es una de las zonas más consistentes de tu esqueleto, por eso se empleaba como herramienta para machacar cáscaras de frutas y golpear a los enemigos, práctica muy utilizada en los combates cuerpo a cuerpo en las invasiones entre los barcos piratas. Este es el motivo por el que la tibia fue un hueso muy preciado por la piratería, y por eso dos tibias cruzadas forman parte, junto al cráneo, de la bandera pirata, tal como nos recuerda el estribillo de la canción del gran cantante Joaquín Sabina:[32]

*Pero si me dan a elegir*
*entre todas las vidas, yo escojo*
*la del pirata cojo, con pata de palo,*
*con parche en el ojo, con cara de malo,*
*el viejo truhán, capitán de un barco que tuviera por bandera*
*un par de tibias y una calavera.*

Muchas de tus articulaciones y huesos tienen un significado evolutivo muy curioso, que, aunque no pertenece a tu primer pasado como persona aislada, sí que pertenece a tu primer pasado como especie. Un ejemplo es la unión de los huesos de tu cuello y tu cabeza. Si observamos un gorila o un chimpancé, podemos notar que su cabeza está situada hacia delante con respecto al cuello. Sin embargo, en la especie humana, la cabeza está encima del cuello. Este cambio evolutivo hizo que las vértebras y las uniones entre ellas se verticalizaran, facilitando la visión lejana y permitiendo la posición bípeda del ser humano. De esta manera, los humanos tuvimos las manos más libres para manipular objetos. Posiblemente, esa verticalización de la columna vertebral se debió a la necesidad de buscar alimento en árboles: era necesaria la posición vertical del cuerpo para llegar a ellos, tal vez por una modificación en el tipo de vegetación originado por un cambio climático (algo parecido a lo que la selección natural ha hecho con las jirafas, pero no tan a lo bestia). En cualquier caso, tú tienes la cabeza más vertical que nuestros antecesores en la escala evolutiva y esto modificó tus articulaciones para que la pudieras mover mejor y observar el mundo que te rodea.

Otro cambio evolutivo destacable que modificó nuestra unión entre los huesos desde los prehomínidos es la articulación de la rodilla. Cuando se anda como los chimpancés, gorilas u orangutanes, sobre las dos piernas ayudadas por los brazos y las manos, el peso que llega a las piernas es mucho menor que cuando caminamos solo sobre las dos piernas, como nosotros. Esto significa que los huesos y las articulaciones de tus piernas tienen que soportar más carga que los de tus antepasados evolutivos.

Cuanto más peso tenga que aguantar una de tus articulaciones, más superficie de unión entre los huesos tiene que conseguir. Todo tu cuerpo está sostenido por dos grandes soportes que son tus piernas. Por eso, no es de extrañar que en ellas estén dos partes de tu anatomía de huesos anchos y gordos. Una es la articulación de la rodilla, la más grande del cuerpo en extensión porque tiene que unir dos huesos enormes como son el de tu muslo (el fémur) y uno de los de la pierna (la tibia). El otro es el hueso de tu talón, donde apoyas el pie cuando empiezas a caminar; para darte cuenta de lo mucho que resiste el peso de tu cuerpo, solo tienes que fijarte en el surco tan profundo que la huella de tu pie deja en la arena cuando das un paseo por la playa.

A pesar de que la biología intenta combinar muy bien la superficie de soporte de peso de tus huesos con la facilidad de movimiento entre ellos, no siempre lo consigue con precisión. Es curioso cómo estas dos articulaciones (rodilla y tobillo), que soportan la mayor parte del peso del cuerpo, tienen mucho menos movimiento del que te puedes esperar. Es más, casi te sorprenderá si te decimos que son dos articulaciones que tienen muy poco movimiento, lo que demuestra que su diseño está tan preparado para el soporte de peso que es muy difícil darle movilidad. Cuando te sientas o te levantas, o cuando coges impulso para darle una patada a un balón, tu rodilla puede moverse abriéndose y cerrándose; en cambio en los movimientos laterales o de giro está muy limitada. No permite girar ni separar tu pierna sin mover tu muslo.

Esta aparente inmovilidad, excepto para los movimientos de flexionar la rodilla, se debe a que los huesos que forman esta articulación están unidos por unas fortísimas cuerdas (ligamentos cruzados) que, en vez de estar sujetando los huesos a su alrededor, están estratégicamente situadas en el interior de la articulación para que el gran hueso del muslo (fémur) y el gran hueso de la pierna (tibia) soporten juntos la fuerza del peso corporal. Además, estas cuerdas internas de la rodilla no están paralelas, sino situadas de forma cruzada, para sujetar todavía mejor los dos huesos. Por eso a estas cuerdas tan fuertes se les llama «ligamentos cruzados», que te sonarán, porque siempre que algún o alguna deportista se los rompe tienen que intervenirlo quirúrgicamente y necesitan mucho tiempo de recuperación antes de poder reiniciar su actividad deportiva. Incluso a la lesión de los cruzados se le ha llamado el «Himalaya» de los deportistas, porque solo los más tenaces, como Carolina Marín (campeona olímpica de bádminton) o los futbolistas Xavi Hernández y Ronaldo Luís Nazário de Lima, volvieron a competir en la máxima categoría después de rompérselos. Esta limitación de la movilidad en huesos que tienen que soportar mucho peso también se produce en el hueso del talón (calcáneo),[33] luego firmemente unido a otro hueso con nombre raro (astrágalo) que es el que permite la movilidad del tobillo, ya que el que forma el talón no se mueve y solo se dedica a estar por debajo del hueso que mueve el tobillo, para soportar el peso de tu cuerpo.

De una forma o de otra, todos los huesos de tu cuerpo se han ido uniendo para crear una compleja estructura de sostén. Este armazón óseo se ha ido organizando poco a poco, desde el inicio del endurecimiento de la clavícula hasta unos veinticinco años después de tu nacimiento, cuando han terminado de osificarse otros huesos como el fémur o las vértebras. Sin embargo, para que estos huesos tengan movilidad entre sí, necesitan un complejo sistema de «palancas» que les permitan acercarse o alejarse entre ellos y conseguir que puedas moverte con facilidad. Estas palancas son tus músculos, y de ellas hablaremos en el siguiente capítulo.

# 3
# Tus palancas

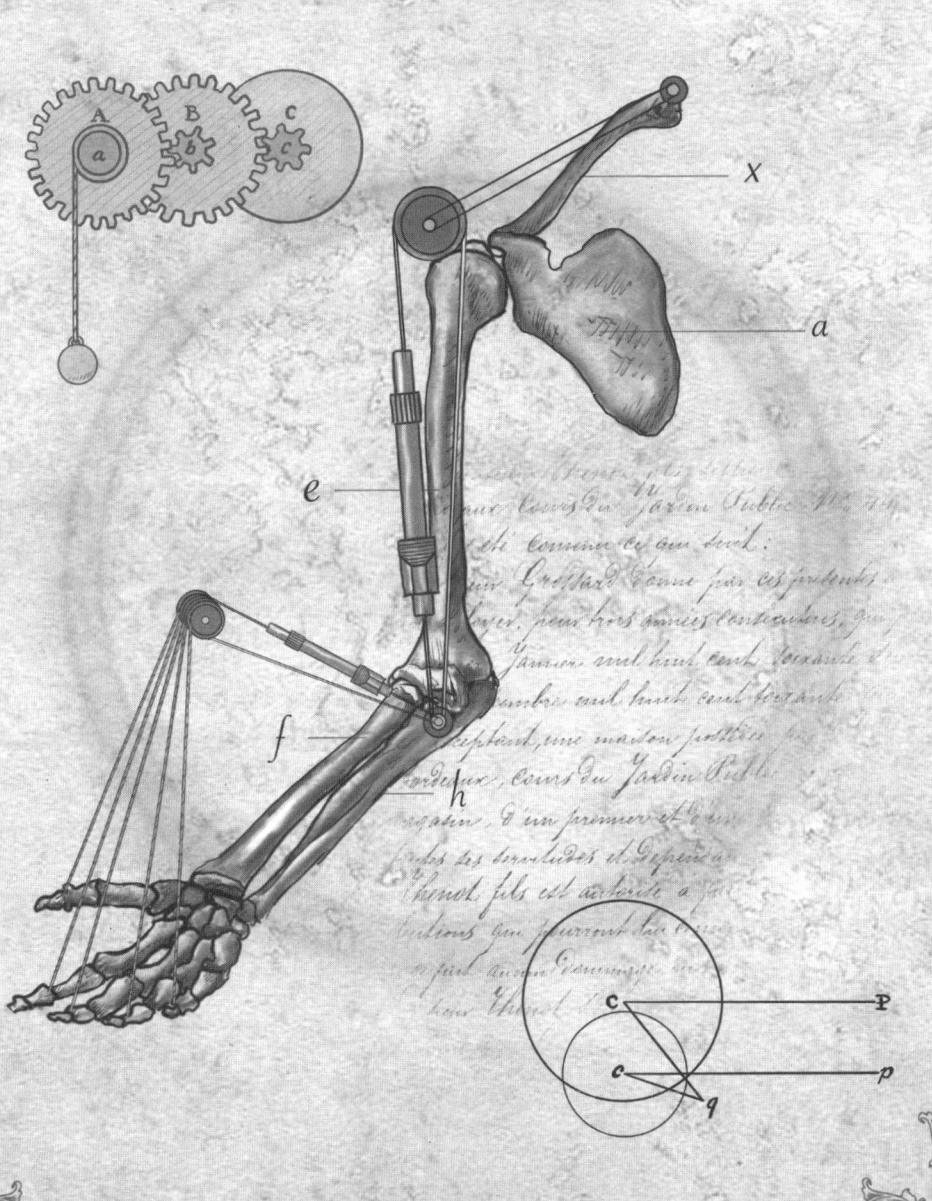

# GOMAS Y BANDAS

Los músculos han fascinado desde el inicio de los tiempos a los humanos, estableciendo con ellos una relación directa con la fuerza y la belleza física. Los griegos las representaban con frecuencia en su mitología con personajes como Hércules o Aquiles y, por consiguiente, con su heroísmo. Pese a que la civilización grecorromana y sus modelos son los cimientos de nuestra cultura, hoy, cuando nos referimos a musculación, enseguida se nos vendrá a la cabeza la imagen de los famosos actores Sylvester Stallone o Arnold Schwarzenegger, máximos exponentes de una época del culto al cuerpo en el cine. Menos conocidos son los nombres de Laura Rokuda o Ángel Calderón, dos culturistas españoles que están entre los mejores del mundo.

En cualquier caso, lo cierto es que se asocia la musculatura a los relieves que se observan cuando contraemos diversas partes del cuerpo. Por ejemplo, es común identificar a una persona fuerte con la masa muscular del bíceps en el brazo. Aun así, los músculos del cuerpo no solo son los que nos ayudan a mover nuestros huesos y nuestras articulaciones, también existen otros en el corazón y en otras vísceras del interior de nuestro organismo.

Cuando quieres mover un dedo, una pierna o un brazo, solo tienes que darle la orden al cerebro para que lo haga. De la misma forma, cuando estás cansado y quieres descansar solo tienes que sentarte o acostarte para que tu cuerpo repose. Pero, aunque la musculatura que está asociada a tus huesos y articulaciones puedes moverla voluntariamente cuando quieras, la de tus órganos internos no eres capaz de controlarla con tu voluntad, es decir, no puedes ordenarle al corazón que lata más rápido o intentar parar la actividad de tu intestino. Por esta razón, nosotros tenemos dos tipos de músculos: los que podemos mover con nuestra voluntad y los que se contraen según las necesidades del cuerpo, es decir, cuando este lo necesita sin que nosotros tengamos que estar pendientes de darles la orden de actuar, por eso se denominan músculos involuntarios, y son precisamente los que mueven tu corazón y la mayor parte de tus órganos internos.

La formación de tus músculos ha sido un proceso complicado que comenzó cuando tenías la forma de tres monedas apiladas y elongadas[1] (Figura 10). En la moneda intermedia, unas células empezaron a estirarse y a unirse entre ellas para formar unos pequeñísimos tubos elásticos y establecer así una estructura similar a una goma de las que utilizas para juntar unos papeles amontonados o para recogerte la coleta. Esas gomas se dispusieron de forma paralela, alternando gomas gruesas rodeadas de gomas más finas, pero cada grupo de ellas se empezaba a estirar y contraer en la misma dirección para formar los músculos. Cada grupo de gomas ha adoptado una disposición en bandas o rayas como la camiseta de un traje de faena de un marinero, por cierto, un atuendo de trabajo que comenzó a utilizarse de una forma muy curiosa.

En 1958, el Segundo Imperio francés estableció una normativa para que el uniforme oficial de los marineros fuera una camiseta con rayas horizontales y sin botones. Su finalidad era que la ropa de trabajo en alta mar no tuviera ningún objeto que pudiera engancharse en cuerdas de rescate y que, además, las rayas horizontales hicieran más visible al marinero en caso de caída accidental al agua. Este tipo de vestimenta de faena podría pasar inadvertida para el público en general, si no fuera porque se hizo famosa en la moda mundial gracias a la genialidad de dos personajes ilustres. En 1917, la gran diseñadora de moda Coco Chanel causó sensación al vestirse con una camiseta como la de los marineros, popularizándola de inmediato. Y sin duda, la imagen tan conocida del genio Pablo Picasso posando con una camiseta de rayas blancas y negras horizontales en su estudio de pintura hizo que este tipo de prenda se asociara a lo más alto de la cultura universal. Pues tú también has tenido una disposición a rayas como las camisetas de los marineros, pero, en este caso, rayas anchas debajo de la piel, formadas por el inicio de tus grupos musculares.

Cuando tenías seis semanas de edad y medías 12 milímetros, los grupos de gomas elásticas (músculos) se disponían en tu cuerpo como bandas horizontales, similares a las de una camiseta de rayas anchas, donde cada banda recibe el nombre de miotomo[2] (Figura 18). Actualmente, cada franja de tu piel o dermatoma lleva asociada en su interior un nervio que se encarga de la acción de una zona de músculos. Aunque no los puedas ver, cuando te explora el personal sanitario, según la franja de piel que te duela, puede deducir si la molestia procede de un grupo muscular, de un nervio lesionado o de un órgano interno. Esta valoración de los dermatomas es una de las actividades clínicas que convierten a los sanitarios en verdaderos Sherlock Holmes, pero en vez de localizar a un asesino, descubren el origen de un dolor.

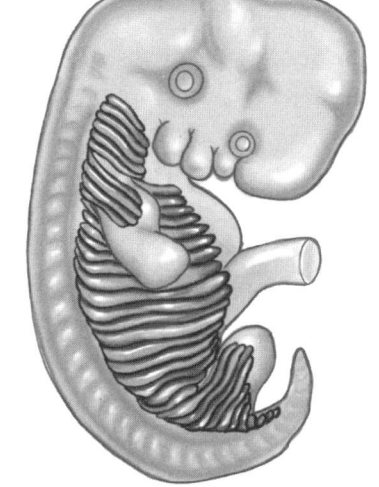

Figura 18. Miotomos en el embrión.

El sistema de tus palancas musculares funciona mediante dos mecanismos, uno de elasticidad y otro de coordinación. Cuando realizas un movimiento, por ejemplo, cuando flexionas el antebrazo sobre el brazo para coger un objeto pesado, lo que ocurre es que las gomas elásticas (fibras musculares) tensan y encogen el músculo para soportar el peso y entonces se abultan formando la famosa bola del bíceps.[3] Pero, además, la coordinación entre grupos musculares es fundamental para que realices movimientos precisos. Siempre que un grupo de músculos se contrae en tu cuerpo, otros se relajan, para que, con tu control, entre la contracción de unos y la relajación de otros, pueda permitirte llevar a cabo movimientos suaves, eficaces y coordinados. En realidad, cuando efectúas cualquier movimiento y notas cómo los músculos trabajan para hacerlo, tienes que pensar que hay otros que hacen el movimiento contrario y que deben relajarse. Esa coordinación entre grupos que se contraen y grupos que se relajan es máxima en movimientos que, aparentemente sencillos, requieren mucha concentración, como, por ejemplo, escribir, hacer equilibrio sobre un tablón, jugar al tenis o conducir.

A lo largo de tu vida, hay grupos musculares que actúan más que otros. Por ejemplo, con los años —¡esperamos que tengas pocos o te conserves como si tuvieras pocos!—, la contracción del bíceps en la parte anterior de tu brazo es más frecuente que la contracción del músculo que está situado en la parte posterior del brazo (tríceps),[4] motivo por el que la piel posterior que cubre el tríceps se hace flácida y cuelga, delatando el inevitable paso del tiempo. Aunque no realices ningún movimiento especial, si estás de pie, algo de actividad muscular siempre estás haciendo, ya que debes mantener la postura mediante una tensión ligera pero constante de los músculos. Si no contraes ningún músculo, es evidente que la propia fuerza de la gravedad te lleva a caerte al suelo, como cuando alguien pierde el conocimiento. La fuerza de $9,80665 \text{ m/s}^2$ que el célebre Isaac Newton postuló nos atrae constantemente hacia el centro de la Tierra. Eso significa que, para que simplemente puedas sostener tu propio cuerpo, existen muchos músculos que están en ligera tensión y otros en ligera relajación. Es más, para poder estar de pie quieto, la musculatura de la mitad anterior de tu cuerpo debe contraerse con la misma fuerza de tensión que la musculatura de la mitad posterior, ya que, si una de las dos se relaja, te caes hacia delante o hacia atrás. La prueba de la contracción muscular constante de oposición a la fuerza de la gravedad la tenemos en los astronautas cuya musculatura, después de varias semanas en el espacio sin padecer la fuerza de la gravedad, disminuye tanto que tienen que ser ayudados a bajar de la cápsula porque no tienen fuerza en sus músculos. En 1969, la imagen del regreso a la Tierra de los tres primeros astronautas que pisaron la Luna en el Apolo 11 (bueno, solo la pisaron Neil Armstrong[5] y Buzz Aldrin,[6] porque Michael Collins[7] estaba en la nave, ¡¡¡alguien tenía que conducir!!!) dio la vuelta al mundo. Es una de las escenas más visionadas de la televisión de todos los tiempos, en la que se ve a los astronautas saliendo de la cápsula de salvamento como si hubieran bebido varias copas de vino. Lo cierto es que fue tan dura su experiencia, que algunos de sus síntomas han dado nombre a nuevas enfermedades, como por ejemplo «el síndrome de Neil Armstrong».[8]

Queda claro que tu actividad física es una difícil coordinación de grupos musculares, unos se contraen y otros se relajan. Incluso en movimientos que necesitan muchísima precisión, como enhebrar un hilo por el agujero de una aguja, los músculos de una mano se contraen al mismo tiempo que lo hacen los de la otra coordinando perfectamente el gasto de energía muscular de dos grupos musculares no conectados entre sí. Pero ¿de dónde viene esa energía necesaria para mover los músculos?

## TU BOBINA ELÉCTRICA

En 1899, la ciudad rusa de Kaliningrado era testigo del nacimiento de Fritz Albert Lipmann,[9] un bioquímico intrigado por la forma en que el cuerpo de los animales podía generar calor. Sus experimentos le llevaron a relacionar que una molécula denominada trifosfato de adenosina —que había sido descubierta en 1929, con una fórmula química preciosa: $C_{10}H_{16}N_5O_{13}P_3$ (¡para quien entienda de química!)— era la responsable de generar la energía en los músculos para mantener la temperatura corporal. Este incansable científico fue galardonado con el Premio Nobel de Medicina en 1953. Desde su descubrimiento, Lipmann comparó su molécula a una máquina capaz de generar corriente eléctrica. Ya ves, cuando alguien te diga que estás eléctrica o eléctrico porque te mueves mucho, puedes decirle que es totalmente correcto, y cuanto más tiempo generes energía en tus músculos, mejor salud tendrás.

## CREADO PARA MOVERSE

Cuando pasamos mucho tiempo sentados, los músculos del cuerpo van perdiendo volumen y se hacen más cortos. Si sumamos todas las horas de todas las semanas y de todos los años en que estamos sentados en nuestro lugar de trabajo, podemos llegar a tener dificultades para mover nuestro pesado tronco y tenemos que forzar excesivamente la musculatura de la parte posterior del cuerpo, en especial la del cuello y la espalda. Los músculos se van desentrenando para soportar la carga del cuerpo. En las sociedades modernas, en las que estar en una silla o un sillón es el deporte favorito de muchas personas, el dolor de cuello y espalda es tan frecuente que es una de las mayores causas de incapacidad en las personas adultas. Cuando se formaron tus grupos musculares, la genética los diseñó para ser una persona activa, y seguro que lo eres, pero no lo hizo para que pasaras todo el día sentado en una oficina o en un sofá. Esperamos y deseamos que tu nivel de ejercicio físico sea el adecuado, pero, por si trabajas muchas horas sentado, permítenos darte algunos datos de cómo estamos del dolor de espalda por culpa de no movernos adecuadamente o, mejor dicho, por tener unas instrucciones genéti-cas de un cuerpo diseñado para moverse en un cuerpo que pasa gran parte del día sentado. A propósito de esto, se nos viene a la cabeza la genial frase del educador americano Bill Nye: «Algo no va bien en una sociedad que va al gimnasio en coche para montar en una bici-cleta estática». Creemos que esto lo resume todo. Hemos dejado de movernos, pero nuestra espalda protesta porque la tenemos inmovi-lizada la mayor parte del día.

El problema del dolor de espalda, un síntoma muy común, es que mucha gente que lo padece queda incapacitada durante muchos días para su actividad física y laboral. [10] Es algo así como una «pes-cadilla que se muerde la cola»: por no hacer ejercicio se tiene dolor de espalda y el dolor de espalda te impide realizar ejercicio. Para que nos demos cuenta de lo mal adaptado que tenemos nuestro estilo de vida actual a un cuerpo con instrucciones genéticas prehistóricas, so-lo tenemos que hacer un recorrido por el dolor de espalda de los ha-bitantes de nuestro planeta.

Los datos son escalofriantes, ya que esta dolencia afecta a más de quinientos millones de personas en todo el mundo[11] o, dicho de otra forma, en una ciudad de cien mil habitantes, casi siete mil tienen al-gún tipo de dolor de espalda. Por regiones geográficas, la mayor fre-cuencia de dolor de espalda se encuentra en las zonas muy desarro-lladas del planeta como Estados Unidos y Europa, mientras que tiene una menor incidencia en los países menos desarrollados del continente africano. Esto, sin duda, nos hace reflexionar sobre el es-tilo de vida tan sedentario de las sociedades modernas.

Es curioso saber que precisamente el primer grupo muscular que se formó en tu cuerpo es el de tu espalda o tu dorso, porque lo pri-mero que tenías que proteger era tu columna vertebral y la médula espinal que discurre por su interior. Después se desarrollaron los músculos que protegen los órganos de tu tórax y abdomen, constru-yendo un gran tonel de bandas musculares hacia los lados y hacia delante (Figura 18). Si palpas tus costillas de arriba abajo, cada una de ellas con los músculos que las unen, son el resultado de esas bandas musculares que recorren tu cuerpo desde la columna vertebral hasta la parte anterior del pecho, donde tienes el esternón. Como ves, la musculatura de tu tronco es como un conjunto de rosquillas apiladas de arriba abajo, como si fueran las columnas de neumáticos en un taller de coches.

La musculatura de tus brazos se generó a partir de los músculos de tu tórax y la de las piernas se ha iniciado desde la musculatura de tu abdomen,[12] es decir, primero se han formado los músculos de tu tronco y luego, a partir de ellos, lo han hecho los músculos de las extremidades. La formación de tus brazos y piernas se ha producido de una manera extraña. En primer lugar, se han constituido tus manos y tus pies. Después ha ido aumentando el tamaño de los brazos y las piernas, que fueron creciendo y alejando progresivamente tus manos y tus pies del tronco. Para que tus dedos se alargaran y separaran, en las manos se ha producido un fenómeno muy curioso que se denomina muerte celular programada o apoptosis.[13] Este mecanismo consiste en que, para que se formen algunas estructuras, es necesario que mueran otras para dejar sitio. De la misma forma que, como ya te hemos explicado, parte de las células del útero de tu madre se autodestruyeron para poder cavar un hueco en su pared y que tú te protegieras y fijaras en su interior, parte de las células de tus manos tuvieron que «autosacrificarse». Al principio de la formación de tus manos y tus pies, los dedos eran cortos y estaban unidos por una membrana, pero luego, para configurar tus largos dedos, fue imprescindible que las membranas entre los dedos se autodestruyeran y así permitir que los dedos se alargasen y que adquirieran movilidad independiente. Si no existiera este proceso, tus manos serían como las patas de las ranas, con membranas entre los dedos. ¿Qué te parece? Durante tu primer pasado has sido en parte renacuajo y en parte rana. Es muy interesante ver que el ciclo embriológico imita de alguna forma el ciclo evolutivo de las especies, de manera que hemos sido en parte anfibios, en parte reptiles y, cómo no, mamíferos. Esto de ser en parte anfibios estaría bien, con esas membranas entre los dedos seguramente podrías nadar mejor, pero te resultaría mucho más difícil realizar otras tareas, como escribir.

Tu sistema muscular, aparte de estar organizado en pequeños grupos de músculos que debes controlar para moverte o realizar cualquier actividad manual o deportiva, es también el resultado de cambios evolutivos a partir de adaptaciones al entorno de nuestros antepasados en la escala evolutiva.

## UN MONO A DOS PATAS

No te asustes por la cantidad de adjetivos que te vamos a poner, pero tú y nosotros somos ni más ni menos que «vertebrados, tetrápodos, mamíferos, placentarios, primates, haplorrinos, catarrinos, hominoideos y humanos».[14] Somos vertebrados porque tenemos vértebras; otros animales como las moscas, los cangrejos o los pulpos que no las tienen se llaman invertebrados. Somos tetrápodos porque tenemos cuatro extremidades (brazos y piernas), los peces no las tienen. Como mamíferos hemos desarrollado glándulas mamarias que sirven a las hembras para alimentar a las crías. Nosotros no ponemos huevos como las gallinas, no estamos en una bolsa como los canguros: nos llamamos placentarios porque nos hemos desarrollado dentro de una placenta en el interior del útero de nuestra madre. Nos llaman primates haplorrinos por la forma de nuestra nariz, sí, nuestra nariz es como la ves en el espejo, porque hay otros primates que tienen una nariz en forma de hocico muy alargado. Lo de catarrinos es porque tenemos los orificios de la nariz hacia abajo, ya que también hay animales de nariz pequeña pero con los orificios hacia delante. Somos hominoideos como los gorilas y los chimpancés. Pero como especie más desarrollada de todas las conocidas, somos humanos. Perdón por este pequeño recorrido de nuestra situación entre todos los animales, pero para llegar a humanos hemos tenido que realizar en nuestro cuerpo muchísimas adaptaciones al medio ambiente, y muchas de ellas afectan a los grupos musculares. De todas ellas, vamos a destacar las más importantes en nuestra evolución.

Tú, al igual que nosotros, no has evolucionado de los chimpancés, pero compartes con ellos un antepasado común que se transformó en chimpancé y en humano hace unos siete millones de años. Por este motivo, si comparamos el sistema muscular del chimpancé con el nuestro, podemos deducir algunos cambios que hemos experimentado en nuestro cuerpo desde nuestro ancestro común.[15] Casi todo el mundo conoce nuestro parecido evolutivo con los chimpancés gracias a los medios de comunicación y, en especial, el cine. Aunque existen nombres propios como Miguel de Cervantes, Francisco de Quevedo, Rosalía de Castro, Virginia Woolf o William Shakespeare que enseguida asociamos a grandes obras de la literatura universal, el cine ha encumbrado a la fama a otros autores como Edgar Rice Burroughs o Pierre Boulle. El escritor francés Pierre Boulle[16] inspiró la saga de películas de *El planeta de los simios* y Edgar Burroughs[17] escribió una novela en 1912 titulada *Tarzán de los monos*, que dio comienzo a una serie que fue objeto de numerosas versiones en el cine. En cualquiera de las más de ochenta películas de Tarzán se puede comparar perfectamente la anatomía de Chita, el chimpancé más famoso de la historia del séptimo arte, con la anatomía de Johnny Weissmüller, ganador de cinco medallas de oro olímpicas de natación, pero más conocido por haber encarnado a Tarzán.

Al verlos juntos, a Tarzán y a Chita, nos damos cuenta de que Tarzán tiene la espalda más vertical, con sus piernas más esbeltas y juntas. Chita, el chimpancé, anda balanceándose hacia los lados, sus rodillas están separadas, sus manos están más cerca del suelo y sus pies son más planos. Pero, además, Johnny Weissmüller en numerosas escenas de la serie impulsa una lanza o tira una piedra a mucha distancia, mientras que Chita solo puede lanzar objetos con una trayectoria muy corta. Y, cómo no, la principal característica: Tarzán no solo era capaz de emitir uno de los gritos más célebres de Hollywood, sino que hablaba, mientras que Chita solo emitía los sonidos típicos de cualquier chimpancé.

Esta comparación entre Tarzán y Chita nos indica que la evolución te ha modificado la posición de la cabeza desde una situación anterior con respecto al tronco, típica de los chimpancés, desplazándola hasta justo la vertical de tu cuerpo, encima de la columna vertebral. Si te fijas en un chimpancé, su cabeza está adelantada con respecto a su espalda; en cambio, si te pones de pie, puedes comprobar que tu cabeza está más vertical, justo encima de tu columna vertebral. Este cambio del eje de gravedad del cuerpo te facilita la posición bípeda, consiguiendo también una liberación de tus brazos para poder realizar mejores y más sofisticados movimientos a la hora de coger y utilizar objetos. Ya no necesitas los brazos para apoyar los nudillos de las manos en el suelo para desplazarte; eso implica que puedes andar y correr con los brazos totalmente libres. Otro cambio importante es el que han sufrido los músculos de tus nalgas (los glúteos),[18] que representan la masa muscular más grande de tu cuerpo. Desde nuestro antepasado común con los chimpancés, estos potentes y extensos músculos han girado hacia los lados con los huesos de nuestra pelvis. Un chimpancé tiene estos músculos de sus nalgas solo hacia atrás y casi no se aprecian desde los lados; en cambio, la potente musculatura de tus nalgas sigue estando atrás, pero gran parte de su masa se ha desplazado hacia los lados. Con este desplazamiento muscular, puedes mantenerte en pie con menos esfuerzo, ya que estos músculos unen los huesos de la pelvis con los huesos de tus piernas (extremidades inferiores) gracias a una gran banda muscular a los lados de los muslos, que, además de facilitar nuestra posición cuando estamos erguidos, protege y estabiliza la cadera. Esta banda muscular tiene un nombre precioso: «tensor de la fascia lata»[19] (Figura 19) y es algo así como una cinta ancha que controla el equilibrio entre la musculatura de la parte anterior y la parte posterior de tus piernas, para que puedas mantenerte de pie sin caerte hacia atrás o hacia delante.

Otra diferencia característica entre tu anatomía y la del chimpancé es que las rodillas de Chita están muy separadas con respecto a la cadera, mientras que las de Tarzán se sitúan justo debajo y un poco hacia dentro de la cadera, lo que nos facilita mucho la posibilidad de caminar erguidos y sin balancearnos como los chimpancés. Si te fijas, Chita tiene un andar muy parecido al imitado por el actor Charlie Chaplin[20] en su famoso personaje de Charlot. Si estas diferencias no fueran suficientes, es en las partes de las extremidades más alejadas del tronco, es decir, las manos y los pies, donde se observan modificaciones muy evidentes.

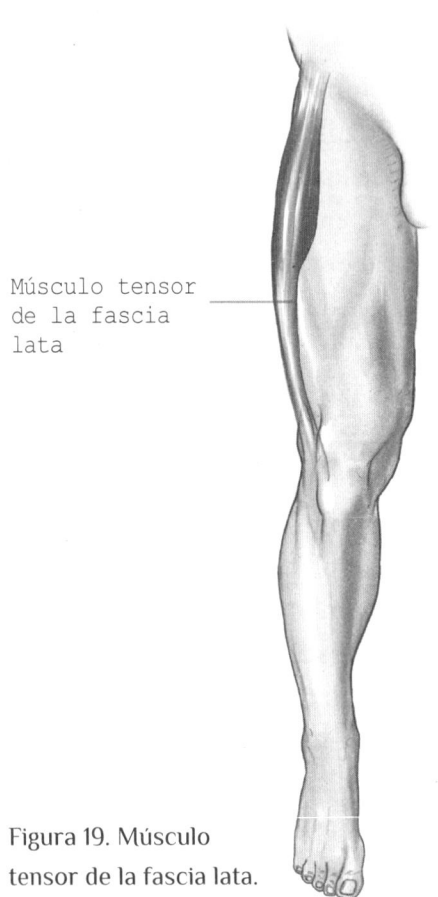

Músculo tensor de la fascia lata

Figura 19. Músculo tensor de la fascia lata.

Intenta poner tu mano con la palma apoyada sobre una superficie plana (una mesa, un libro) y con los cinco dedos juntos, como si prometieras o juraras un cargo sobre la Constitución. Te darás cuenta de que, entre el pulgar y el índice de tu mano, tienes un bulto muscular que sobresale hacia arriba. Ese cuerpo muscular tan desarrollado es único en la especie humana y el chimpancé no lo tiene. Se trata de un grupo de músculos que mueven tu dedo pulgar.[21] Tus manos, como las de Tarzán, pueden coger cualquier objeto entre el dedo pulgar y los otros dedos de la mano, el mismo movimiento que cualquiera de nosotros hace cuando giramos una llave en una cerradura o escribimos sobre un papel. Aunque en la selva de Tarzán no hay bolígrafos ni llaves, sí podemos ver cómo Johnny Weissmüller (el actor de Tarzán) agarra una lanza entre el dedo pulgar y el resto de los dedos, para arrojarla con fuerza. Un chimpancé no es capaz de realizar ese lanzamiento, porque no puede unir con fuerza el pulgar con los otros dedos y, por lo tanto, no tiene posibilidad de efectuar movimientos de precisión con la mano para aferrar la lanza. Tú puedes coger cualquier objeto entre el pulgar y el resto de los dedos de la mano, gracias a los músculos que pueden flexionar tu dedo pulgar y acercar este dedo a los demás. Estos músculos del pulgar, que nos permiten escribir, cortar con una tijera o girar una llave, son los que abultan en tu mano cuando la apoyas sobre la mesa con la palma hacia abajo. Recuerda, cuando lo hagas, que esa característica anatómica es un rasgo extraordinario y exclusivo del ser humano.

En los pies también existe una diferencia muy marcada entre Chita y Tarzán, aunque es más difícil de apreciar en sus películas. Los chimpancés tienen los pies planos y, en los humanos, ¡bueno, en casi todos!, la planta del pie forma una pequeña bóveda en la parte interna.[22] Solo tienes que poner la planta de un pie en el suelo y verás que, en la parte que da hacia el otro pie, está más levantada, formando esa bóveda. Si no lo notas, no te preocupes, tener los pies planos no es ningún problema. Esa bóveda del pie es debida a que tenemos un arco de tejido que va desde el talón hacia los dedos, que sirve de muelle cada vez que andamos o corremos, con el fin de facilitar nuestro movimiento hacia delante y evitar que tengamos que balancearnos como los chimpancés. Cuando pisamos al caminar, lo primero que hacemos es apoyar el talón. Luego bajamos la parte anterior del pie y, con los dedos en el suelo, esa banda curvada en forma de arco ayuda, como un resorte o muelle, a impulsar desde el talón toda la musculatura de las piernas para levantarlas del suelo. Así podemos conseguir una caminata más eficiente. Si te fijas en tus pisadas en la arena de una playa, ves muy marcada la huella del talón y de los dedos; en cambio, casi no distingues el hundimiento en la arena de la parte media del pie.

## CORREDORES DE FONDO

Dejemos la comparación entre Tarzán y Chita, y centrémonos en unas adaptaciones que se han terminado de ajustar en etapas más recientes en la evolución. Los músculos que se han formado en tu cuerpo en tus primeras semanas de vida ya llevan la información genética de especie para proporcionarte dos movimientos muy característicos y únicos de los humanos: correr largos trayectos y lanzar objetos a distancia. Te sorprenderá la primera, porque conoces muchos animales que pueden correr largos trayectos, pero aquí hablamos de largas distancias, es decir, un humano puede andar a trote sin descansar muchos más kilómetros que la mayoría de los animales, y es curioso cómo esta característica ha formado parte del éxito evolutivo de nuestra especie.

Nuestra posición bípeda o erecta (sobre las piernas) nos ha facilitado mucho el desarrollo intelectual. Por un lado, nos ha dejado libres las manos para poder manipular nuestro entorno; y por el otro, nos ha facilitado andar a trote grandes distancias. Dos aspectos evolutivos muy curiosos que han mejorado nuestro éxito como especie, cuando pasamos de ser *Australopithecus* a *Homo erectus*.[23]

Cuando nos preparamos para lanzar con todas nuestras fuerzas un objeto a distancia, por ejemplo, una piedra, hacemos lo siguiente: primero ponemos un pie por delante del otro para indicar la dirección del lanzamiento, colocamos el cuerpo de lado, elevamos el brazo que tiene la piedra por detrás de nuestro tronco y, con toda la fuerza de nuestros músculos que actúan sobre la muñeca, el brazo y el hombro del lado que tiene la piedra, la impulsamos (¡cuántas veces nos han reñido en nuestra infancia por la mala suerte de que la piedra terminara en un cristal!; en fin, no era culpa nuestra, el cristal estaba donde no debía estar, en el marco de madera de una ventana, ¡a quién se le ocurre ponerlo allí!).

Este movimiento tan intenso de lanzar el objeto es posible gracias a dos adaptaciones de la articulación del hombro, ya que, en el *Aus-*

*tralopithecus*, los hombros descendieron y la superficie del hueso del brazo, que se une al tronco, se hizo esférica. El *Australopithecus* tenía los hombros más elevados con respecto a la cabeza, como si hicieran el gesto de «encogerse de hombros». En el paso evolutivo de *Australopithecus* a *Homo erectus*, los hombros descendieron y se alejaron de la cabeza, dando más libertad de movimiento al brazo para coger impulso al lanzar. Esto lo puedes comprobar con facilidad, ya que si te encoges de hombros, tienes mucha más dificultad para mover el brazo. La otra adaptación es una modificación de la parte del hueso del brazo que forma el hombro (el húmero).[24] La cabeza del húmero, que así se le llama técnicamente a la porción superior de este hueso, en el humano tiene una superficie esférica que facilita los movimientos del brazo en todas las direcciones, lo que la convierte en la articulación más móvil del cuerpo (Figura 20). La geometría esférica de esta parte del húmero es uno de los rasgos que más nos ha facilitado la vida en nuestro camino de la gran inteligencia.

Los humanos somos los mejores animales manipulando objetos con delicadeza y también somos los mejores lanzadores de objetos a larga distancia, pero ¿somos los mejores corriendo? Si existiera un campeonato para determinar qué animales son los más rápidos del mundo, el pódium lo alcanzarían el halcón peregrino, que se llevaría la medalla de

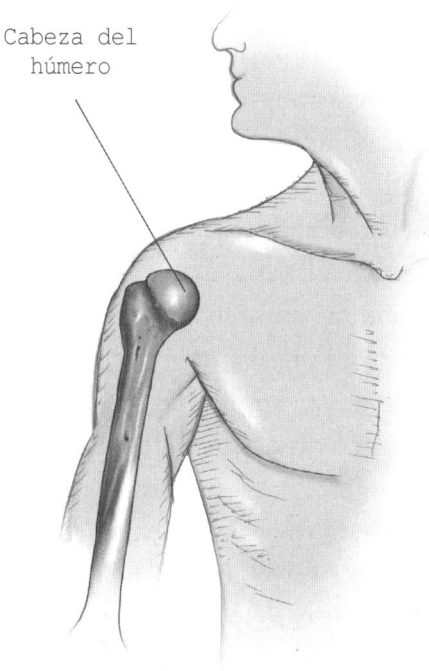

Cabeza del húmero

Figura 20. Húmero.

oro con una velocidad máxima de 360 km/h, la plata sería para el águila real con 300 km/h y el vencejo se quedaría con el bronce por alcanzar una velocidad máxima de 200 km/h. Todas son aves y, como ves, nuestra especie no tiene nada que hacer en velocidad máxima. Incluso si compitiéramos solo con mamíferos terrestres, el guepardo se llevaría el oro con sus 115 km/h, el tigre con 90 km/h quedaría segundo y el león se llevaría el bronce con sus 80 km/h.[25] Ni así podemos conseguirlo. Intentemos en otras modalidades. Apuntémonos como especie a un maratón, ¿podremos ganar?

Llanwrtyd Wells es un pequeño pueblo de Gales que tiene una población de unos seiscientos habitantes. Todos los años se celebra una famosa carrera entre caballos y atletas.[26] Inicialmente y como es lógico, los caballos siempre sacan ventaja en velocidad, pero, sin embargo, en más de una ocasión es un atleta el que se lleva el premio. ¿Cómo es posible? El secreto está en que es una carrera de 22 millas, unos 35 kilómetros. Pues así es, aunque no te lo creas, somos una de las mejores especies en caminatas al trote en largas distancias. Bueno, por supuesto, si estás en forma para poder hacer un maratón; pero, sin duda, los homínidos primitivos sí lo estaban, ya que tenían que trotar larguísimas distancias para perseguir la caza o buscar comida. De hecho, hoy en día hay casos incluso más extremos como la carrera de ultradistancia Badwater Ultramarathon, celebrada en California y considerada la más dura del mundo. Arranca cada mes de julio en la cuenca Badwater donde se unen los mejores atletas del mundo para intentar completar la increíble distancia de 217 kilómetros. Se considera la prueba más dura, no solo por la distancia, sino por las condiciones extremas del trayecto, ya que el punto de salida y el de meta tienen un desnivel de más de cuatro mil metros y gran parte del recorrido cruza por el temido desierto del valle de la Muerte donde se pueden alcanzar temperaturas durante el día de casi 50º C. El récord en este trayecto lo tiene el atleta Yoshihiko Ishikawa, que logró completar la carrera en el año 2019 en veintiuna horas, treinta y tres minutos y un segundo.[27] ¡No está nada mal! Quién te iba a decir que, en cuanto a resistencia, somos una de las especies mejor adaptadas del reino animal.

Esta cualidad ha sido posible gracias a cambios evolutivos de las estructuras que mueven nuestro cuerpo y, en particular, las modificaciones que nuestros antepasados han realizado cuando dejaron de ser *Australopithecus* y se convirtieron en *Homo erectus*, hace aproximadamente dos millones de años.[28]

Las piernas de tus antepasados se alargaron, por lo que los huesos de las mismas también aumentaron en longitud. Esta modificación implica que, para recorrer una misma distancia, el *Australopithecus* tenía que dar más pasos y, por lo tanto, el *Homo erectus* más moderno gastaba menos energía para caminar. No sabemos cuánto mides, pero si tienes una altura de 170 cm y te fueses a pasear con una persona de menos de esa estatura, le costará a él mucho más que a ti recorrer la misma distancia. Otra característica interesante, que viene de antes de los *Australopithecus*, es la posición vertical que tenemos al andar. La evolución nos ha verticalizado. Esto significa que, con respecto a los animales que están a cuatro patas, cuando caminas o corres, todo tu peso corporal se soporta sobre tus dos piernas y (afortunadamente) no tienes que utilizar los brazos para apoyarte en el suelo. Pero esta ventaja tiene una contrapartida, ya que soportas mucho más peso sobre las piernas. Por eso, nuestras articulaciones de la cadera, la rodilla y el tobillo han aumentado su superficie y, así son capaces de aguantar todo tu peso al caminar o correr. Si te tocas los dos lados de cada una de las rodillas, te darás cuenta de que son muy anchas, mucho más que las del resto de los animales, por supuesto, con respecto a tu peso corporal. Las rodillas de un elefante son más anchas, pero su majestuoso peso es el de más de cuarenta personas y sus rodillas no son ni veinte veces más anchas que las humanas, aunque es el único animal que tiene cuatro.

Para ser andadores, o corredores de fondo y poder participar en la carrera de caballos de Llanwrtyd Wells o en la carrera de ultradistancia Badwater Ultramarathon, la evolución nos ha regalado un músculo extraordinario, dos muelles asombrosos y un mecanismo fisiológico increíble. El músculo, ya lo hemos citado antes, es el que forma la nalga (el glúteo).[29] Este músculo mantiene el tronco vertical y lo conecta con dos bandas laterales que tenemos en el lado de fuera del muslo, para que así, al impulsarnos para correr, no nos caigamos hacia delante. Es como si estuviera dispuesto perfectamente para sujetarnos a los lados y ejercer la tensión exacta y mantenernos siempre en pie cuando corremos. La prueba de que este músculo se desarrolló mucho para poder sujetarnos y no caernos hacia delante al coger impulso te la vamos a demostrar en la silla donde estás ahora leyendo este libro (bueno, perdona si estás en un sillón, en la cama o en la toalla de la playa, pero necesitamos que te sientes en una silla para esta prueba). Cuando estás sentado con la espalda vertical y los pies en el suelo, es imposible, repetimos, ¡es imposible! que puedas levantarte de la silla sin inclinar el tronco hacia delante. Esto es debido a que los glúteos han tenido que reforzarse tanto hacia atrás, para que no te cayeras hacia delante al correr, que ahora no pueden levantarte sin que desplaces el punto de gravedad de tu cuerpo, inclinando el tronco hacia delante.

Los dos muelles asombrosos para correr están en el pie y en la parte de atrás de tu pierna. El primero es una potente banda flexible que antes te hemos explicado,[30] que recorre la planta del pie de atrás hacia delante y que diferenciaba los pies planos de Chita (chimpancé) de la planta abovedada de Tarzán (humano). Este arco actúa como un gran resorte cuando corres y les ayuda mucho a tus pies, impulsando sus músculos y amortiguando la presión, para que no sufran el constante golpe con el suelo.

El otro muelle con forma de banda fuerte está en la parte de atrás de tu pantorrilla y se llama tendón de Aquiles.[31] El famoso Aquiles era el hombre más veloz de la mitología griega.[32] Su madre, Tetis, una ninfa del mar, intentó hacerlo inmortal al nacer: entonces lo introdujo en una laguna que estaba entre el mundo de los vivos y los muertos. Lo cogió fuerte por su talón y lo sumergió. De esta forma,

Aquiles se convirtió en inmortal, excepto por el lugar por donde lo había sujetado su madre y que quedó sin meter en el agua, haciéndolo vulnerable. El desenlace de la historia, según la mitología griega, es bien conocido. En el transcurso de la guerra de Troya, el famoso héroe dejó de ser inmortal al ser alcanzado por una flecha precisamente en el único punto débil que tenía su cuerpo, el talón, causándole la muerte.

En el tuyo (nos referimos a tu cuerpo), el tendón de Aquiles es esa banda muy resistente que une los músculos que están situados detrás de tu pierna al hueso de tu talón. Durante tu crecimiento, esa banda se alargó al aumentar la longitud de tus piernas. Tu tendón de Aquiles es muy fuerte, pero es flexible para hacer de muelle o resorte cuando se activan los músculos posteriores de tus pantorrillas, que te impulsan para levantar tu peso desde el talón cuando corres o andas ligero.

Ya ves, para poder trotar o correr largas distancias, tienes unos potentes músculos en las nalgas, una gran banda lateral en tus piernas y un potente y flexible tendón en tus pantorrillas. Sin embargo, aún estás dotado de un mecanismo todavía más prodigioso y que no tiene nada que ver con tu armazón o tus palancas; se trata de la capacidad de sudar. Cuando corremos grandes distancias, el calentamiento de nuestro cuerpo se compensa por un enfriamiento progresivo que nos brinda nuestro sudor. Parece obvio, pero es una de las mayores ventajas que tenemos con el resto de los animales para poder correr. Es evidente que ellos nos ganan en velocidad; sin embargo, en grandes recorridos, ellos jadean, pero no tienen la capacidad de sudar. De esta manera, mientras que la mayoría de los animales evaporan por la nariz y la boca su contenido hídrico, no enfrían su cuerpo. Esta adaptación, entre otras, es la que explica que los corredores entrenados pudieran llegar a ganar la carrera a los caballos en Llanwrtyd Wells. Sudar te permite seguir haciendo ejercicio, porque no te impide respirar; en cambio, jadear lleva consigo un coste muy alto del conducto del sistema respiratorio, que hace que los animales, después de una larga y rápida carrera, queden totalmente exhaustos porque su cuerpo tiene que quedar en reposo para poder respirar y recuperarse. El jadeo no permite entrar el aire y no tienen otro mecanismo de enfriamiento del cuerpo, excepto descansar. Este ha sido el secreto del éxito de los primeros cazadores de animales vivos. Nadie podría imaginarse que un humano consiguiera dar presa a un rápido animal, pero, gracias a su inteligencia, los humanos aprovecharon su mecanismo fisiológico de enfriamiento corporal mediante el sudor para abatir a un jadeante mamífero. Los primeros hombres solo tenían que seguir a la presa largas distancias y, una vez que se encontraba exhausta y no se podía mover, aprovechaban para lanzarle un objeto contundente y matarla. O por lo menos así nos lo explican los nuevos avances en antropología evolutiva.[33]

La información genética de tus músculos, modificada a lo largo de miles de años, junto con las adaptaciones de la necesidad de supervivencia de nuestra especie, ha sido determinante para que, desde que tenías seis semanas de edad y medías 12 milímetros, las bandas musculares segmentarias de tu cuerpo o miotomos se hayan ido modelando, empezando por los músculos de tu tronco y finalizando con los de tus brazos y tus piernas. A medida que tu cuerpo muscular se iba formando, necesitaba sangre para nutrirse. Esa es la función fundamental de tu sistema cardiovascular, constituido por una extensa red de vías de alimentación. De este increíble y complejo sistema de suministro te hablaremos en el siguiente capítulo.

# 4
# Tus cañerías
# y tu bomba

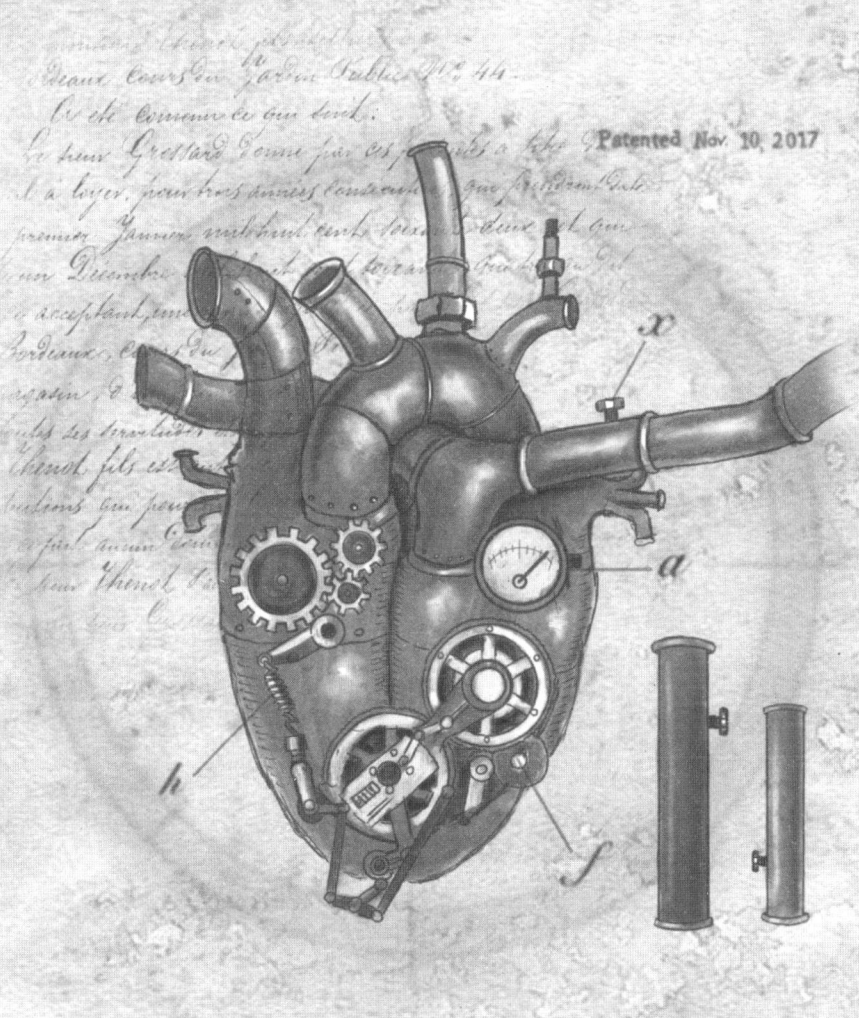

## UNIENDO LOS OASIS

De la misma manera que un edificio necesita tuberías como vías de suministro de agua, tu cuerpo ha de estar dotado de un sistema para llevar la sangre a todos tus órganos y alcanzar los lugares más recónditos de tu anatomía. Para ahondar y comprender este entresijo de «cañerías», tenemos que volver a tres días antes de cuando tenías tres semanas de vida, momento en el que estabas formado por tres monedas apiladas y medías tan solo 5 mm[1] (Figura 10).

Hasta ese instante, todas las células de tu cuerpo estaban en contacto con líquido que tenía nutrientes o con otras células que les podían ayudar a darle el líquido que necesitaban para sobrevivir. De esta manera, las sustancias necesarias para su nutrición podían alcanzar todos los lugares de tu pequeño cuerpecillo. Pero, al aumentar el número de células, había zonas a las que los líquidos no podían llegar bien, ya que la población de células aumentaba tanto que muchas de ellas se quedaban en sitios internos donde los líquidos no podían nutrirlas. Entonces, la naturaleza diseñó un sistema de tuberías que bien podría ser similar a la estructura de tubos que lleva el agua a todos los grifos de tu casa. Es como si las células vivieran en el oasis de Quillagua y de repente solicitaran que les trajeran agua por cañerías.

En el norte de Chile, existe una pequeña población de menos de doscientos habitantes, que está situada en pleno desierto de Atacama. Su nombre, Quillagua,[2] significa en la lengua indígena «media luna», porque es la forma que tiene cuando la observamos en un mapa. Este pueblecito es famoso por dos hechos muy diferentes. Uno, el más popular, es porque por el pueblo pasa la famosa carrera del *rally* París-Dakar. Pero el otro motivo es más triste, ya que ha sido considerado por la revista *National Geographic* como el pueblo más seco de la Tierra. Curiosamente, tiene un oasis, pero no está conectado con ningún otro punto de agua, por lo que, cuando la sequía es severa, el pueblo no puede disponer de recursos para el abastecimiento de agua. Esta situación desencadena la despoblación del territorio porque las condiciones de vida son cada vez más difíciles. De la misma manera, muchos pueblos de la geografía mundial se hubiesen despoblado por culpa de las sequías de sus pozos si no existiera una política, cada vez más extendida, de trasvases de agua desde ríos con caudal suficiente hacia zonas vecinas secas. Un gran ejemplo de esos trasvases se puede ver en muchos de los países más desarrollados del mundo. Por ejemplo, en España, la construcción del acueducto para trasvasar el agua del río Tajo al río Segura[3] es una de las obras hidráulicas más importantes realizadas hasta el momento y ha permitido que zonas con dificultad de abastecimiento de agua, en épocas de sequía, pudieran seguir disponiendo del elemento líquido más preciado de la naturaleza.

Pues igual que el oasis de Quillagua, en tu cuerpo de 5 milímetros había pequeños oasis de sangre, pero que no estaban conectados entre sí. Entonces, la naturaleza puso a trabajar todo su increíble ingenio para así poder empezar a unir todos los oasis que tenías. La bomba era la pieza fundamental de tu distribución de líquido, ya que sin ella nada podría impulsarlo. Tu cuerpo originó un saco (saco pericárdico que rodea ahora tu corazón) para proteger en su interior una bomba hidráulica (corazón).[4] El saco con la bomba hidráulica se formó a la altura de tu cabeza, y cuando te plegaste longitudinal y transversalmente, lo fuiste llevando y desplazando hacia tu pecho, igual que cuando eras niña o niño y agarrabas entre tus brazos y protegías con tu cuerpo un juguete que otro compañero te quería quitar (Figura 21).

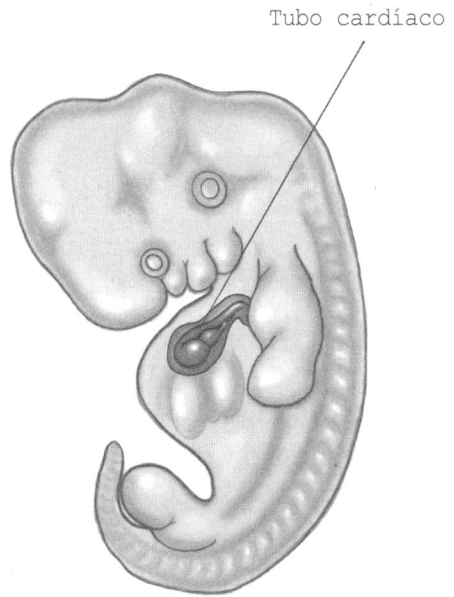

Tubo cardíaco

Figura 21. Tu corazón a los 30 días.

Para que todo el líquido pudiera llegar a todos los lugares de tu cuerpo, faltaban las cañerías de conducción, para que la bomba distribuyera tu sangre. Este trabajo fue llevado a cabo por dos tipos de profesionales (dos tipos de células). Unos se centraron en elaborar y colocar los tubos y otros se encargaron de fabricar el líquido que discurre por su interior (la sangre). Primero, los trabajadores responsables de las tuberías construyeron varios conductos a lo largo de tu cuerpo, unos conectados a una bomba y otros a otra. Pero luego, la naturaleza, que es una ingeniera muy lista, decidió que no tenía sentido comprar dos motores para dos sistemas de cañerías, ya que con una sola bomba era suficiente. Entonces, resolvió acoplar los dos sistemas de tubos a un solo dispositivo. Así, en el «tiempo récord» de tres días, ensamblaron los tubos a la bomba e inauguraron el sistema «a bombo y platillo». A los veintitrés días desde tu formación, la banda de música interpretaba la hermosa melodía que sonará toda tu vida, «LUB-DUP»; por cierto, si lo dices en voz alta y seguido, oirás ese sonido tan característico, similar a cómo se escuchan tus latidos cardíacos con un fonendoscopio.

## TU LÍQUIDO VITAL

El diseño y la construcción de tus cañerías (vasos sanguíneos) y tu bomba hidráulica (el corazón) eran muy exigentes. Tenían que durar mucho tiempo (toda tu vida), impulsar mucha cantidad de un líquido especial y limpiar las impurezas. Llegados a este punto, nos hacemos una pregunta: ¿qué cantidad y qué composición tiene el líquido de este sistema? Tú, si eres un adulto, tienes entre cuatro y seis litros de sangre. Por lo tanto, la bomba tiene que servir para que tus cinco litros de sangre recorran un circuito de cien mil kilómetros de tubos en sesenta segundos. De hecho, si desplegásemos todos los vasos que tiene tu cuerpo, ¡formarían una tubería que daría dos veces la vuelta a la circunferencia terrestre!5 Pero si este encargo de ingeniería ya era complicado, todavía faltaba lo peor. La composición del líquido que viajaría por tus cañerías (la sangre) debería tener unas características especiales. En primer lugar, no podía ser muy ácido para que no corroyera los tubos. Entonces la biología consiguió que el líquido tuviera un grado de acidez de 7,4, parecido al del agua pura, que tiene un valor 7 de acidez (la escala de acidez es de 0 a 14, siendo el «0» lo más ácido). Además, tu sangre no podía ser totalmente líquida, porque tenía que transportar elementos sólidos que llevaran sustancias en su interior y pudieran atacar a posibles invasores de tu cuerpo. Te informamos de que el 55 por ciento de tu sangre es líquida (plasma) y el 45 por ciento está formado por unos elementos denominados «elementos formes» (glóbulos rojos, glóbulos blancos y plaquetas).[6]

El ingeniero que diseñó tu sangre decidió encargarles los elementos sólidos a los huesos, y así, en su interior (en particular los huesos de tu tórax y tus caderas), se fabrican continuamente tus células sanguíneas. La información del libro de instrucciones donde se explicaba cómo eran los elementos que deberían fabricar tus huesos para formar tu sangre parecía imposible, ya que tendrían que pasar por tuberías que a veces eran demasiado estrechas. Entonces se crearon unos elementos de color muy rojo (glóbulos rojos) que eran tan elásticos como el famoso preso Choi Gap-Bok.[7]

Imaginamos que el nombre de Alcatraz lo asocias enseguida a la famosa cárcel situada en San Francisco y seguramente recuerdas alguna película, como *La Roca,* en la que Sean Connery interpretaba a un preso que se había fugado de allí, una hazaña casi imposible. Pero a nueve mil kilómetros de distancia se produjo una de las fugas más impresionantes de la historia. Un preso llamado Choi Gap-Bok pudo colarse por una rendija de 15 centímetros de alto por 45 centímetros de largo. La práctica del yoga durante muchos años y untar su cuerpo con aceite le proporcionaron la flexibilidad suficiente para colarse por ese diminuto espacio.

Pues tus glóbulos rojos, igual que Choi Gap-Bok, tienen una grandísima flexibilidad y una forma de disco característico, que les permite pasar por tuberías más pequeñas que su tamaño. Cuando esto ocurre, los glóbulos se encogen y se alargan para llegar a todos los recovecos de tu cuerpo. Pero no pasan dos o tres veces. En su corta vida (viven entre ochenta y ciento veinte días) recorren todos los vasos, por muy pequeños que sean, la friolera de cien mil veces. Imagínate cómo quedaría el cuerpo de Choi Gap-Bok si tuviera que pasar por la rendija tantas veces.

Para completar los componentes sólidos de tu sangre, la naturaleza añadió dos elementos más: los glóbulos blancos y las plaquetas.

Los primeros se encargan de destruir microorganismos invasores y células cancerígenas. Las segundas, en cambio, tienen la misión de reparar las paredes de las cañerías en el caso de que se rompan. Esta función de las plaquetas la puedes entender cuando intentas curarte una herida.

Seguro que en más de una ocasión, esperamos que pocas, habrás tenido una herida que sangra. Lo primero que se te ha ocurrido es coger una gasa para presionarla y que deje de sangrar. Esa acción, aprendida de tus mayores, es la misma que la biología realiza para curar una herida. Cuando se rompe un vaso, tu cuerpo forma una red de fibras entrelazadas, similares a la que forman las gasas. Esas fibras sirven para que las plaquetas de la sangre se acumulen entre ellas y formen un tapón o coágulo. Pero, además, en el momento en que se rompe un vaso sanguíneo, automáticamente se cierra su calibre, un mecanismo biológico similar a lo que tú haces cuando presionas una gasa sobre una herida.

## COMPLETANDO LA OBRA DE INGENIERÍA

Si el diseño y la construcción de tus cañerías y tu bomba hubiesen sido encargados a una empresa de ingenieros, en ese momento de tu formación se habrían reunido los directivos principales de la empresa con los ingenieros de la bomba hidráulica, los montadores de las tuberías y los fabricantes de la sangre. Todo se hubiese puesto en marcha, la bomba funcionaría perfectamente, las cañerías llevarían el líquido rojo hasta las zonas más estrechas y los elementos de ese líquido cumplirían sus funciones. Todo parecería estar a punto para esa inauguración del primer latido de tu corazón cuando tenías veintitrés días de desarrollo dentro del útero de tu madre. La banda de la música más importante de tu vida tocaría desde tu bomba hidráulica (tu corazón) el famoso «LUB-DUP». Pero si en vez de la ingeniería biológica, el sistema lo construyera una empresa dedicada solo al montaje de cañerías, en el momento de tu nacimiento todas las alarmas saltarían, los directivos de la empresa se reunirían de nuevo con urgencia y todos los trabajadores serían convocados a primera hora de la mañana porque el sistema colapsaría. ¿Por qué un sistema tan sofisticado habría fracasado?

El sistema de abastecimiento de tu cuerpo ha funcionado perfectamente durante tu formación gracias a que tu madre te ha proporcionado la sangre llena del elemento más importante e imprescindible para tu vida, el oxígeno, por lo tanto tus pulmones no necesitaban funcionar antes de tu nacimiento. Desde que éramos peces y tuvimos la posibilidad de salir hacia tierra firme, los genes que nos han ido diseñando en la evolución buscaron una solución al conflicto de comunicar las tuberías del sistema circulatorio al sistema de ventilación de los pulmones. Cadherina,[8] Activina,[9] Hedgehog,[10] Catenina,[11] Hippo[12] y Pax[13] son algunos nombres de genes y moléculas que han regulado la formación de tu cuerpo y algunos de ellos son los responsables de crear un tabique vertical en tu corazón. Así, durante siete días, el equipo de genes trabajó día y noche sin descanso, hasta que, en el amanecer del día veintiocho de tu formación, ¡eureka!, tu corazón comenzaba a dividirse en dos circuitos independientes. De esta manera, entre la cuarta y la séptima semana de tu desarrollo, se construyó en el interior de la bomba (tu corazón) un compartimento derecho conectado a tuberías que iban hacia tus pulmones (aurícula y ventrículo derechos) y un compartimento izquierdo conectado a tuberías que regarían el resto de tu cuerpo (aurícula y ventrículo izquierdos). Además, conectaron los dos sistemas de tuberías, de tal modo que la sangre pasaría siempre por los pulmones para cargarse de oxígeno antes de ir al resto de tu cuerpo.

Los tres mecanismos de que dispones para evitar que la bomba sufra ante variaciones de tu sangre son de una genialidad aplastante; bueno, es lógico, te ha diseñado el equipo de ingeniería más sofisticado que existe en el mundo. El primer mecanismo que te adaptaron consistía en hacer las paredes de las tuberías de un material flexible. Así, al aumentar la presión del líquido, ni el motor sufriría ni las tuberías reventarían. Todos los vasos de tu cuerpo (tus tuberías) están rodeados de una capa muscular (la de tus arterias es más gruesa que la de tus venas) para soportar los cambios de presión de tu sangre).[14]

El mecanismo de tu bomba hidráulica ha sido igual de ingenioso. El equipo de profesionales de la ingeniería colocó unas válvulas separando dos cavidades en cada uno de los dos compartimentos de tu bomba, para que la sangre siempre vaya en una dirección y no pueda volver en sentido contrario ni estancarse. En tu corazón, entre las cavidades que reciben la sangre (llamadas aurículas) y las cavidades que envían sangre a los pulmones y al resto del cuerpo (ventrículos) existen unas válvulas con nombres que te sonarán, como por ejemplo, válvula tricúspide (la del corazón derecho) y válvula mitral (la del corazón izquierdo).[15] Estas válvulas funcionan igual que las tapaderas de los *skimmers*. Si te fijas, en todas las piscinas existen unas tapaderas por donde sale el agua que están en el lado contrario a los chorros de llenado. Estas tapaderas se abren para dejar pasar el agua hacia unas cestas (que se llaman *skimmers*) donde se depositan los residuos sólidos que se acumulan en la superficie. Pero si el agua intenta salir por esas tapaderas, se cierran para impedir que aquella que ha pasado por el filtro de los *skimmers* regrese y pueda ensuciar de nuevo la piscina. Además, estas tapaderas tienen un tope que no deja que sobresalgan hacia el interior de la piscina. Las válvulas que separan tus aurículas de tus ventrículos están formadas por varias tapaderas con forma de velos y están sujetas a unas cuerdas parecidas a las de los paracaídas, que son, precisamente, las que hacen de tope y mantienen cerrada la comunicación entre las dos cámaras de tu corazón en el caso de que la sangre quiera moverse en sentido contrario a la dirección del flujo normal.

El tercer mecanismo tenía el mismo fin que las válvulas de la bomba, impedir el retorno en sentido contrario del líquido. Pero, en este caso, el equipo de ingeniería fabricó en la unión de la bomba con las cañerías tres receptáculos que parecían hechos por una mamá pájaro para albergar a sus crías.

En la casa de la abuela de Juan, como en tantas otras, había nidos de golondrinas. Este pájaro tiene una vida migratoria y una capacidad de construcción de sus nidos muy inteligente. Con barro, pequeñas ramas y alguna hoja seca, las golondrinas construyen nidos con forma de taza o media taza, y los pegan contra una pared, justo debajo de una teja o una tubería, para que ningún ave depredadora pueda tener acceso. Hemos de reconocer que su canto es muy agradable, y se asocia al buen tiempo y a poder jugar en el jardín. ¡Cuánta razón tenía quien dijo la frase: «Si había un río en el lugar donde crecimos, probablemente lo oiremos siempre»!

Entre tu bomba hidráulica y la tubería de salida (la arteria pulmonar en el corazón derecho y la arteria aorta en el corazón izquierdo), la biología fabricó tres nidos de golondrina pegados, con el hueco del nido mirando hacia la tubería (Figura 22). De esta forma tan ingeniosa, la sangre que sale de tu bomba hidráulica (tu corazón) ha-

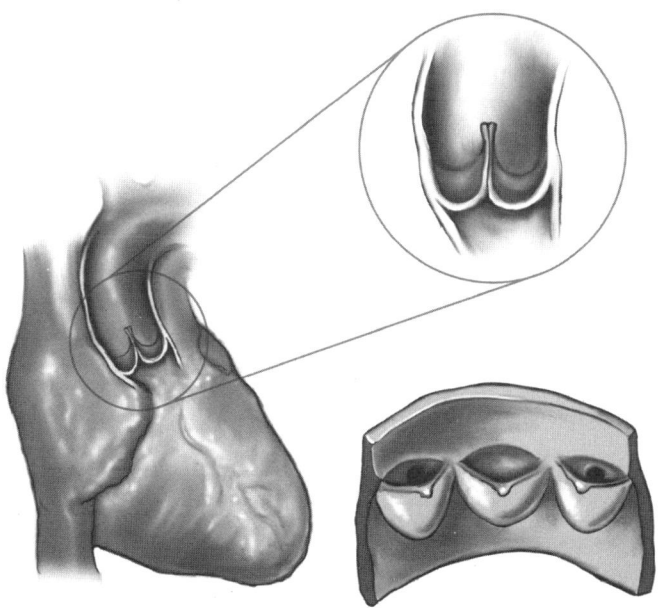

Figura 22. Detalle de la válvula aórtica.

ce que los tres nidos se separen, pero si intenta regresar, llena los nidos de golondrina y los cierra. Así, es imposible que la sangre pueda volver a la bomba y no tiene más remedio que continuar su viaje hacia delante.

Fíjate con qué maestría y calidad estos ingenieros han formado tus vías de suministro, con una bomba hidráulica y unas tuberías. Con esta estructura de canalización podrás disfrutar de una vida larga con tu corazón, el músculo más tenaz que tenemos, que latirá unos tres mil millones de veces a lo largo de tu vida, bombeando más de siete mil litros de sangre al día.[16]

## REGULANDO TUS MAREAS

Ya tienes las tuberías para abastecer todos tus órganos. Aun así, no todos ellos necesitan la misma sangre y ahora toca distribuir el hermoso líquido rojo por todo el cuerpo, porque de la misma forma que el agua en la Tierra está repartida en compartimentos, en tu cuerpo lo hace en diferentes zonas.

De toda el agua que hay en la Tierra, el 97 por ciento se encuentra en los mares y océanos, esas grandes masas de agua en las que particularmente nosotros (Juan y Alejandro) podemos disfrutar a menudo, porque nuestras ciudades (Santiago de Compostela y A Coruña) están próximas al océano Atlántico. Los océanos de nuestro planeta por orden de mayor a menor extensión se denominan Pacífico, Atlántico, Índico, Antártico y Ártico; y los mares más grandes de la tierra son mar de China, Caribe y Mediterráneo. La superficie de los mares y océanos condiciona la vida en la Tierra y se modifica con las mareas; es decir, en algunas zonas, el agua del mar es atraída por la fuerza de la gravedad de la Luna y sube su nivel. De esta manera, hay lugares en donde el nivel del agua es más elevado que en otros.

Sin embargo, la fuerza de atracción de la Luna no hace cambiar el volumen total del agua de la Tierra, simplemente lo redistribuye.

En la zona en que la Tierra está en línea con la Luna, el agua es atraída por ella y sube la marea. Igual ocurre con las llamadas «mareas vivas» y con la diferencia de mareas entre mares y océanos. Las mareas vivas se denominan así porque la variación de volumen de agua es mucho mayor entre la marea alta y baja. Esto se produce cuando la atracción es muy elevada —algo que se origina en los momentos en que la Tierra se alinea con la Luna y el Sol— y la fuerza de gravedad que tira del agua se suma y el nivel del mar es mayor. Las mareas también tienen distinta intensidad entre los mares y los océanos. Cuando se trata de un océano, las diferencias son muy grandes porque hay mucha más cantidad de agua; en cambio, en los mares, que son más pequeños, la diferencia entre la marea alta y baja es igualmente muy pequeña. De la misma forma que el volumen del agua de los mares o los océanos de la Tierra puede redistribuirse por la superficie terrestre, pero sin variar su volumen total de agua, en el cuerpo humano el volumen sanguíneo también se redistribuye de unas partes a otras sin que su cantidad se altere.

Tu sistema de tuberías trabaja de forma eficiente. Tu bomba hidráulica (tu corazón) envía toda la sangre (unos 5 litros) hacia una bomba de oxígeno (tus pulmones). Pero una vez que regresa la sangre rica en oxígeno al corazón, entonces un segundo sistema de cañerías la envía al resto del cuerpo. Casi litro y medio (1.450 mililitros) lo distribuye por el armazón de tu edificio (huesos y músculos); algo más de un litro (1.250 ml) por tu aparato digestivo; un litro se dirige hacia tus riñones; algo menos de un litro (700 ml) va al cerebro; casi medio litro (375 ml) se reparte por la piel y un cuarto de litro (225 ml) lo utiliza para abastecer tu bomba hidráulica mediante los vasos coronarios,[17] cuya obstrucción origina los infartos del corazón.

Esta distribución de sangre no varía su volumen; de todos modos, cuando una parte requiere más suministro, se lo roba a otra zona del cuerpo, igual que ocurre con las mareas: si en unas zonas está la marea alta, en otras tiene que estar más baja para compensar. Por ejemplo, cuando terminas de comer, tu aparato digestivo necesita más suministro para hacer la digestión, entonces esa sangre disminuye en el cerebro. Esta sería la explicación simple de que después de comer te apetezca echarte un rato a descansar en ese genial invento que es la siesta. Podemos decir que cuando sube la marea en el estómago, baja en nuestro cerebro y momentáneamente (lo que dura la siesta) el estómago le roba la sangre.

Pero el efecto de la redistribución de la sangre (nuestras mareas) tuvo un papel imprescindible en la evolución, ya que la disminución de volumen de sangre de nuestro aparato digestivo es lo que facilitó que nuestro cerebro pudiera disponer de más volumen de suministro, para poder llegar a ser la especie más inteligente del planeta. Pero de esto ya hablaremos más adelante.

## EL CORAZÓN EN LA CULTURA: DE PINDAL A VALENTÍN

El hecho de portar una maravilla de la ingeniería natural en el pecho que no cesa en su bombeo siempre ha sido motivo de fascinación. Poniendo un ejemplo cercano en relación a esto, el propio Alejandro, en su día a día como cirujano torácico, no deja de maravillarse al ver su latido durante alguna de las cirugías en las que participa con regularidad. Uno de sus grandes *hobbies* es dibujar la anatomía humana o, como se denomina técnicamente, «ilustración médica». Para dibujar cualquier cosa, la clave suele estar en estudiar y practicar, y él, tras dedicar bastante tiempo a la observación de la anatomía de esta particular estructura, puede hacer dibujos que se acercan a mostrar la belleza real del corazón. Sin embargo, si a cualquier persona que no esté familiarizada con este increíble órgano le pidiésemos que describiese el corazón, probablemente lo dibujaría así «♥». Este símbolo universal es lo que conocemos como el corazón de San Valentín.[18] El dibujo tiene su origen en los primeros corazones representados a partir de los animales y, como curiosidad, deberías saber que dos de los primeros corazones dibujados por nuestros antepasados y que conservamos hoy en día están en España. Por un lado, tenemos el del mamut de Pindal, dibujo prehistórico aparecido en una cueva situada en el cabo de San Emeterio, en la costa oriental de la comunidad de Asturias. En la otra punta de España tenemos un corazón como diseño geométrico asociado a una pintura rupestre del Neolítico tardío en la cueva de los Letreros, en Vélez-Blanco, Almería. Allí puedes ver una de las más primitivas representaciones de ese símbolo universal asociado a motivos vegetales. De hecho, este símbolo en sus orígenes seguramente no hacía referencia a un corazón humano, sino que más bien estaría ligado a esa idea de prosperidad, amistad o salud asociada a las plantas, como queda patente también en las monedas griegas de la ciudad de Cirene.

La ciudad de Cirene, en el siglo VI a. C., fue la colonia griega más importante de la costa noreste de Libia. Esta ciudad era famosa por el cultivo y la comercialización de una planta que se encuentra extinta en la actualidad, el silfio. La planta, según se cuenta, producía una semilla que era idéntica al símbolo actual del corazón y llegó a considerarse un verdadero producto de lujo. Los griegos y los romanos la utilizaron como condimento, manjar, medicamento, etc. La relación entre esta planta y el amor procede de las referencias que hay sobre el uso de esta semilla en la época como anticonceptivo o, mejor dicho, como «píldora del día después». De ahí que su ingesta permitiese a los que la usaban dar rienda suelta al amor. Tan famosa se hizo esta planta y su semilla que los habitantes de la colonia empezaron a considerarla el símbolo de la ciudad y la estamparon incluso en sus monedas, como muestra de la importancia que tenía para ellos. No está claro si esta historia es del todo real o solo un mito de la Antigüedad, pero el hecho es que las monedas en las que aparece representada la semilla con forma de corazón han perdurado, y durante muchos siglos este símbolo se siguió utilizando como elemento decorativo por otras culturas, en la heráldica o como marca de fábrica. Pero hasta la Edad Media no empezó a relacionarse con el amor cortés y por tanto ya definitivamente con el corazón humano. ¿Y qué hay de San Valentín? En realidad, este santo no tiene mucho que ver con el corazón físico, pero sí con el corazón sentimental. Valentín fue un sacerdote que, en la época de las persecuciones cristianas de la antigua Roma, ayudaba a los cristianos a contraer matrimonio. Fue condenado a muerte el 14 de febrero del año 270 d. C. por desobediencia y rebeldía. El papa Gelasio I lo santificó y desde entonces se erigió en representante del amor humano. Por este motivo, no debes olvidarte de regalar un ramo de flores el 14 de febrero, día de los enamorados o de San Valentin.

Es muy curioso ver la trascendencia que tiene y ha tenido siempre el corazón en nuestra cultura, pero, independientemente de su forma y de su representación como símbolo del amor, nos hemos olvidado de decirte cuál es su tamaño. Si cierras el puño lo verás. El tamaño de tu corazón es como el de tu puño cerrado, unos 12 centímetros de alto por unos 8 centímetros de ancho. Sí, ya sabemos que es sorprendente que una bomba hidráulica tan pequeña alimente un sistema de suministro tan grande, pero así estás hecho, de genialidades asombrosas.

# 5
# Tu combustible

# LA FÓRMULA PERFECTA

Los combustibles son materiales capaces de liberar energía y proporcionar calor. Oirás muchísimas veces la palabra «combustibles no renovables» y el gran problema que presentan en el calentamiento global de nuestro querido planeta Tierra. Estos combustibles se han formado a lo largo de millones de años, a partir de restos orgánicos de animales y plantas. Se llaman «no renovables» porque, si los agotamos, tendríamos que esperar otros tantos millones de años para que se volvieran a formar. Estos recursos son el carbón, el petróleo y el gas natural. Hay otras fuentes de energía, denominadas renovables, aunque nosotros preferimos el término inagotables, porque nunca se agotan y siempre podremos disponer de ellas. Entre estas fuentes energéticas tenemos la energía solar, la procedente del viento o eólica, la que aprovecha el calor del interior de la tierra o geotérmica y la que procede del agua, bien como central hidroeléctrica o aprovechando la fuerza de las olas del mar.

Tu combustible es especial, ya que lo obtienes de los alimentos que consumes cada día. Para conseguir energía y reparar tu cuerpo, el combustible debe estar compuesto por una fórmula perfecta de cinco elementos: hidratos de carbono, grasas, proteínas, vitaminas y minerales. Todos ellos se obtienen de alimentos que circulan por un tubo que forma el conducto alimenticio. Así pues, en este capítulo, te describiremos los componentes de tu combustible, para, en el siguiente, pasar a explicarte cómo se formó tu tubo digestivo.

## EL ALIMENTO DE TUS CÉLULAS

En la Antigüedad, concretamente en la época de nuestros antepasados romanos, se empezó a consumir la raíz de una hortaliza que hasta entonces solo se utilizaba para comida de los animales, la remolacha. Su cultivo se extendió luego por toda Europa y se hizo muy popular a partir del siglo XIX. Un químico alemán, que trabajaba en la farmacia de su padre, diseñó un método que utilizaba alcohol y consiguió extraer el azúcar de la remolacha. Pero Andreas Marggraf[1] (1709-1782), que así se llamaba el hijo del farmacéutico, no le puso nombre a la sustancia que había aislado. Un siglo después del descubrimiento de Marggraf, el químico francés Jean-Baptiste-André Dumas[2] (1800-1884) lo bautizó con el nombre de glucosa, palabra que deriva del griego *glykýs,* que significa dulce. En 1890, el alemán Hermann Emil Fischer[3] obtuvo el Premio Nobel de Química por la descripción de la síntesis de la glucosa.

Pero la glucosa no se comenzó a aislar con la intención de que fuese utilizada como alimento. Inicialmente se vendía en farmacias como un polvo blanco con un curioso nombre comercial, «Dextrose Purum», y los médicos lo recetaban como revitalizante. Posteriormente, se comenzó a consumir como azúcar de mesa.

El azúcar es el hidrato de carbono por excelencia y es el alimento preferido por tus células. No sabemos si eres una persona golosa, pero si te gusta el azúcar es porque son tus células las que le están pidiendo a tu cerebro que te alimentes de glucosa. Cuando tomas algún alimento con glucosa (por ejemplo, una golosina), este hidrato de carbono pasa desde tu tubo digestivo hacia tu sangre y de ahí hacia tus células para generar la energía necesaria para calentar tu cuerpo y mover tus músculos. La insulina es una sustancia encargada de que la glucosa pase de la sangre a tus células. Si tu cuerpo no produce insulina o ingieres demasiada glucosa y se agota la producción de insulina, se origina la tan conocida diabetes.

El término matemático para medir tu energía lo conoces muy bien, se llama «caloría». Una caloría es la cantidad de energía necesaria para que un mililitro de agua se caliente un grado centígrado. Vivimos en una sociedad aturdida por las calorías. Nos las explican en los millones de dietas que nos anuncian, antes de que con el cálido verano exhibamos nuestros cuerpos al sol. Hasta se hacen chascarrillos con aquellas que nos engordan, como vemos en la famosa y simpática frase «Una caloría es un bichito que se mete en tu armario y te encoge la ropa», aludiendo a la talla de más que necesitamos por comer demasiados dulces.

## LOS DEPÓSITOS DE RESERVA

Ahora ya sabes que tu combustible tiene que llevar glucosa (hidratos de carbono) para originar energía para moverte y calentar tu cuerpo, pero otro elemento que debe formar parte de él son los lípidos (la grasa). La grasa es necesaria para la producción de la energía que necesitas para estar activo. Pero aquella que se acumula en tu interior ha sido diseñada de una forma diferente a como la utilizamos en la actualidad o, dicho de otra manera, el estilo de vida que llevamos es muy moderno, pero nuestro mecanismo de almacenamiento de grasa sigue siendo primitivo.

Posiblemente recuerdes algún documental en el que un cocodrilo o una serpiente pitón se comen una presa de gran tamaño. Siempre que esto ocurre, te explican que estos animales lo hacen para poder soportar períodos prolongados de ayuno, bien por el largo tiempo que el animal tarda en encontrar otra presa o bien para pasar una buena temporada invernando en su madriguera. Pues, evolutivamente, los depósitos de grasa se han diseñado en tu cuerpo para que puedas pasar largos períodos sin alimentarte. Sin embargo, el acúmulo de grasa en las mujeres tenía también una función de tener reservas para poder alimentar a sus hijos. Este cometido ha facilitado que este acúmulo sea diferente en mujeres y hombres. En las mujeres la grasa se acumula en la zona de las caderas, por ser un lugar que no impide el movimiento del cuerpo. En cambio, en los hombres, lo hace en la zona de la barriga. Por eso se dice que el acúmulo de grasa en la mujer tiene forma de «pera» y en el hombre de «manzana».

Pero la vida ha cambiado de la época primitiva a la actualidad. ¡Esperemos que no estés siempre sentado en el sillón y que hagas algo de ejercicio físico! De todos modos, por mucha actividad física que tengas, la vida de comodidades que llevamos no tiene nada que ver con el gran trabajo físico de nuestros ancestros evolutivos cuando vivían en cuevas. Por este motivo, la grasa que no se gasta en forma de energía se acumula en las zonas que evolutivamente han sido diseñadas para tal fin.

Otro problema del exceso de grasa que resulta de tener un cuerpo diseñado para acumularla en una sociedad sedentaria que no la mueve con el ejercicio físico es la zona en donde se localiza. Existen dos tipos de grasa, la de las vísceras y la del resto del cuerpo. La primera es la que rodea y forma parte de las vísceras y es la más peligrosa para tu salud. Una manera de medirla es utilizando una cinta métrica alrededor de la barriga a la altura del ombligo. Este método de valorarla es mejor que mirar con una báscula el número de kilos que tienes. No tenemos ni idea de cuánto mides, pero la Organización Mundial de la Salud (OMS) considera que por debajo de 88 centímetros de perímetro abdominal en mujeres y 102 centímetros en los hombres son cifras de buena salud, por lo que respecta al acúmulo indebido de grasa en las vísceras.

## LOS LADRILLOS

El tercer elemento que debe llevar tu combustible, junto con la glucosa y la grasa, son las proteínas. Estas son utilizadas por tu cuerpo para construir tus células y regular sus funciones. Los elementos que forman tus proteínas (que se llaman aminoácidos) puede producirlos tu cuerpo, pero no todos, ya que algunos tienen que obtenerse de las proteínas de tu alimentación y por eso se llaman aminoácidos esenciales. Cuando comes carne, sus proteínas te aportan todos los elementos esenciales para fabricar las tuyas. Pero también aportan proteínas el pescado, la leche, los huevos y las legumbres.

La palabra proteína proviene del griego πρωτεῖος y significa «principal o primero». Este término encierra una historia formidable del inicio de la vida sobre la Tierra. Stanley Lloyd Miller[4] es el nombre de un científico estadounidense que en 1953 realizó un experimento con su compañero Harold Clayton Urey,[5] que no era un científico cualquiera, ya que había recibido en 1934 el Premio Nobel de Química. El experimento consistió en introducir en un recipiente estéril agua, amoniaco, metano e hidrógeno. En él conectaron unos electrodos para producir descargas eléctricas. ¿Y qué tiene que ver el experimento de Miller y Urey con las proteínas? Pues mucho, o más bien podríamos decir que todo, ya que de los cuatro compuestos consiguieron que se generaran aminoácidos (los elementos de las proteínas).

La genialidad del experimento estaba en que los cuatro elementos eran los que estaban presentes en el planeta Tierra antes de que se generara la vida, y las descargas eléctricas simulaban los rayos originados por la colisión de rocas y meteoritos de aquella época. Al analizar las paredes de los recipientes, encontraron con asombro que se habían generado aminoácidos. Este ha sido uno de los experimentos más sorprendentes de la historia de la humanidad, porque demostraba que la vida se había originado así desde la «no vida» anterior del planeta Tierra.

## UN ADEREZO IMPRESCINDIBLE

Ya tenemos glucosa, grasa y proteínas en tu combustible. Nos quedan dos elementos por añadir para que tu máquina pueda vivir y moverse: las vitaminas y los minerales.

Las vitaminas son fundamentales para el correcto funcionamiento de tu cuerpo, pero deben ser incorporadas en tu combustible, porque no hay otra forma de producirlas. Fíjate lo importantes y escondidas que estaban las vitaminas para la ciencia, que no las descubrieron científicos sin más, sino genios que luego recibirían el Premio Nobel, y que por eso merecen que nos detengamos y hagamos una breve alusión a ellos por la gran contribución que han hecho a la humanidad.

Christiaan Eijkman[6] era un médico de la ciudad de Nijkerk, en los Países Bajos. En una de sus estancias científicas en la isla de Java, realizó una investigación en gallinas que tenían una rara enfermedad de la que no lograban descubrir la causa. Se le ocurrió comparar el comportamiento y los hábitos alimenticios del grupo de gallinas enfermas con los de un grupo de gallinas sanas. Lo que más le llamó la atención a este investigador fue que el grupo de gallinas enfermas se alimentaba de arroz sin cáscara, mientras que las sanas lo hacían de arroz con cáscara. Enseguida se puso manos a la obra y consiguió describir una sustancia que estaba en la cáscara del arroz y que más tarde sería bautizada como vitamina B1. El doctor Eijkman obtuvo el Premio Nobel de Medicina en 1929.

Ese mismo año, fue galardonado con el Premio Nobel otro insigne médico, en este caso inglés, Frederick Gowland Hopkins,[7] que descubrió que había sustancias en la alimentación sin las cuales se producían enfermedades porque el propio cuerpo no era capaz de sintetizarlas. A pesar de que aún no sabía que se trataba de las vitaminas, sin duda se había dado cuenta de que, aunque el ser humano se alimentara, la falta de algunos alimentos concretos originaba enfermedades. Es curioso, pero en realidad había sido un precursor de lo que hoy denominamos dieta variada.

Desconocemos tus gustos, pero otro premio nobel que realizó descubrimientos sobre las vitaminas de tu combustible lo hizo sobre un alimento muy picante, el pimentón. Este condimento, como no podía ser de otra manera, es originario de México, que, junto con Turquía, es el país con la dieta más picante del mundo. De hecho, nosotros tenemos pimientos y pimentón porque fueron traídos de México en el siglo XVI. Este premio nobel, con un apellido interminable, Albert Szent-Györgyi de Nagyrápolt,[8] era un fisiólogo húngaro de la ciudad de Budapest que obtuvo el Nobel de Fisiología en 1937 y que detectó que una sustancia que tenía el pimentón curaba el escorbuto, una enfermedad muy frecuente entre los marinos que pasaban muchos meses alimentándose con dietas que no contenían ni fruta fresca ni hortalizas. Había descubierto que la sustancia era el ácido ascórbico, que tú conocerás mejor como vitamina C. ¡Cuántas veces en tu casa te dijeron que bebieras zumo de naranja porque tiene vitamina C!

Ya ves, Eijkman con sus gallinas y Szent-Györgyi con su pimentón descubrieron algunas vitaminas. Pero no fueron los únicos. El danés Carl Peter Henrik Dam[9] utilizó ni más ni menos que alfalfa, ¡sí, has leído bien!, el alimento que se utiliza como forraje para animales. Henrik trabajaba en su laboratorio con pollos que tenían una enfermedad hemorrágica grave. De repente los trató con un compuesto a base de alfalfa y observó que los animalitos se curaban. A la sustancia que había descubierto le llamó vitamina K porque coagulaba la sangre de los pollos y porque la primera letra de la palabra coagulación en el idioma danés de Henrik Dam es la «K» (*koagulation*).

El profesor de medicina de la Universidad de Harvard Edward Adelbert Doisy compartió en 1943 el Premio Nobel con Henrik Dam, por sus contribuciones al descubrimiento de esta importante vitamina, abundante en muchas frutas y verduras que comes, o deberías comer, con frecuencia.

El descubrimiento de otras vitaminas tiene un origen muy curioso. En el antiguo Egipto se aconsejaba comer hígado a aquellas personas que se adaptaban peor a la visión nocturna. Sin saberlo, estaban relacionando la vitamina A (en la que el hígado es muy rico) con una enfermedad denominada ceguera nocturna; bueno, el nombre técnico de esta falta de visión es más rimbombante: «nictalopía». Dado que la vitamina A es muy favorable para la vista y las zanahorias tienen un alto contenido en ella, ambas cosas se conectaron. Pero la relación entre zanahoria y vista de lince forma parte de un mito que se originó en la Segunda Guerra Mundial. En esa desgraciada contienda, los bombarderos alemanes atacaban por la noche para eludir las defensas antiaéreas británicas. Sin embargo, los ingleses, gracias a unos radares especiales que habían diseñado, podían detectar los aviones con facilidad. Para no desvelar el secreto de la tecnología de los radares, la propaganda británica, intentando engañar al enemigo, comunicó a la prensa que el éxito defensivo nocturno de los ingleses estaba en la dieta rica en zanahorias que aportaban vitamina A, que era buena para mejorar la vista nocturna de los soldados. Así comenzó este mito que se hizo muy popular y que asoció el consumo de zanahorias a tener mejor visión.

Otra historia curiosa del descubrimiento de una vitamina la inició, sin querer, el escritor mundialmente famoso Charles John Huffam Dickens, más conocido como Charles Dickens. En 1839 publicó una novela que forma parte de la literatura universal, *Oliver Twist*.[10] El título no es otro que el nombre de su protagonista, un niño huérfano que es considerado problemático por pedir una ración más de comida. La dieta de Oliver Twist estaba descrita en la novela: «Tres pequeñas raciones de gachas diarias, una cebolla dos veces por semana y medio panecillo los domingos». El médico inglés Edward Mellanby,[11] que seguro leyó la novela varias veces, en 1920 realizó un experimento con perros a los que alimentó con la dieta que Dickens había descrito en su famoso libro. El buen doctor suponía que inducía el raquitismo, tal como parecía deducirse de la historia y de la enorme incidencia que tenía esa enfermedad en aquella época. A un grupo de perros lo alimentó solo con la dieta de Dickens y a otro grupo le añadió en la dieta aceite de hígado de bacalao. Sus conclusiones fueron contundentes, ya que los perros que tomaban el aceite de hígado de bacalao evitaban el raquitismo. Después de publicar sus resultados, pacientes infantiles de todo el mundo incluyeron en sus dietas el repugnante aceite, y decimos repugnante porque es famosa la cara de asco que aparece en dibujos y fotografías históricas cuando a los inocentes escolares les hacían beber dicho brebaje. Expertos del Departamento de Dietética del Hospital General Northampton y del Centro de Historia de la Medicina de Birmingham demostraron años más tarde que la dieta descrita en *Oliver Twist* era insuficiente y podía originar enfermedades como anemia y raquitismo. Lo que faltaba en ella era la famosa vitamina D. Publicaron sus resultados en la prestigiosa revista *British Medical Journal*, pero, sin duda, los mayores honores los acaparó el médico alemán Adolf Otto Reinhold Windaus,[12] que obtuvo el Premio Nobel de Química por la síntesis en su laboratorio de la vitamina D, muy conocida en tu casa, porque habrás escuchado lo bueno que es tomar el sol, por supuesto con precaución, como forma natural de sintetizar esta vitamina para crecer. Esta afirmación popular tiene base científica, ya que la vitamina D también se obtiene cuando los rayos del sol inciden en tu piel. Como suele ocurrir, el arte, y sobre todo la pintura, refleja costumbres populares de la época en la que se pintaron, y, por ejemplo, para lo que estamos explicando, este es el caso de un cuadro del genial pintor valenciano Joaquín Sorolla[13] que muestra a unos niños desnudos en la playa tomando el sol en la arena, algo habitual entonces, cuando el raquitismo era una lacra sanitaria importante y se obligaba a los pequeños de la casa a estar desnudos al sol. Por supuesto, eran épocas en las que poco o ningún miedo se tenía al cáncer de piel.

Con todo lo que te hemos comentado, ya te das cuenta de la gran sabiduría que se esconde detrás de la famosa frase de tus padres: «Tienes que comer verduras», porque son ricas en vitaminas; o cuando te hacen un zumo y te dicen que es rico en vitamina C. Sin duda, las vitaminas han preocupado siempre a las madres y los padres de todo el mundo, porque, de algún modo, sabían —y saben— que solo se pueden obtener por la buena alimentación.

Con la glucosa, la grasa, las proteínas y las vitaminas, ahora solo nos queda añadir algunos minerales, y tendremos un combustible perfecto, que pueda transformarse en tu energía para que te muevas y generes el calor necesario para sobrevivir.[14]

En tu casa, antes de que nacieras, ya sabían que a tu combustible deberían añadirle algunos minerales como calcio, flúor y zinc para el endurecimiento de tus huesos y tus dientes, hierro para que la sangre transporte oxígeno a tus células, y yodo para que te desarrolles física y mentalmente fuerte.

Pero claro, a no ser que tus padres y abuelos se dedicaran a profesiones sanitarias o hubiesen leído libros de nutrición, no conocían en detalle las vitaminas y los minerales de tu combustible, aunque sí sabían dónde estaba el surtidor para adquirirlo, qué tipo de combustible tenían que comprar y dónde estaba el lugar para almacenarlo para que no faltara cuando tú nacieras, incluso antes de que se formara en tu cuerpo el tubo por donde ese combustible tenía que fluir.

## TU SURTIDOR DE COMBUSTIBLE

Si un coche necesita combustible, todo el mundo sabe que debe ir a una gasolinera o a un puesto de carga eléctrica. De la misma forma, si necesitas ir a buscar combustible para tu cuerpo, no te queda más remedio que ir a la compra. Los surtidores del que tú necesitas son una tienda de alimentación, el mercado, una cadena de supermercados o la plaza de abastos. El mercado se originó cuando nuestros antecesores, los seres humanos primitivos, se dieron cuenta de que intercambiar alimentos con sus vecinos era la forma más fácil de disponer de animales y vegetales que ellos no eran capaces de obtener. Esto dio lugar a la cooperación, una actividad que permitió la mejor forma de relacionarse como especie e hizo posible el inicio de las actividades humanas en grupos cada vez más numerosos de personas, germen de las futuras civilizaciones. Si alguien era más hábil buscando fruta y su vecino era mejor cazador, podían intercambiar los excedentes, y así los dos tendrían suficiente carne y fruta para alimentarse. Poco a poco, esta actividad de intercambio de alimentos se realizó entre poblaciones más grandes hasta que se comenzó a utilizar una sustancia muy preciada que tendrás en tu cocina: la sal. Este elemento habitual en toda la gastronomía no solo sirve para dar sabor a los suculentos platos que comes en tu casa, sino que tiene una propiedad más interesante, conserva durante mucho tiempo los alimentos. Entonces, el trueque empezó a hacerse entre alimentos o entre un alimento y una bolsa de sal, ya que quien contara con esta última podría preservar los alimentos mucho más tiempo sin que se estropearan.

Pero las bolsas de sal no solo valían para intercambiar por alimentos, sino que se podía remunerar a un trabajador con ellas y luego él, a su vez, podía utilizarlas como elemento de trueque, hecho que dio nombre al dinero que se recibe por un trabajo o «salario». La sal se convirtió en un elemento muy valioso. Sin embargo, tenía un problema: la humedad. Si se humedecía, perdía su valor. Por tanto tuvieron que buscar algún material que no se estropeara para cambiarlo por alimentos para comer o por bolsas de sal para conservar. Se dieron cuenta de que los metales no se echaban a perder con la humedad y además podían dividirse en pequeños fragmentos, con lo que eran fáciles de transportar en los bolsillos. Nuestros antepasados pronto cayeron en la cuenta de lo útiles que podían ser estos metales como método de pago ya que, gracias a su gran densidad y alto valor, eran más manejables que la sal u otros bienes como el ganado. Debido a su durabilidad y a sus propiedades físicas, así como a su relativa abundancia en la tierra, unos metales eran más valiosos que otros. Algunos como el hierro o el cobre, abundantes y proclives a la corrosión, pronto se rechazaron como método de pago, ya que su deterioro y producción eran relativamente fáciles. Por otro lado, metales más raros, como el oro o la plata, eran mucho más duraderos y poco propensos a la corrosión, por lo que se consideraron más valiosos y se comenzaron a utilizar como reserva de valor. Concretamente, la práctica indestructibilidad del oro permitió a las personas atesorarlo a lo largo de muchas generaciones. Con los años y con el mayor desarrollo de la metalurgia, los imperios y los estados comenzaron a emplearlo para acuñar monedas con una forma y un peso concretos, lo que evitaba a la gente el tener que pesarlos cada vez que se hacía un intercambio. Estas monedas de oro y plata fueron nuestra principal forma de dinero durante más de dos mil quinientos años, desde la época del rey griego Creso, quien fue el primero en acuñar monedas de oro allá por el siglo VI a. C. Hoy en día, y desde mediados del siglo XX, esas monedas de oro han sido sustituidas por billetes y monedas corrientes que todos guardamos en nuestra cartera o en el banco. A propósito, ¿te has preguntado alguna vez de donde derivan los «bancos»? Pues precisamente de los bancos que puedes ver en cualquier parque, ya que, al principio, el intercambio de monedas se realizaba en zonas públicas donde se colocaban tablones de madera para llevar a cabo esta actividad, que lo mismo servían para sentarse y darle de comer a las palomas, que para intercambiar dinero.

De los mercados surgieron las plazas de abastos. Posiblemente cerca de donde vives habrá alguna. En Santiago de Compostela, tenemos una que se construyó en el año 1941[15] y que es un ejemplo de la importancia de la alimentación como combustible humano, ya que es el segundo edificio más visitado de la ciudad después de su impresionante catedral, que, como es lógico, ocupa el primer lugar.

Las plazas de abastos consisten en recintos cerrados donde las materias primas no solo pueden ser vendidas en días de lluvia y mucho calor, sino que facilitan la exportación de alimentos, por ser lugares situados en una zona fija de los pueblos y las ciudades, a donde vendedores lejanos pueden traer sus productos. Incluso fueron el origen de los famosos supermercados, una idea del estadounidense Clarence Saunders,[16] quien, en 1916, desarrolló la idea de mercados de autoservicio. Al fin y al cabo, los supermercados no son otra cosa que mercados de abastos en los que uno se sirve lo que quiere.

Ahora ya sabes cuáles eran los surtidores de tu combustible. El mercado, plaza de abastos o supermercado más cercano a la casa donde naciste te iba a proporcionar la comida que, cocinada con mucho cariño, tu familia te tenía preparada esperando tu llegada. El combustible en forma de alimento estaba preparado; ahora tenemos que explicarte cómo se formó el tubo que tu cuerpo tiene diseñado para transformar el alimento en energía destinada a moverte, pensar y darte calor, es decir, tu sistema de extracción de ese combustible.

# 6
# Tu canal
# de alimentación

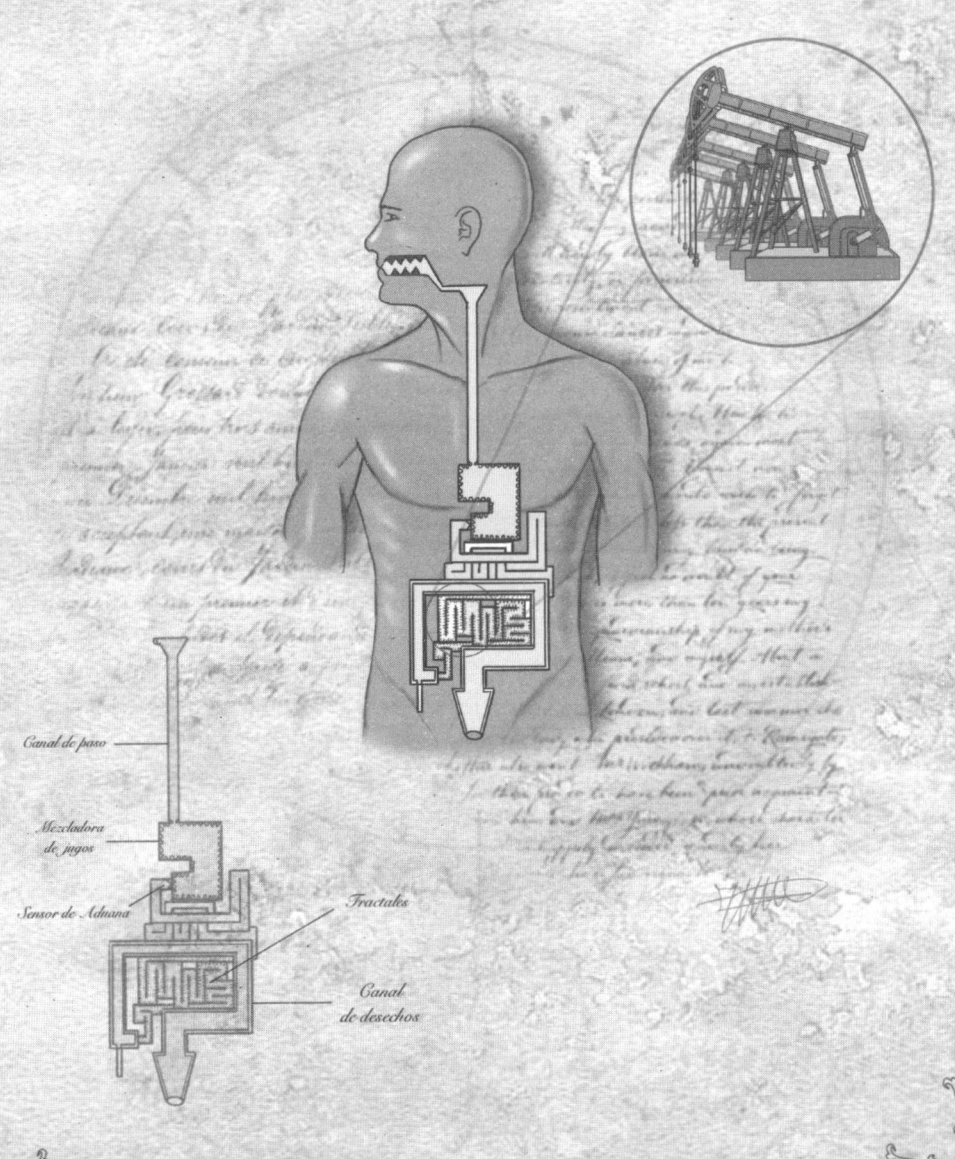

Canal de paso

Mezcladora
de jugos

Sensor de Aduana

Fractales

Canal
de desechos

## TU TRITURADORA

Volvamos otra vez a cómo eras cuando medías 5 milímetros, tenías tres semanas de vida y estabas formado por tres monedas apiladas. Las monedas se plegaron longitudinalmente y hacia abajo. Entonces la moneda inferior formó un tubo durante la cuarta semana de tu vida. Inicialmente, era un tubo muy simple, pero fue modificándose para formar las diferentes partes de tu aparato digestivo. Entre los días veintitrés y veintiocho de tu existencia dentro del útero de tu madre, el extremo del tubo hacia la cabeza se perforó para formar la boca. No te enfades, pero tu cara vista de frente en ese momento parecía la de una criatura alienígena venida del espacio exterior. Ese tubo llevaba toda la información necesaria para procesar tu combustible (los alimentos) y transformarlo en energía. Al inicio de tu tubo digestivo, en lo que ahora es tu boca, la biología te proporcionó maquinaria muy sofisticada para triturar los alimentos sólidos, hacerlos más líquidos y reconocer los diferentes tipos de combustible. Para lo primero diseñó tus dientes; para hacerlos más líquidos preparó unas bolsitas que produjeran líquido; y para lo tercero generó un músculo móvil: la lengua.

Para que aprendieras a alimentarte, los dientes no se hicieron de repente; la naturaleza te dotó primero de una boca sin dientes, luego de unos dientes que durarían unos pocos años, y después de tus cinco o seis años, te regaló tus dientes definitivos, regalo que se hizo «de rogar», porque los dientes no salieron todos juntos, sino que fueron apareciendo en tu boca por parejas.

Los dientes son la estructura más dura que tienes en el cuerpo, por eso han necesitado mucho tiempo para formarse. Igual que las habilidosas manos de un alfarero modelan el barro y lo convierten en un jarrón, cada uno de tus dientes apareció como una pequeña yema, luego se convirtió en una estructura con aspecto de caperuza, para terminar con apariencia de campana. Tu primer diente se empezó a formar seis semanas después de que el espermatozoide de tu padre entrara en el óvulo de tu madre, y este mismo diente apareció en tu boca a los seis meses después de nacer. ¿Qué tienen de complicados los dientes para tardar más de un año en constituirse? Deben ser duros, no romperse y adaptarse para triturar los alimentos que forman nuestro combustible. Así, la respuesta parece difícil de explicar, pero lo intentaremos empezando por la pregunta: ¿cómo se hicieron duros tus dientes?

## CASI TAN DURO COMO EL DIAMANTE

El material más duro que existe es el diamante.[1] Por este motivo, ha sido considerado un referente y ha protagonizado miles de historias reales y de ficción en novelas y películas. Sin embargo, el diamante no es un material fabricado por ningún organismo biológico. El material biológico que tiene la medalla de oro en dureza se llama goethita, un nombre curioso en honor del novelista Johann Wolfgang von Goethe,[2] por su afición a la geología. Puedes comprobar la dureza de este material si intentas separar una lapa de la roca en la que está incrustada. O bien esperas a que la lapa se despegue para filtrar el agua o es imposible. Esto se debe a que estos moluscos utilizan este material para adherirse a las rocas y alimentarse.

El esmalte de tus dientes no es tan duro como el diamante y la goethita, pero es el material más duro de tu cuerpo. Está compuesto por pequeños cristales que se agrupan formando prismas.[3] Tus dientes han tardado tanto en formarse porque primero se acumula una sustancia que se llama enamelina,[4] después se calcifica en diminutos cristalitos que a su vez se unen en grupos de cientos de miles para diseñar unas varillas onduladas de cristal denominadas prismas del esmalte. Para que te hagas una idea de la cantidad de varillas que tiene tu esmalte, te informamos de que si coges una regla transparente y la pones sobre uno de tus dientes, en cada milímetro de tu esmalte hay más de mil varillas, cada una de las cuales tiene miles de cristalitos de una sustancia que se llama hidroxiapatita.[5] Por cierto, la palabra cristal deriva del griego *krýstallos,* que significa hielo, porque su estructura recuerda a las varillas que se forman cuando el agua se empieza a congelar sobre una superficie.

Ya ves, el esmalte que recubre tus dientes es muy duro porque está formado por muchos cristalitos agrupados. Pero esa dureza debe acompañarse de otra característica más complicada, la resistencia a la rotura. Cada vez que metes un bocado de un alimento sólido en la boca, lo masticas, por lo menos, unas quince veces. Si tomas unos veinte bocados por comida, masticas unas trescientas veces, lo que significa que diariamente (si no comes mucho) tus muelas inferiores chocan con las superiores unas mil veces. Por muchos cristales que tenga tu blanco esmalte que cubre tus dientes, debe soportar muchos golpes sin romperse. ¿Cómo lo hace?

Busquemos una situación de un cristal que tenga que soportar grandes impactos. Es posible que se te ocurra alguna, pero te proponemos una extrema, como es el impacto de un objeto o un pájaro sobre el parabrisas de un avión en pleno vuelo. Anthony Fokker[6] era un constructor de aviones indonesio que fundó su empresa en 1912. Tras su muerte, la industria fabricante de aeronaves que lleva su nombre diseñó el GLARE, un material de vidrio reforzado que se realizaba con varias capas muy finas de metal entre las que se disponían otras de fibra de vidrio y resina. Las capas de metal diseñadas por la empresa de Fokker se colocaban con su estructura entrecruzada y las capas intermedias eran más blandas, lo que ayudaba a absorber la fuerza de los impactos. Tuvo tanta eficacia este tipo de diseño, que la NASA lo utilizó en la construcción de las lunas de sus naves tripuladas.

Tus dientes, igual que los parabrisas de los aviones, están constituidos por varias capas. La más externa y visible en tu sonrisa es el blanco esmalte, pero por debajo tiene otro material biológico muy sofisticado que se llama dentina. En el esmalte, las varillas cristalinas no están rectas, se disponen onduladas como las curvas que se hacen en el vidrio cuando se somete a templado con calor, lo que las vuelve más resistentes a los golpes de la masticación. Pero, además, por debajo del duro esmalte, la dentina es de un color más amarillo y facilita la absorción de los golpes, igual que las capas de fibra de vidrio y resina que tiene el GLARE para absorber los impactos de objetos en el parabrisas de los aviones. Esta dentina posee asimismo una propiedad que el esmalte que la rodea no tiene: se repara, o mejor dicho, se autorrepara, ya que, cuando se desgasta, se vuelve a producir.

Tus dientes tardan tanto en formarse porque el esmalte que los cubre tiene que ser de una dureza extraordinaria para soportar todos los golpes de la masticación a lo largo de toda la vida del diente, porque el esmalte no tiene capacidad de autorreparación y debe ser muy duro y grueso para resistir al desgaste de todos los impactos que le esperan; deseamos que los tuyos sean muchos y en comidas muy felices. Aun así, algo se desgastan con la edad y esto explica la coloración más amarilla de los dientes en las personas mayores. El esmalte se va deteriorando y, al hacerse más fino, deja transparentar el color más amarillo de la dentina que está por debajo. Esta no solo es más flexible para absorber los golpes de la masticación sobre el esmalte, sino que, además, tiene un sistema de células dentro del conducto del diente que puede volverla a formar. Perdona la broma, pero el equivalente de la empresa que repara los cristales de los coches es la consulta de odontología. Cuando se rompe tu esmalte no hay más remedio que reconstruirlo con materiales del mismo color, porque, si esperas mirándote en el espejo a que salga nuevo esmalte, estás aviado.

Te darás cuenta de que tus dientes son muy duros y que se han fabricado a prueba de impactos; sin embargo, hay una amenaza que estropea los cristales, y los de tu esmalte no van a ser una excepción. A veces, los cristales transparentes se tratan con ácido para convertirlos en cristales mateados; se llaman así cuando se fabrican para dejar pasar la luz pero sin ser totalmente nítidos, como por ejemplo en una ventana de un baño para que no nos vean desde el exterior. En cambio, en tus dientes, el ácido lo originan las bacterias de tu boca, cuando estos microbios están mucho tiempo en contacto con azúcar. Este ácido puede destruir los cristales de tu duro esmalte y formar unas cavidades que son las archiconocidas caries. Para evitarlas, y esperamos que no tengas ninguna, el cepillado de los dientes es la mejor forma de impedir que los microorganismos originen ácido, casi la única condición que vuelve vulnerable a tu esmalte. Ya que la naturaleza te ha cubierto los dientes con el tejido más duro, no te permitas el lujo de estropearlo; recuerda que tu cuerpo no sabe reparar el esmalte. La próxima vez que te cepilles los dientes y no tengas muchas ganas de hacerlo, no olvides que pueden volverse moteados y antiestéticos.

## PERDIENDO DIENTES

Ahora ya sabes por qué tus dientes no se rompen cuando masticas, pero hay una tercera característica que se ha ido perfeccionando con el paso de miles y miles de años de evolución. Se trata de la adaptación para triturar los alimentos. Para explicártela tendremos que volver al inicio de la evolución de los seres vivos.

Te parecerá raro, pero una de las primeras condiciones que adoptaron los animales que te han precedido en la escala de la evolución, mucho antes de aparecer los dientes, la puedes ver cuando te miras al espejo. Se llama simetría. Eres un ser vivo simétrico y tus dientes también, tienes la misma distribución de dientes (incisivos, caninos y muelas) en los dos lados de la boca.

Los dientes que ves en tu boca están introducidos en tus maxilares, pero antes de que los animales de nuestra escala evolutiva tuvieran mandíbulas, ya tenían dientes.[7] La mayor adaptación ocurrió hace unos doscientos ochenta millones de años, cuando nos convertimos en mamíferos, es decir, podíamos mamar la leche materna. En ese momento aparecieron dos tipos de dientes, unos de leche (no muy fuertes para poder mamar sin dañar el pezón de la madre) y unos definitivos. Lo mismo te ocurrió a ti: tuviste primero unos dientes de leche (llamados así por lo blancos que son) y después los fuiste perdiendo (cuando venía el ratoncito Pérez) para dejar sitio a unos dientes definitivos, los que tienes actualmente. Otro dato curioso es que nuestros antepasados más cercanos en el tiempo tenían más dientes que nosotros.[8] En pocos miles de años se ha pasado de treinta y seis a treinta y dos dientes, pero ¿por qué perdimos dientes?

La dieta de los seres humanos más primitivos era muy diferente a la nuestra. Tú puedes tener a tu alcance cualquier alimento, pero antes solo se comía lo que se cogía de la naturaleza: raíces, frutas, tallos y carne cruda de animales. En general, los alimentos eran muy difíciles de masticar. Para poder desmenuzarlos necesitábamos muchos dientes. Ahora bien, a medida que se desarrolló nuestra inteligencia, aprendimos a cocinar y desmenuzar los alimentos antes de llevarlos a la boca. Esto hizo que fueran más fáciles de masticar y el número de dientes fuese disminuyendo. Si miras en tu boca, tienes treinta y dos dientes, repartidos en ocho incisivos, cuatro colmillos o caninos, ocho premolares y doce molares (bueno, cuatro son las muelas de juicio, que cada vez nos estorban más por la falta de espacio).

## UN LÍQUIDO INTELIGENTE

Cuando entre los días veintitrés y veintiocho de tu existencia, el extremo del tubo hacia la cabeza formó tu boca, no solo llevaba la información para constituir tus dientes; faltaba algo. Aunque la genética ya sabía que solo te ibas a alimentar de leche al principio, tenía que diseñar un sistema para que fuera muy fácil comer alimentos sólidos. Entonces pensó que la mejor forma era producir un líquido para mojar los alimentos y darte un músculo para poder moverlos dentro de tu boca. Así, diseñó tus glándulas para producir saliva y la lengua, un sofisticado músculo, no solo especialista en moverse, sino también en informarte de la comida que introduces en la boca.

Cuando tenías seis semanas de vida dentro de tu madre, medías unos 12 milímetros y apenas se podían identificar los brotes de tus brazos y tus piernas, en tu boca aparecieron unos saquitos. Un mes más tarde, cuando ya habías crecido mucho porque tenías unos 60 milímetros de estatura y ya parecías un bebé en miniatura, los saquitos se comunicaron con el interior de tu boca mediante unos conductos. Esos sacos son tus glándulas salivales, de las que tienes seis grandes y muchísimas muy pequeñitas. Esas glándulas estaban diseñadas para producir uno de los líquidos más importantes de tu cuerpo, la saliva. El trabajo de tus glándulas salivales es muy intenso, ya que la cantidad de saliva que produces cada día es aproximadamente un litro.

Tu saliva ha sido diseñada para ser un líquido inteligente. Te protege de los ácidos de la comida, evita la descalcificación de los dientes y facilita el movimiento de la lengua. De hecho, algunas características de la saliva son absolutamente geniales.

Seguro que alguna vez, al despertar por la mañana después de una siesta veraniega, notabas tu boca especialmente seca. Sin embargo, en condiciones de salud eso no ocurre continuamente a lo largo del día. Esta sensación de sequedad se debe a que, cuando te duermes, tus glándulas salivales también lo hacen y dejan de producir saliva, por eso, lo normal es tener la boca seca cuando uno se despierta. Evolutivamente, esto se ha conseguido porque la saliva está diseñada para hidratar la comida que ingerimos. Cuando el cuerpo no puede comer porque estás dormido, interpreta que no hay ninguna comida que ayudar y entonces tus glándulas paran la producción.

Esta relación entre tu comida y tu saliva ha sido ingeniosamente estudiada por un premio nobel ruso, Iván Petróvich Pávlov.[9] Trabajando con perros, observó que cuando los animalitos veían la comida comenzaban a salivar, y no solo eso, sino que determinó que si después de un estímulo, como el sonido de una campana, se le da de comer a un perro, entonces cuando se hace varias veces, el perro empezará a salivar al escuchar la campana, aunque no aparezca la comida. Este experimento descubrió el llamado reflejo condicionado y es el que hace que, cuando tienes hambre, si te dicen la palabra mágica «vamos a comer», la boca se te llena de saliva. Es como si tus glándulas se adelantaran para tener preparada tu boca húmeda antes de meter el primer bocado.

Pero tu saliva también hace algunas otras cosas interesantes. De la misma forma que cuando te das un golpe lo primero que haces es presionar con la mano la zona en una acción instintiva de evitar que se hinche o te salga sangre, cuando tienes una pequeña herida en un dedo, instintivamente llevas el dedo a la boca como pidiéndole ayuda a la saliva para curártela. Pues es lógico, ya que la saliva tiene una sustancia que se llama lisozima[10] que destruye los microbios y otra de nombre más raro, opiorcina,[11] que calma el dolor. ¡La naturaleza es sabia!

Cuando te llevas un alimento apetitoso a la boca, enseguida comienzas a saborearlo con la lengua. No obstante, si no se mezcla con la saliva, no podrás percibir su sabor. Esto es lo que les pasa a las personas que tienen la boca muy seca por una enfermedad que describió el oftalmólogo sueco Henrik Samuel Conrad Sjögren.[12] Aquellos aquejados con esta afección, que lleva el nombre de su autor, «síndrome de Sjögren», no pueden saborear la comida porque no tienen saliva. Ella se encarga de hacer más líquida la comida para poder diluir las moléculas que llevan el sabor a la lengua, por eso, «si no hay saliva, no hay sabor».

En tu cuerpo existen muchísimos mecanismos de alarma que te avisan de que algo no funciona, algo así como las lucecitas que se encienden en el cuadro de mandos de un avión para alertar a los pilotos de que algo está fallando. Uno de los avisadores de tu cuerpo es tu saliva. Cuando no la hay, la boca informa a tu cerebro de que necesita beber. De hecho, cuando te levantas por la mañana o después de la siesta, lo primero que te apetece es beber algo para estimular tu saliva y que humedezca tu boca. Esta función de la saliva es fundamental, porque evita tu deshidratación. Cuando hace un día muy caluroso o haces deporte, tu cuerpo suda para enfriarse, pero también la boca se queda seca para avisarte de que tienes que beber para recuperar los líquidos que el cuerpo va perdiendo.

## EL CATADOR PARLANCHÍN

Ya tenemos en tu boca los dientes y la saliva, pero nos falta uno de los órganos más peculiares de tu anatomía: la lengua.

Tu lengua se inició como un pequeño brote de tu tubo digestivo cuando tenías un mes desde la fecundación y medías unos 4 milímetros de longitud.[13] Un mes más tarde, tu lengua desarrolló unas prolongaciones en su superficie denominadas papilas gustativas y, dentro de cada una de ellas, se formaron unas estructuras microscópicas con forma del capullo de una flor, que son las que te permiten degustar los alimentos. Si sacas la lengua delante de un espejo, podrás ver que en su parte inferior es muy lisa y brillante porque no tiene papilas, pero la parte superior está recubierta de miles de papilas gustativas que, además, hacen que el tacto sea más rugoso que en la parte inferior.

Cuando comes o bebes algún alimento, enseguida tu lengua puede detectar sus sabores. Eres capaz de saber con los ojos cerrados si una sustancia que introduces en la boca es dulce como un caramelo, ácida como el vinagre, salada como un maíz tostado o amarga como el café negro sin azúcar. Pero se ha descubierto que puedes identificar más sabores, por ejemplo, el metálico y el «umami». Un profesor de la Universidad de Tokio, Kikunae Ikeda,[14] demostró que una sustancia llamada glutamato tenía un sabor especial que no se correspondía con los otros cuatro sabores básicos (dulce, salado, ácido y amargo). Pero lo curioso es que este sabor es el que tienen alimentos que tomas de forma habitual como los espárragos, los tomates, el queso y las carnes.

¿Por qué tienes tantos sabores? Todo empezó hace millones de años, cuando ni siquiera éramos humanos. Las primeras células que vivieron en el mar tenían que detectar compuestos salados que estaban a su alrededor, por eso ese fue el primer sabor que apareció. Cuando la evolución nos transformó en animales más complejos, necesitábamos un sistema para detectar alimentos peligrosos o venenosos y poder diferenciarlos de los apetitosos. Casi todas las sustancias peligrosas o no comestibles tenían sabor ácido o amargo, por lo que se supone que estos fueron los siguientes en aparecer en la evolución. También condicionó nuestra habilidad para percibir los sabores la asociación entre una mala digestión y el recuerdo que la ha originado, ya que nos facilitó establecer un sistema de alerta al probar cualquier sustancia. Pero, además, los alimentos cocinados o cortados sabían mejor porque eran más fáciles de masticar y, sin querer, asociamos el buen sabor a la manipulación de la alimentación. Por si esto no era suficiente, la progresiva reducción de nuestra cara hizo que la lengua se aplastara hacia la parte posterior, facilitando que los sabores se recibieran en menor espacio y aumentaran su intensidad. Así te has convertido en un gran catador, no tan famoso como Michel Rolland,[15] pero eres capaz de distinguir el sabor de un caramelo del de una almendra.

Michel Rolland era hijo de un viticultor francés que se crio entre los olores del vino, y después de formarse en enología (ciencia que estudia el vino) consiguió la distinción única de ser la mejor nariz del mundo. Es capaz de detectar muchísimos olores y sabores en un mismo vino, aunque tenemos que reconocer que nuestra admiración por Rolland se debe a que suya es la frase: «El mejor vino es el que más te gusta». Posiblemente, si viviera en la antigua Roma, sería catador del emperador. En aquella época, eran muy frecuentes las traiciones y asesinatos por envenenamiento de la comida y la bebida. Los hombres más poderosos solían tener dos costumbres asociadas a los sabores. Una de ellas era tener personas que probaban sus alimentos antes para comprobar que no contenían veneno (catadores personales). La otra consistía en hacer un brindis para asegurarse de que la persona que les regalaba alguna bebida también la probara y así se aseguraba de que no estaba envenenada.

Es posible que tu lengua no sirva para catar vino de forma profesional, pero es una estructura que mide unos 10 centímetros y se mueve mucho gracias a la acción de diecisiete músculos. La lengua humana no es la más curiosa del mundo animal, pero en cambio tiene una característica que no tiene ninguna otra: sirve para hablar. La longitud de lengua de algún murciélago puede superar la longitud de su talla, posiblemente porque ha tenido que alimentarse del néctar que estaba en el fondo de algunas flores con forma de tubo. Alguna salamandra, que no es suficientemente rápida ni silenciosa para acercarse a una presa, desarrolló en su lengua la capacidad de atrapar a su apetitoso insecto con gran potencia en el tiempo récord de la décima parte de un segundo. Algunas tortugas utilizan su lengua para almacenar oxígeno y así poder estar sumergidas más tiempo en el agua. Incluso algunas lenguas animales, como la de la jirafa, tienen la capacidad de enrollarse para coger ramas. La tuya no posee estas características asombrosas, pero, gracias a eso, todo su potencial lo has podido emplear en hablar. No es por casualidad que la clasificación de los sonidos de tu lenguaje se base en posiciones de tu lengua. Cuando nombras las primeras letras que has aprendido de niño, el sonido sale de tu boca, pero la lengua no se interpone. Haz la prueba: si dices la «A, E, I, O, U», te sale la voz, pero tu lengua no interviene, por eso son las vocales. Por el contrario, cuando pronuncias las consonantes, si la lengua tiene que actuar, se llaman linguales (prueba diciendo D, T, L, LL, S, Z); si lo que tienes que mover son los labios se denominan labiales (lo notas con las letras B, F, P, V) y si el sonido lo tienes que hacer desde tu garganta se denominan guturales (G, J y K). Si estás probando a pronunciar estas letras ahora y tienes alguien a tu lado y te pregunta qué estás haciendo, dile que te mandamos nosotros, así no creerá que estás hablando solo.

## EL CANAL DE PASO

A medida que ibas creciendo en el interior de tu madre, la distancia entre tu boca y tu estómago se alargó formando un canal de paso, tu esófago. Con unos 25 centímetros de largo, es un trozo de tubo con dos funciones inteligentes, impedir que tragues aire al comer y evitar que el contenido del estómago regrese a tu boca. Cuando tragas la comida, esta tarda unos ocho segundos en llegar al estómago. Sin embargo, no eres de los animales que tienen el esófago más grande ni más fuerte.

El célebre naturalista Charles Darwin[16] relató en su libro *Viaje de un naturalista alrededor del mundo* cómo algunas aves raras como el *Polyborus chimango* tenían una bolsa llamada buche para descomponer la comida antes de pasarla al estómago. En efecto, nosotros no lo necesitamos porque no nos alimentamos de alimentos podridos, pero los animales que ingieren cadáveres en descomposición (carroñeros) precisan una bolsa en su esófago para almacenar algún tiempo la comida antes de pasarla al estómago. Tampoco tenemos un esófago tan distensible como el de algunos animales, porque seguro que en algún documental has visto cómo el esófago de una serpiente pitón se dilata cuando come un animal más grueso que ella.

## LA MEZCLADORA DE JUGOS

Tu cuerpo necesita un lugar donde almacenar la comida para descomponerla. Por este motivo, desde la cuarta semana de tu vida dentro del útero de tu madre, se desarrolló una dilatación de tu tubo digestivo a la que llamamos estómago.[17] Este es un órgano con paredes musculares muy fuertes para mezclar los alimentos y con capacidad de producir ácido para transformar la comida sólida en una papilla que pueda pasar hacia tu intestino. Fíjate lo importante que es la musculatura de tu estómago para ayudar a mover la comida en su interior, que algunos animales que no tienen estómagos con paredes musculares tan fuertes han desarrollado una bolsa pegada al suyo donde introducen piedras que les ayuden a machacar el alimento.

Otros animales que han desarrollado un sistema peculiar de digestión son los rumiantes, y el mejor ejemplo es la vaca. Probablemente habrás escuchado alguna vez que estos animales tienen cuatro estómagos, pues bien, no es exactamente así, aunque esta afirmación no está del todo desencaminada. Efectivamente, las vacas no tienen propiamente cuatro estómagos, tienen uno solo dividido en cuatro cámaras, lo cual no deja de ser impresionante. Y te preguntarás ¿para qué necesitan las vacas cuatro cámaras en su estómago? La respuesta está en su tipo de alimentación. Si te fijas, estos animales no tienen lo que denominaríamos una dieta demasiado variada, más bien todo lo contrario, lo único que ingieren es forraje. Pues, aunque no lo creas, las vacas, al igual que el resto de los rumiantes, consiguen todos los nutrientes necesarios a partir de esta dieta. ¿Cómo lo hacen? Pues digiriendo partes de la planta que nosotros ingerimos y expulsamos sin absorberla, lo que llamamos comúnmente «fibra». Las vacas son capaces de digerir esta fibra mediante un proceso llamado «rumiación» que llevan a cabo gracias a las primeras partes de su estómago, el «retículo» y el «rumen», por eso llamamos a estos animales «rumiantes». La rumiación consiste en devolver parte de ese alimento que ya está en el estómago de nuevo a la boca para seguir masticándolo una y otra vez. Es un proceso que requiere su tiempo, por eso casi siempre vemos a las vacas masticando, es más, pueden llegar a hacerlo ¡más de treinta mil veces al día! Si antes hablábamos de lo importante que es la saliva para la masticación, imagínate la cantidad que produce una vaca cada día. Esto lo saben muy bien los ganaderos, que cuidan a su rebaño teniendo siempre a mano una buena fuente de agua, ya que una sola vaca puede consumir al día la friolera de cien litros de agua.

## UN SENSOR EN LA ADUANA

Volviendo al caso de tu estómago, los números son más modestos. Normalmente es capaz de almacenar kilo y medio de comida, que permanece en su interior entre seis y ocho horas antes de pasar a tu intestino. Este paso fronterizo entre tu estómago y tu intestino tiene un mecanismo genial diseñado para controlar el vaciado de los alimentos hacia tus tripas, similar al del espacio Schengen,[18] como se designa al sistema de libre circulación de pasajeros entre los países del territorio de la Unión Europea.

Las aduanas entre los países se originaron para el control del paso de mercancías y el cobro de impuestos. Tradicionalmente, en ellas, todas las personas o vehículos tenían que parar bajo el mando de un personaje vestido de uniforme que te decía la famosa frase: «¿Algo que declarar?». Juan recuerda que, de niño, durante la dictadura de

Franco, iba con sus padres a Portugal, y durante el viaje de regreso escondían sus pequeñas compras en el suelo del coche tapadas con ropa para que no se las confiscaran. En aquella época, se contaba una anécdota que demuestra el gran poder de la inteligencia humana. Se trataba de la historia de un señor gallego que tenía una tienda de carretillas de obra justo al lado de la frontera de Portugal, y que todos los días pasaba muchas veces andando entre España y el país vecino con su carretilla para comprar su comida en la primera tienda portuguesa. Los guardias fronterizos siempre lo paraban para comprobar que no llevaba nada escondido entre la compra. Todos los «atolondrados» soldados que vigilaban la frontera lo conocían como el «loco de la carretilla», ya que llamaba la atención ver al hombre pasar tantas veces de un lado para otro con ella. Cuando se jubiló, alguien le preguntó en qué había trabajado y contestó: «Toda mi vida la dediqué a comprar carretillas en España y venderlas en Portugal, cada día vendía cinco o diez, mientras los guardias pensaban que usaba la carretilla para llevar mi comida de la tienda; en realidad, la comida era la disculpa para poder pasar la carretilla y venderla en Portugal, ya que en España no se permitía la venta de material de construcción en el extranjero». Así se hizo con un gran patrimonio económico aquel «loco de la carretilla» que demostró, una vez más, lo agudo que puede llegar a ser el ingenio humano.

De la misma forma que se controlaba el paso en las aduanas con un guardia y ahora se controla el paso de personas y mercancías en el espacio Schengen de la Unión Europea, tu cuerpo tiene un anillo muscular entre tu estómago y tu intestino que controla el paso de la comida, pero este paso no se abre mientras la comida esté muy sólida. Es decir, hasta que el contenido de tu estómago no se ha convertido en papilla por la acción de los ácidos producidos en sus paredes, ese anillo muscular, llamado píloro,[19] no deja pasar el alimento hacia el intestino, como un moderno sensor automático de mercancías que podemos encontrar en cualquiera de las fronteras del espacio Schengen.

Todo el alimento que sale de tu estómago hacia tu intestino viene un poco procesado. En tu boca, tu masticación ha triturado los alimentos, y en el estómago, sus paredes musculares los apelmazan, y el ácido que produce el estómago convierte las sustancias sólidas en líquidas, formando una papilla que recibe el nombre técnico de «quimo».[20]

## DEDOS Y FRACTALES

Es posible que no lo recuerdes, pero al hablar de tu combustible (tu alimento), te hemos comentado que en él existen cinco componentes: hidratos de carbono, grasas, proteínas, vitaminas y minerales. Pues bien, en tu estómago es donde se digieren preferentemente los alimentos ricos en proteínas, como la carne, el pescado y las legumbres; sin embargo, tus hidratos de carbono (el azúcar es el más conocido) y tus lípidos (la grasa) deben esperar a pasar al intestino para ser digeridos.

Desde la cuarta semana de tu desarrollo dentro del útero de tu madre, tu intestino se ha formado de una forma muy curiosa. La parte de tu tubo digestivo que ha constituido tus intestinos se ha alargado, girado y enrollado de tal forma que ha conseguido tener una longitud de casi nueve metros.[21] Unos siete metros de un intestino más delgado y un metro y medio de intestino más grueso.

Tu intestino delgado tiene tres porciones, denominadas duodeno, yeyuno e íleon. La primera de ellas se llama duodeno,[22] palabra que deriva del latín *duodenum digitorum* (que significa «doce dedos»), porque los antiguos anatomistas observaron que su longitud, unos 25 centímetros, era lo que medían de ancho doce dedos. Esta primera porción del intestino recibe el alimento en forma de papilla desde el estómago, pero su contenido es muy ácido y corrosivo. De todas maneras, tu cuerpo ha diseñado tres órganos (hígado, páncreas y vesícula biliar) que desembocan sus jugos en el duodeno para facilitar la digestión del azúcar y la grasa de la comida, aparte de producir bicarbonato para evitar el ácido tan corrosivo para la mucosa de tu tubo digestivo.

A tu duodeno le siguen otros dos segmentos de tu intestino delgado denominados yeyuno e íleon.[23] Este último es el que conecta con la parte final del intestino, el intestino grueso, denominado así porque presenta un calibre mucho mayor. El intestino delgado se encarga de la absorción de sustancias necesarias para tu cuerpo, que pasan hacia la sangre gracias a unos pliegues que forman un sistema que sigue la geometría de los «fractales». No te asustes por esta palabra, ahora te la explicamos.

En 1975, Benoît Mandelbrot,[24] un matemático polaco, acuñó el nombre de fractal para el estudio de las superficies. Todo empezó cuando Mandelbrot publicó en 1967 un artículo en la prestigiosa revista *Science* titulado «How Long Is the Coast of Britain?», o lo que es lo mismo: «¿Cuánto mide la costa de Inglaterra?». En esta publicación demostraba algo tan obvio como que, si medimos la costa de Inglaterra en un mapa nos da una longitud, pero si ampliamos el mapa, se observan más entrantes y salientes de la costa, que mide mucho más. Si seguimos ampliando el mapa, la amplitud de la costa se hará mayor, porque aumentan más los pequeños entrantes y salientes que antes no se veían.

Los científicos, basándose en la teoría de los fractales, se dieron cuenta de que algunas estructuras biológicas están formadas por estructuras más pequeñas, pero idénticas, que son difíciles de medir en toda su extensión. Pongamos un ejemplo; si quiero medir un árbol, puedo hacerlo dibujando su contorno. Pero si lo quiero medir con más precisión, tengo que tener en cuenta el contorno de cada una de sus ramas. Para medir toda la estructura del árbol, tengo que realizar la medición hoja por hoja y rama por rama. Es decir, cuanto más amplío su estructura, más superficie tendrá, y es muy difícil conseguir saber toda la extensión del árbol, porque, si lo dibujara con todos los salientes y entrantes a nivel microscópico, su relieve mediría varios kilómetros.

¿Por qué tu intestino delgado tiene una disposición fractal? Ya te hemos comentado que tiene unos siete metros de longitud, pero presenta unas prolongaciones en forma de dedo hacia su interior que aumentan mucho la superficie de contacto del alimento del intestino con la sangre del interior de las digitaciones. Cada una de estas digitaciones posee cientos de células que revelan unas prolongaciones que multiplican aún más la superficie de contacto entre el alimento y la sangre. Es decir, en tus siete metros de intestino delgado hay cientos de metros de superficie de intercambio del alimento que pasa por su interior. Esta disposición fractal hace que tu intestino delgado sea muy efectivo para la absorción de nutrientes hacia la sangre, por la grandísima superficie de contacto entre su mucosa y los vasos sanguíneos que están debajo. Es uno de los misterios más increíbles de la biología: estructuras de una medida multiplican por miles su superficie cuando realizan la función. Somos, en realidad, como un gigante universo biológico dentro de un cuerpo de tamaño limitado.

Con este sistema tan efectivo de absorción de los nutrientes en el intestino delgado, este solo deja pasar al intestino grueso aquellos restos de alimentos que no le sirven. Este mecanismo es como un sistema de reciclaje en el que se aprovecha lo que puede volver a ser utilizado y se desecha lo que no tiene utilidad hacia el gran contenedor de basura final que es el intestino grueso. El metro y medio de tu intestino grueso tiene mucha menor capacidad de absorción de nutrientes, pero vigila nuestra vida con un sistema de microorganismos que nos protegen. Sí, has leído bien, también existen microorganismos que nos protegen.

## TU CANAL DE DESECHOS

En tu intestino grueso existen tres porciones, denominadas ciego, colon y recto.[25] El ciego tiene una pequeña bolsita con aspecto de gusano de la cual habrás oído hablar: el apéndice. Técnicamente, a esta estructura se le llama «apéndice vermiforme» por eso, ya que el término «verme» significa literalmente «gusano». Seguro que a ti o a alguna persona de tu familia se le ha infectado el apéndice y la han tenido que operar de «apendicitis». Pues bien, en ese apéndice existen unos microbios no dañinos, que se liberan hacia el intestino cuando la población de microorganismos se altera por infección o por tomar antibióticos. Digamos que en el apéndice se esconden microorganismos buenos que reemplazan a los microorganismos malos del intestino. Por lo tanto, tiene una función defensiva en nuestro intestino grueso.

Quizás te sorprenda, pero lo normal es que el paso del alimento por el intestino grueso se produzca dos o tres días después de haberlo ingerido. Y decimos que quizás te sorprenda, porque el tiempo que tarda el alimento en cruzar el tubo digestivo es muy variable de una persona a otra. Pero cuando el tiempo de paso disminuye, las heces son de consistencia más blanda, y cuando aumenta, las heces son de consistencia más dura. Si tienes tendencia al estreñimiento, el tiempo en que el alimento atraviesa tu intestino grueso es mayor.

El intestino grueso está lleno de microorganismos, pero no todos son malos. En realidad, en todo el cuerpo tenemos unas cuarenta mil especies de microorganismos y la mayoría están en el tubo digestivo. Entre sus funciones, muchos nos protegen facilitando la síntesis de algunas vitaminas o mantienen a raya a otros microorganismos que originan enfermedades mortales. Sin esos adorables bichitos, que velan para que nuestra población intestinal esté en plena forma, nuestra vida sería imposible.

Un aspecto interesante de tu intestino es su tamaño. Los estudios científicos sobre evolución avalan la idea de que nosotros tenemos unos intestinos pequeños, en relación a nuestro peso corporal. Es más, a medida que nuestro cerebro se ha hecho más grande, el intestino se ha reducido. Tenemos un cerebro que cada vez consume más energía y unos intestinos que cada vez consumen menos. Este hecho singular se ha producido durante la evolución, cuando nuestros antepasados cambiaron hacia dietas más fáciles de digerir. Bueno, en realidad, al tiempo que aumentaba nuestra inteligencia, disminuía el tamaño de nuestro aparato digestivo. Es evidente que, a medida que nuestro sistema digestivo iba necesitando menos sangre, nuestro cerebro pudo tener más. Como ya te hemos explicado en un capítulo anterior, esta evidencia de balance de compensación entre los dos flujos de sangre se comprueba fácilmente cuando después de comer nuestro aparato digestivo necesita más sangre para la digestión y se la roba al cerebro, lo que sería el principio fundamental de nuestra universalmente conocida siesta. Por lo tanto, ¡mucho cuidado! Cuanto más llenes el estómago de comida, más notarás la disminución de sangre en el cerebro después de comer y, por lo tanto, mayor será tu tendencia a querer disfrutar de este saludable hábito tan español.

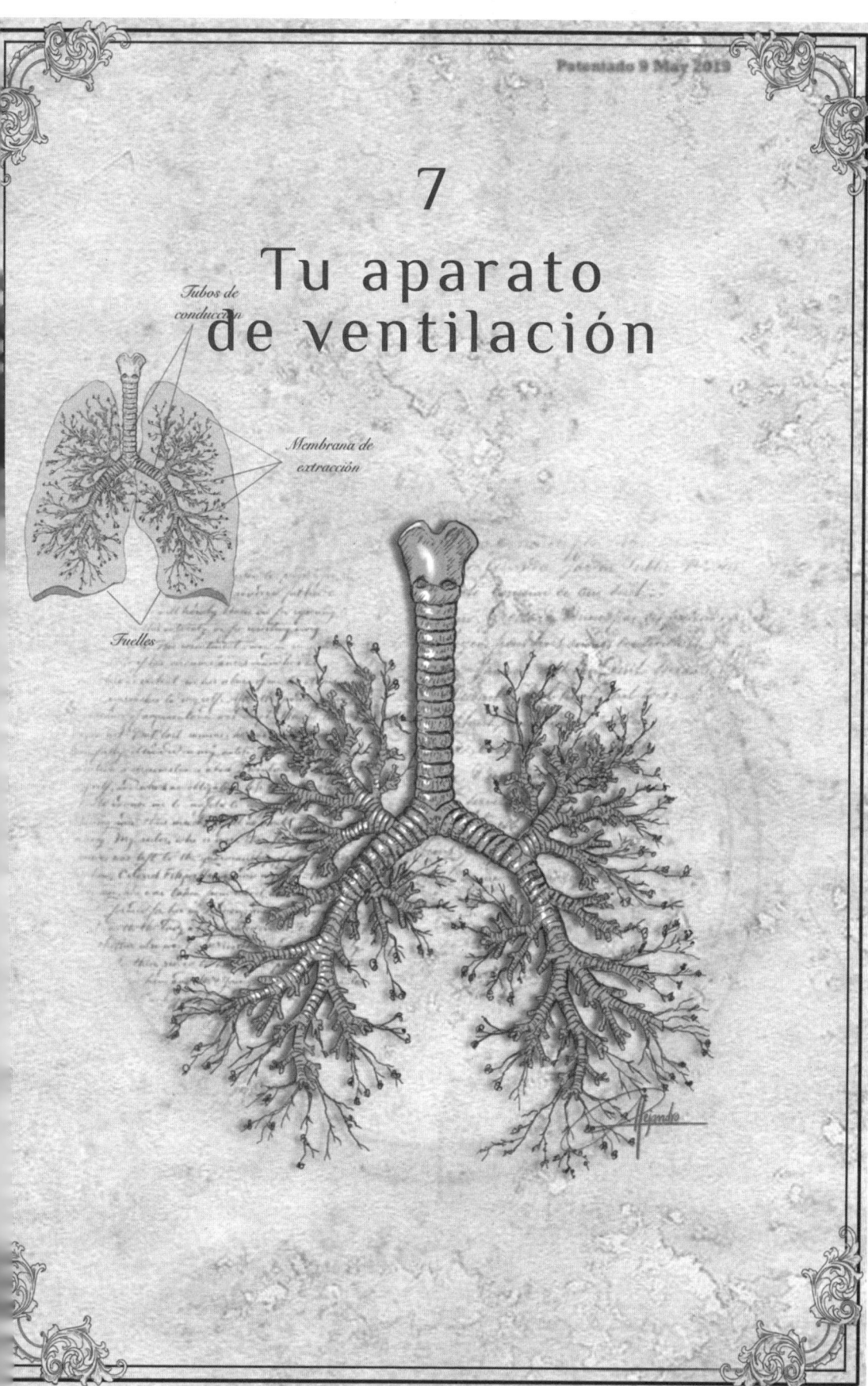

# 7

# Tu aparato
# de ventilación

Tubos de
conducción

Membrana de
extracción

Fuelles

# UN PLANETA OXIGENADO

Te resultará muy raro, pero tu sistema de ventilación, el aparato respiratorio, se forma desde el mismo tubo que tu aparato digestivo.[1] A las cuatro semanas de tu desarrollo, mides unos 4 milímetros y tienes un tubo en tu interior que se ha construido al plegarse hacia los lados la moneda inferior de las tres que te han formado (Figura 11). Desde ese tubo que pasará a ser el futuro aparato digestivo, se origina un pequeño surco que crece hasta convertirse en una bolsita que irá creciendo hasta configurar los pulmones. Una semana más tarde de formarse el surco, en el tubo digestivo aparece un tabique entre la vía digestiva y la vía respiratoria, fenómeno imprescindible para que puedas combinar las acciones de tragar con respirar.

En la semana diecisiete de tu desarrollo se han constituido todos los elementos del sistema respiratorio, pero aún no podías respirar, porque no estaban desarrollados los mecanismos que te permitían intercambiar el oxígeno entre tu sistema respiratorio y tu sangre. Hasta la semana veintiséis, momento en que medías 25 centímetros y pesabas un kilo, no tenías un sistema respiratorio lo suficientemente maduro como para poder sobrevivir en el exterior del útero de tu madre. Este dato es muy importante, ya que, si hubieses nacido antes de los seis meses de embarazo, tendrías pocas posibilidades de estar leyendo este libro, porque no serías capaz de respirar en el exterior. Aunque los avances médicos pueden lograr nacidos cada vez más prematuros, antes de esos seis meses, sigue siendo muy complicado por lo inmaduro que se encuentra el sistema respiratorio.

Los pulmones están compuestos por millones de bolsitas que se encargan del intercambio de oxígeno entre ellos y la sangre. Estas bolsitas reciben el nombre de alvéolos.[2] Cuando naciste, tu sistema respiratorio no estaba totalmente desarrollado, ya que no tenías la cantidad suficiente de bolsitas en los pulmones. Tenías «solo» ciento cincuenta millones de bolsitas en los pulmones, pero hasta que cumpliste ocho años, siguieron formándose hasta alcanzar unos trescientos millones, que son los que tienes en la actualidad, bueno, o algunas menos si eres mayor, o mejor dicho, si eres «un joven con muchos años».

Tu sistema de ventilación consta de una ventana de entrada, unos tubos de conducción de aire, un fuelle y un sistema de inducción y extracción de gases. Tu ventana de entrada es la nariz; tu sistema de conducción está formado por tu faringe, laringe, tráquea y bronquios; tu fuelle son tus pulmones y los músculos que ayudan a moverlos; y tu sistema de extracción de gases son los saquitos microscópicos o alvéolos de tus pulmones.

Si pudieras subir en una máquina del tiempo y trasladarte hasta hace 541 millones de años, en un período de nuestro planeta en el que no había oxígeno y solo estaba poblado por vegetales, todas las estructuras que se han formado en tu cuerpo para respirar no te servirían para vivir en la Tierra, ya que en aquella época no había oxígeno respirable.

La Tierra es el único lugar conocido en el universo donde existe la vida con oxígeno. Hace unos cuatro mil millones de años, procesos químicos de alta energía, como colisiones o rayos, originaron una molécula que era capaz de replicarse en forma de copias idénticas. Estas moléculas formaron poco a poco estructuras celulares y el inicio de la vida animal y vegetal. Pero hasta que no apareció la vida vegetal, no se generó el oxígeno en cantidades suficientes para que se pudiera respirar fuera del agua. La luz solar facilitó que los primeros vegetales pluricelulares eliminaran, mediante la fotosíntesis, cantidades de oxígeno a la atmósfera y la transformaran en un espacio aeróbico, es decir, un lugar con oxígeno donde se podría respirar. Además, el oxígeno liberado formó la famosa capa de ozono alrededor de nuestro planeta, protegiéndolo de la radiación ultravioleta y convirtiendo nuestro medio en un lugar resguardado de los amenazantes rayos cósmicos.

De todas las funciones vitales, la más importante es la capacidad de respirar. Puedes estar días sin comer y beber, pero es imposible que sobrevivas después de unos minutos sin respirar. Y es curioso, porque durante todos los meses que te has estado formado en el útero de tu madre no lo has hecho y solo después de pasar el canal del parto tus pulmones empezaron a recibir oxígeno del ambiente. No te extrañará si te decimos que el oxígeno es imprescindible para la vida, aunque te resultará más raro que te digamos que igual de imprescindible es otra molécula que intercambias con el ambiente que te rodea, el $CO_2$ o dióxido de carbono, que siempre has asociado a peligro de asfixia o al efecto del calentamiento global de la Tierra, tema tan debatido en todos los foros de opinión. De todos modos, sin el dióxido de carbono, los vegetales no podrían sobrevivir ni aportar el oxígeno a la atmósfera. O expresado en una frase: «Sin oxígeno no hay vida terrestre, pero sin dióxido de carbono, sencillamente no hay ninguna vida». Es el equilibrio entre el oxígeno y el dióxido de carbono el que mantiene las condiciones estables de nuestro planeta.

## EL ÁRBOL BOCA ABAJO

Si te preguntásemos para qué sirve tu aparato respiratorio, es evidente que la contestación sería inmediata: para respirar. Sin embargo, sus funciones son algo más complejas. Actúa como filtro de partículas del exterior, calienta el aire que entra por tu nariz, humidifica ese aire, te permite hablar, facilita el sentido del olfato y elimina el dióxido de carbono y la acidez de tu cuerpo. Cada una de las partes de tu sistema respiratorio está diseñada para una o varias de estas funciones.

Es curioso, pero tu aparato respiratorio se parece mucho a un árbol boca abajo (Figura 23). La raíz, que en los árboles sirve para la entrada de nutrientes desde el suelo, serían tus fosas nasales. El tronco es el equivalente de tu faringe y tu tráquea, es decir, los tubos que conectan tu nariz con tus bronquios. Las ramas estarían representadas por tus bronquios. Cada hoja del árbol sería cada uno de los sa-

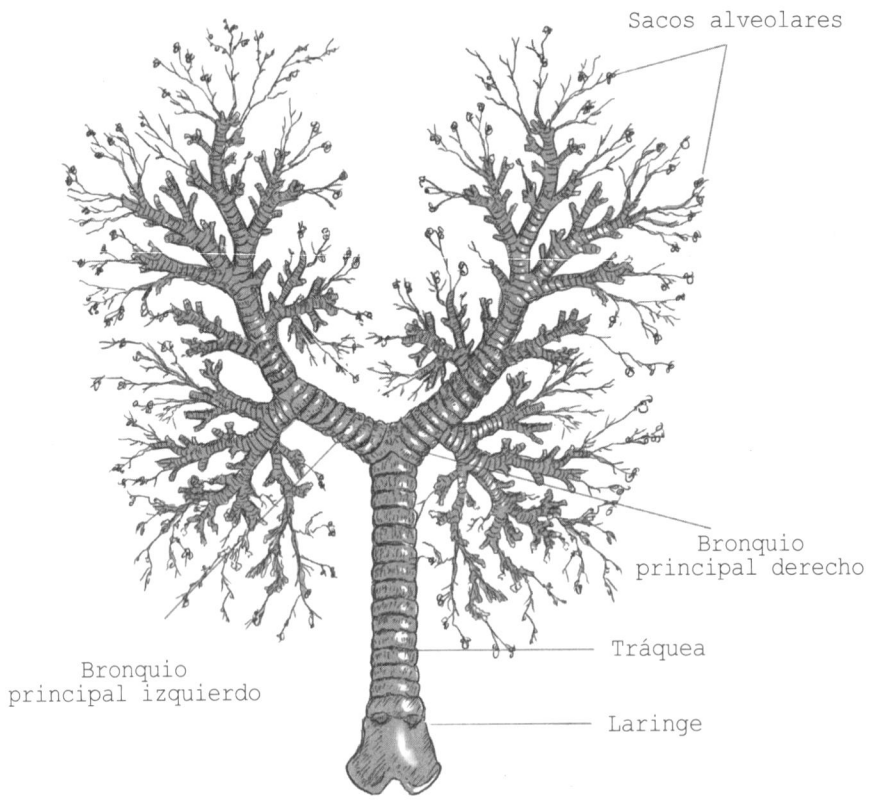

Figura 23. Tu árbol bronquial invertido.

cos microscópicos o alvéolos de tus pulmones, que servirían para el intercambio de oxígeno y dióxido de carbono entre las hojas y el aire, si se tratara de un árbol, y entre los alvéolos y la sangre si el intercambio es en tus pulmones. Por esta analogía entre la forma del sistema respiratorio y el árbol, habrás visto escrito en muchos sitios que al conjunto de los bronquios se le denomina «árbol bronquial».

Tus vías de respiración están localizadas en diferentes partes de tu cuerpo. La nariz en tu cara, la faringe y la tráquea en tu cuello y en el interior de tu pecho, tus bronquios y tus pulmones. Por este motivo, tus conductos de aire se dividen en superiores (los que están en tu cabeza y parte superior del cuello como la nariz, faringe, laringe y tráquea) e inferiores (los que están en la parte inferior de tu cuello y dentro de tu pecho o tórax, como los bronquios y pulmones). Esta división es muy útil en clínica, ya que las infecciones e inflamaciones del aparato respiratorio suelen ser más graves si afectan a los conductos de ventilación que están dentro de tu pecho. En realidad, esto ya lo sabes, pues cuando te dicen que una persona tiene una bronquitis o una neumonía (inflamación o infección de los bronquios o del propio tejido pulmonar), te imaginas algo más grave que cuando oyes que alguien conocido tiene una faringitis (inflamación o infección de la faringe). Tú mismo, al seguir las noticias de la pandemia del coronavirus que recientemente ha asolado al mundo, has escuchado que la mayor mortalidad de la infección está asociada a neumonía originada por el virus; por el contrario, incluso en las personas vacunadas, las palabras catarro o congestión de nariz te suenan a síntomas leves de la enfermedad.

## BARRIENDO SECRECIONES

Las vías de aire de tu cuerpo tienen muchos mecanismos de protección que superan con creces al de cualquier sistema sofisticado de aire acondicionado o calefacción. Además, tu sistema respiratorio elimina la basura tóxica del aire con dos ingenios biológicos parecidos al sistema de recogida de basura de tu pueblo o ciudad. Cuando sales a la calle y observas al personal de recogida de basura de tu barrio (esas personas anónimas y heroicas que nos facilitan nuestra vida cotidiana para tener nuestras calles limpias), te darás cuenta de que utilizan escobas, rastrillos, camioncillos con cepillos redondos y camiones que recogen los residuos de los contenedores. Lo que hacen es arrastrar la basura con los cepillos hacia sus carros o bien vaciar las bolsas de los contenedores en los camiones. Pues tu sistema respiratorio también tiene cepillos y recogida de bolsas. Muchas de las células que tapizan tus vías respiratorias poseen cientos de cepillos que arrastran las partículas de porquería hacia el exterior, desde los pulmones hacia tu garganta y nariz. A medida que van barriendo los restos de basura, existen otras células que fabrican moco pegajoso, para que las partículas de suciedad se peguen a ese moco, como las bolsas que recoge el camión, y así, todo sea transportado y eliminado hacia el exterior de tu cuerpo. Cada vez que toses, estornudas o te suenas con un pañuelo, expulsas los restos tóxicos que, de no existir este sistema, quedarían almacenados en tus vías respiratorias y te provocarían infecciones. De hecho, cuando tenemos un ataque por parte de los microorganismos, el sistema de basuras identifica que hay más trabajo de lo habitual y pone en funcionamiento muchas células para que aumenten el movimiento de sus cepillos y produzcan más moco pegajoso, por eso estornudas, toses y te suenas la nariz más veces. Esto sería algo similar a cuando se aumenta el personal de limpieza en el momento en que un parque público queda lleno de los restos que dejan los asistentes de un gran concierto de verano de cualquier ciudad.

Pero vayamos por partes. Empecemos con esa prolongación más o menos larga que tienes en el centro de la cara, tu nariz. En realidad, los dos agujeros que tiene, que técnicamente se denominan «narinas», son la entrada de dos cavidades llamadas fosas nasales.[3]

## TU VENTANA DE ENTRADA

Tu nariz es la ventana de entrada a tu sistema respiratorio. Las fosas nasales y las cavidades de su interior deben estar preparadas para mantener la temperatura del aire, oler, limpiar los ojos y hablar mejor. Sí, has entendido bien, «limpiar los ojos y hablar mejor». Para hacer bien estas cuatro funciones, en tus cavidades nasales existen varias estructuras muy curiosas. Cada una de ellas tiene una misión sorprendente y que ningún sistema de ventilación de un edificio puede igualar.

Empecemos con el mecanismo con el que tus fosas nasales mantienen la temperatura del aire que pasa por ellas. Sobre la sexta semana de tu desarrollo, cuando medías unos 10 milímetros, en tu cavidad nasal aparecen unas prolongaciones horizontales en forma de tubos abiertos hacia abajo que se abultan hacia el interior. Su forma, parecida a las cornetas con la que los soldados tocan las órdenes militares, ha originado su nombre, ya que su término técnico es «cornetes». Estos tubos están cubiertos por una mucosa muy vascularizada por la que circula la sangre. Cuando el aire que entra desde el exterior está frío, la mucosa aumenta su grosor para que incremente la cantidad de sangre y caliente el aire que respiramos. Si, por el contrario, el aire que entra desde el exterior está caliente, la mucosa se deshincha (disminuye su grosor) y entonces el aire que respiramos no necesita calentarse. Para comprobar este mecanismo te vamos a poner un ejemplo que seguro te ha pasado alguna vez. Imagínate que llegas a casa un día muy frío de invierno después de dar un paseo por la calle. Al entrar ya notas el calor de tu hogar («una casa acogedora es un hogar») y, a los pocos minutos, empiezas a darte cuenta de que desde tu nariz se escurre moco líquido y enseguida coges un pañuelo o un clínex para sonarte. Pues ese líquido es el resultado de que tu mucosa nasal se haya deshinchado y vaciado tus glándulas mucosas de las paredes de la nariz al entrar del ambiente frío de la calle al calor agradable de tu casa. Otro ejemplo de este cambio tan rápido de tu mucosa de la nariz es cuando bebes un líquido caliente en un tazón. Cuando metes la nariz en el calor del tazón para beberlo, automáticamente la mucosa se deshincha al percibir el calor y vuelves a notar que te cae el liquidillo tan incómodo de la nariz. Con este ingenioso mecanismo, la nariz mantiene la temperatura del aire que respiras para que el exceso de calor o de frío no dañe tu sistema respiratorio.

La función más conocida de tu nariz, aparte de la de respirar, es la de oler. Pero, aunque te parezca sencillo, es un proceso muy complicado y delicado a la vez. Las moléculas del olor de un alimento, una flor o del ambiente entran por los agujeros de tu nariz y suben hasta la parte superior de tus fosas nasales, donde están separadas de tu cerebro por un hueso que se llama etmoides. La mucosa que recubre esa parte tiene unas células que, mediante unas prolongaciones, reciben la estructura química de las moléculas del olor para transformarlas en estímulos eléctricos en tu cerebro. Pero estas células están un poco escondidas en la parte más alta de la nariz y, por eso, cuando tienes que oler alguna sustancia que no tiene un aroma muy intenso, has de hacer el esfuerzo de aspirar aire muy fuerte para que las moléculas lleguen a esa zona tan escondida.

Una vez que las moléculas son percibidas por esas células que tienes en el techo de tus fosas nasales, pueden pasar al interior de tu cráneo gracias a que el hueso que separa tu cavidad nasal y el cerebro está agujereado por muchísimos orificios diminutos por los que las células de tu cavidad nasal envían la información de los olores a tu sistema nervioso. Sin embargo, no solo pueden pasar olores, sino también sustancias volátiles que pueden afectar a tu cerebro. Una de ellas es el cloroformo, que ha inspirado muchísimas escenas del cine en las que un asesino duerme a su víctima tapándole la nariz con un pañuelo. Por cierto, todo falso, ya que, aunque su inhalación puede hacerte dormir, el efecto no es inmediato y se tardarían varios minutos en provocar un estado de somnolencia.

Los receptores que tienes en tus células del olfato son muy sensibles. Perciben muchísimos aromas, con diferentes intensidades, e incluso puede quedarte la sensación de un olor característico durante un tiempo prolongado. Precisamente existen dos propiedades del olor muy curiosas: la primera es que tu cuerpo se adapta en poco tiempo a la sensación agradable o desagradable de un olor y la segunda es que tu cerebro puede recordar o asociar un olor a una persona o a una situación determinada durante mucho tiempo, incluso años.

Suponemos que la palabra bromhidrosis[4] no te suena familiar. Este término se refiere al mal olor corporal, que tan malos ratos hace pasar al que lo padece y, por supuesto, a las personas que están a su lado. Sin embargo, si detectas un olor desagradable y estás mucho tiempo en contacto con la persona que lo produce, la sensación maloliente se reduce. Esta característica se debe a que los receptores del olor disminuyen su estimulación en muy poco tiempo. Imagínate que estás con mucha gente en un lugar pequeño y poco ventilado un día de mucho calor y con un fuerte olor a sudor; es evidente que, al cabo de un rato, el olor a sudor se va haciendo menos intenso. No es que se haya atenuado, sencillamente los receptores de la nariz se han adaptado. Por el contrario, si de repente alguien entra en el recinto, enseguida piensa aquello de «¡qué peste!», «¡qué mal huele aquí!». Pues imagínate cómo sería la sensación de olor de las personas antiguamente, cuando no había agua corriente ni desodorantes o perfumes. Curiosamente, en la Antigüedad se utilizaban abanicos y muchas flores para disfrazar los olores. Quizás no lo has pensado nunca, pero parte del origen del uso del abanico y de llevar flores era la necesidad de disimular el mal olor corporal. Afortunadamente, para la gente de antes y para los malos olores que no tienes más remedio de soportar, los receptores de tu nariz enseguida se agotan y ya no los notan tanto. Y por supuesto, cuando veas que alguien regala flores el día de San Valentín, no se te ocurra pensar que la persona a la que se las llevan huele mal. La costumbre, por suerte, se mantiene, pero la falta de higiene de las sociedades antiguas no.

Otra característica que comentábamos unas líneas más atrás es la de asociar en el recuerdo, durante años, un olor a una persona, una flor, una planta o una situación de tu vida. Este es un hecho curioso, ya que el olor de una comida perfectamente puede recordarte a la casa de tus abuelos, cuando allí se cocinaba ese mismo alimento. La explicación de este fenómeno de asociar un olor a una situación vivida hace tiempo se produce porque la recepción de la sensación en tu cerebro está estrechamente asociada a una zona denominada sistema límbico,[5] que es el lugar donde tu cerebro guarda la memoria y las emociones. Podíamos resumir esta sensación en una bonita frase: «El invisible olor evoca el invisible recuerdo». Este fenómeno de recordar una situación mediante un olor se conoce como «magdalena de Proust», en honor del novelista Marcel Proust,[6] quien en su novela *En busca del tiempo perdido* relata cómo se acordaba de su madre al percibir el olor de una magdalena como las que ella hacía.

Tu nariz, aparte de calentar el aire y oler, también puede ayudar a limpiar tus ojos. Como ya sabes, las lágrimas, aparte de para humedecer tus ojos, sirven para eliminar los restos de pequeñas sustancias y microorganismos, para que sean escurridos y no se amontonen entre tus párpados. El recorrido de limpieza de las lágrimas comienza en la parte más lateral y superior del ojo, donde se sitúa la glándula lagrimal, y termina en la parte del ojo más cercana a la nariz, desde donde caen las lágrimas hacia la cara cuando lloras. Entre el ojo y la nariz existe un pequeño saco que recoge la lágrima cada vez que parpadeamos y la vacía al interior de la nariz para que, una vez allí, se evapore con la respiración. En condiciones normales es un proceso que no notas, pero si la cantidad de lágrima aumenta, por ejemplo, cuando lloras, automáticamente empiezas a percibir un aumento de líquido en la nariz. Por este motivo, cuando la gente llora, además de caerle las lágrimas, se suena con frecuencia.

Una última función de tus fosas nasales es la de darle más resonancia a tu voz. Si tapas la nariz y hablas, te das cuenta de que tu voz se vuelve metálica porque solo sale por la boca. Esto es debido a que los huesos que están alrededor de tu nariz tienen unas pequeñas cavidades en su interior que se denominan senos. Es posible que no te suene el nombre, pero si te decimos que la «sinusitis» es el nombre de la inflamación de esas cavidades, entonces ya te resulta más familiar. Dentro del hueso que forma tu frente (frontal) hay dos cavidades denominadas senos frontales y dentro de cada uno de los huesos que tienen tus dientes superiores (maxilares) también existe una cavidad que recibe el nombre de seno maxilar. Estas cavidades, con las de otros dos huesos que están más profundos en tu cabeza, comunican con tus fosas nasales y sirven para darle resonancia a tu voz. Bien, una vez llegados a este punto creemos conveniente dejar ya tus fosas nasales y seguir el recorrido del aire que introduces en tu sistema de ventilación.

## TUBOS DE CONDUCCIÓN

Cuando el aire ha pasado por la nariz hacia tus pulmones, tiene que atravesar otro tubo, la faringe.[7] De la misma manera que el pasillo de tu casa conecta con varias habitaciones, tu cuerpo necesita un pasillo en forma de tubo que haga la difícil tarea de conectar varias de tus habitaciones corporales: nariz, boca, tráquea (que lleva el aire a los pulmones) y esófago (que lleva el alimento hacia el estómago).

Si te fijas en cualquier pez, observarás que a los lados tiene una especie de pequeñas aletas que se abren y cierran para filtrar el agua y obtener el oxígeno necesario para sus órganos. El nombre técnico de ese sistema es «branquias». Pues, aunque te parezca difícil de creer, cuando eras embrión, tú has tenido branquias, en recuerdo de que tu pasado evolutivo, hace millones de años, derivó de los peces. Tus branquias son un sistema de pequeños arcos que se formaron en tu cuerpo cuando llevabas un mes de vida dentro del útero de tu madre. Esos arcos están separados por unos surcos. Desde esos arcos se formarán en tu cuerpo varias estructuras, entre la que se encuentra la faringe.

Tu tubo faríngeo tiene unos 12 centímetros y está dividido en tres porciones en función de la habitación de tu cuerpo que comunica. La parte del tubo que conecta con la nariz se denomina naso-faringe; la que lo hace con tu boca, orofaringe, y la que enlaza con la laringe para continuar la vía respiratoria hacia tus pulmones recibe el nombre de laringofaringe.

Si te preguntamos para qué sirve la faringe, tu respuesta será inmediata: para el paso de aire y alimento. Pero hay dos funciones que conoces muy bien y de las que es posible que no te des cuenta: equilibrio de presiones y defensa de sustancias tóxicas. Para estas dos funciones, cuando te estabas formando, se desarrollaron dos estructuras muy curiosas, una con forma de tubo y otra con forma de anillo. El tubo es un pequeño conducto de unos 3 o 4 centímetros que comunica tu oído con tu garganta y que conocemos gracias a Bartolomeo Eustaquio, uno de los anatomistas más famosos de la historia.[8]

Bartolomeo Eustaquio era un médico del siglo XVI que nació en San Severino, un pequeño pueblo italiano cercano a la costa del mar Adriático. Este afamado doctor publicó un libro con el título *De auditus organis*, donde, por primera vez, se describe un tubo que comunica la faringe con el oído medio. En aquel momento, ni el propio Eustaquio conocía la función de este raro conducto. Tu trompa de Eustaquio (así se llama) sirve para regular la presión entre el exterior y el interior de tu oído, y seguro que más de una vez la has sentido. Tal vez recuerdes alguna ocasión en que en un viaje en avión o en coche notaste cómo se te taponaban los oídos y, al bostezar, de repente se te destaponaban y comenzabas a oír mejor. Pues ese efecto se debe a que, sin darte cuenta, tu bostezo abrió la trompa de Eustaquio e igualó la presión entre tu garganta y tu oído. Un efecto protector de los cambios de presión atmosférica que te hace recordar que el aire también pesa.

Antiguamente, nadie podía sospechar que el aire ejercía fuerza en forma de peso sobre la superficie terrestre. En realidad, como siempre el aire se movía y se elevaba, era impensable que pesara y ejerciera presión sobre la Tierra. Pero en 1643, otro italiano, Evangelista Torricelli,[9] diseñó un tubo de vidrio de 850 milímetros, cerrado en la parte superior y abierto en la parte inferior sobre un recipiente lleno de mercurio. Para su sorpresa, observó que el mercurio ascendía por el tubo debido a la presión que el aire ejercía sobre el recipiente. De esta manera descubrió el barómetro, el aparato que se utiliza habitualmente para medir la presión atmosférica. Pero, además, gracias a este ingenioso instrumento se ha podido estudiar que, a medida que aumenta la altitud de un terreno, la presión disminuye. A nivel del mar, la presión atmosférica es de 760 mm Hg (milímetros de mercurio), mientras que en el punto más alto del planeta, la cima del monte Everest, situado a 8.848 metros de altitud, la presión es de 300 mm Hg.

Por eso, cuando te mueves entre puntos de altitud diferentes la presión del exterior cambia con respecto a la presión del interior de tu oído y, para que este no se dañe, la trompa de Eustaquio se cierra y se abre para igualar las presiones. La otra estructura curiosa de tu faringe es un anillo. Si te acercas al espejo de tu baño, te pones delante y con buena luz echas la lengua fuera para verte la garganta, puedes comprobar que la campanilla y los pliegues que salen a los lados entre ella y la lengua, en conjunto, forman un anillo (un círculo). Al fondo de ese anillo podrás observar, si no te las han extirpado, unos abultamientos conocidos vulgarmente como anginas, amígdalas o vegetaciones, pero cuyo vocablo técnico es adenoides. Se trata de unas masas blandas que sirven como guardias de vigilancia de la entrada de microorganismos.

El anillo que forman estos acúmulos de tejido blando fue descrito por un eminente médico alemán del siglo XIX, Heinrich Wilhelm Gottfried Waldeyer.[10] Todo el conjunto con forma de anillo recibe precisamente el nombre de «anillo de Waldeyer» en honor de su descubridor y, sin duda, es uno de los mejores filtros para impurezas que tiene el cuerpo humano, ya que sirve para retener los microbios y partículas tóxicas para que no pasen a la vía respiratoria. De hecho, cuando somos pequeños, lo normal es que aumenten de tamaño, ya que se inflaman ante cualquier contacto con nuevos microorganismos desconocidos y originan una reacción defensiva que hace que estos acúmulos blandos del anillo de Waldeyer trabajen más de la cuenta intentando proteger nuestra vía respiratoria de infecciones y partículas tóxicas. Si este anillo no existiera, tendríamos infecciones más graves que llegarían al pulmón. Ya ves, cuando oyes o has oído que a alguna niña o niño le tienen que operar de las amígdalas es porque han crecido tanto que les dificulta la respiración, pero significa también que este anillo ha protegido su cuerpo de infecciones pulmonares. De ahí la complicación de decidir si quitar o no esos acúmulos de tejido cuando hacen más difícil la respiración, ya que, muchas veces, eliminar las adenoides puede disminuir la capacidad defensiva ante patógenos y partículas dañinas.

Una vez que el aire ha pasado por tu faringe, llega al gran órgano de la voz, la laringe.[11] En la parte anterior de tu cuello puedes tocar un duro saliente, que, si tragas saliva, notas cómo sube y baja. Ese saliente recibe el nombre de «nuez de Adán» y es el punto donde se localiza tu laringe. El nombre deriva de la creencia de que en ese lugar del cuello es donde se le atragantó la manzana a Adán cuando Eva se la ofreció del árbol prohibido. Permítenos un comentario interesante antes de seguir con tu laringe, porque, aunque has escuchado muchas veces lo de la manzana de Adán y Eva, hemos de decirte que en ningún sitio de la Biblia aparece la manzana.

Literalmente estas son las frases bíblicas:

> Yahveh Dios hizo brotar del suelo toda clase de árboles deleitosos a la vista y buenos para comer, y en medio del jardín, el árbol de la vida y el árbol de la ciencia del bien y del mal (…) Y Dios impuso al hombre este mandamiento: «De cualquier árbol del jardín puedes comer, mas del árbol de la ciencia del bien y del mal no comerás, porque el día que comieres de él, morirás sin remedio» (Génesis 2: 9 y 16-17).

En realidad, ha sido un error de traducción de Jerónimo de Estridón,[12] el traductor de la Biblia de finales del siglo IV, ya que interpretó el adjetivo *malus* (que significa mal) con el sustantivo *mālus* (que significa manzano). Para ser exactos, originalmente en el Génesis dice: «*Lignus scientiae boni et mali*» («Árbol de la ciencia del bien y del mal»). En fin, ya ves que no hay manzana en esta historia bíblica. ¡Sigamos!

Tu laringe se ha desarrollado a partir de tu tubo digestivo, el tubo más interno que se formó cuando tu cuerpo, compuesto por tres monedas alargadas, se plegó hacia abajo. Durante tu crecimiento, la laringe se ha ido formando hasta convertirse en un tubo de unos 45 mm de longitud y 40 mm de anchura. Este tubo tiene muchas pequeñas piezas de cartílago unidas por membranas y músculos. Para ser exactos, nueve cartílagos, cinco músculos que se encargan de desplazar la laringe hacia las estructuras vecinas y doce músculos diseñados para emitir sonidos y, por supuesto, articular la extraordinaria voz humana.

De las pequeñas piezas que forman tu laringe, vamos a explicarte tres de ellas, dos que tienen una forma muy curiosa y una que nos salva la vida constantemente.

Si vuelves a tocar el saliente que sube y baja cuando tragas en la parte anterior de tu cuello, estás palpando el cartílago tiroides (que no debes confundir con la glándula tiroides que está también en el cuello, pero más abajo).[13] Este cartílago tiene forma de un libro abierto hacia atrás y, por lo tanto, lo que estás tocando es el lomo del libro. Este es más saliente en las personas con la voz grave y menos saliente en aquellas con la voz más aguda. Este cartílago con forma de libro abierto hacia atrás está apoyado sobre otro cartílago que tiene forma de anillo y que recibe el nombre de cartílago cricoides.[14] Pero la forma de este último no es la de un anillo típico, como el que pueden llevar las parejas como distintivo de estar comprometidas, es como un «anillo de sello» de origen medieval, es decir, con su parte posterior más ancha. En la Edad Media, los nobles llevaban un anillo con un sello, escudo o distintivo, con el que podían firmar documentos además de visibilizar que pertenecían a la nobleza. Por cierto, en Inglaterra, a las personas que no tenían título ni anillo de sello nobiliario se les identificaba con las siglas de las palabras «*sine nobilitate*», lo que significa «sin nobleza» y se escribía su abreviatura «*s.nob*». De ahí viene la famosa palabra *snob*, que hace referencia a alguien que quiere aparentar tener las propiedades o influencias de la nobleza. En definitiva, tú tienes en tu cuerpo un anillo de sello en la laringe y, por lo tanto, no sabemos si tienes título nobiliario, pero seguro que te mereces llevar una joya de estas características porque eres noble de corazón.

El tercer cartílago de tu laringe es el que salva tu vida a todas horas. Se llama epiglotis[15] y es una tapa que se cierra hacia atrás; está situada en la parte posterior de la lengua y se encarga de cerrar el agujero de entrada a la laringe cuando tragas líquidos o sólidos. Cuando te dispones a tragar (puedes hacerlo ahora con la saliva), la lengua se apoya contra tu paladar para poder hacer fuerza hacia atrás contra la tapadera de la laringe y cerrarla para que los líquidos o sólidos se vayan por el tubo digestivo y no se metan en tu tubo respiratorio.

Tu laringe sirve como tubo de paso del aire mientras respiras, pero también te proporciona la capacidad de emitir sonidos, algunas veces poco sofisticados, como cuando gritas una vocal, y otras veces muy sofisticados, como cuando mantienes una tranquila conversación. Y aquí va una gran pregunta: ¿por qué somos los únicos seres capaces de hablar? Es más, lo vamos a plantear de otra forma: ¿por qué los simios tienen una laringe muy parecida a la nuestra y no pueden hablar? —bueno, excepto en la ficción, como en la película *El planeta de los simios*, dirigida por el genial director Franklin James Schaffner—.[16]

Muchos de los animales que te han precedido en la escala evolutiva tenían laringe. Incluso los más parecidos a nosotros, los chimpancés, tienen una laringe casi idéntica a la de los humanos. No obstante, hay una diferencia importantísima entre la suya y la nuestra; se trata de la posición en el cuello de este órgano de la voz. Para emitir sonidos, el aire se modula entre dos pequeñas cuerdas móviles («cuerdas vocales»)[17] que están en el interior de la laringe. Luego, el aire expulsado y modulado por las cuerdas vocales se dirige hacia la boca para salir hacia el exterior en forma de sonido. La aproximación o separación de las cuerdas vocales cambia los sonidos, de la misma forma que, cuando vacías un globo de aire alargando y encogiendo la boquilla elástica de salida, escuchas que el aire emite diferentes sonidos. En este trayecto del aire hay dos porciones, una es vertical desde la laringe hasta la parte posterior de la lengua y otra es horizontal a través de la boca. Pues para que se pueda hablar, las dos partes del trayecto del aire (la vertical y la horizontal) deben tener casi la misma longitud. En los chimpancés y en otros animales evolutivamente anteriores en el tiempo, la porción horizontal era mucho más larga que la vertical, lo que impedía la articulación de sonidos de forma tan sofisticada como nuestro lenguaje. En los seres humanos, al adoptar la posición erguida, la laringe descendió e igualó en tamaño los dos segmentos, el laríngeo y el bucal. Este reposicionamiento de la laringe es el que te permite emitir sonidos en forma de palabras. Es más, cuando naciste, la longitud de delante hacia atrás de tu boca era mucho mayor que la longitud vertical de tu cuello, lo que, por cierto, posibilitaba que obtuvieras mejor la comida del pecho de tu madre; pero, para emitir sonidos en forma de palabras, has tenido que esperar a que tu cuello se alargase y la laringe descendiera. Seguro que no te acuerdas de ese cambio, pero en tu casa todos estaban esperándolo para que dijeras las palabras más sencillas del mundo: «mamá» o «papá».

Una vez aclarado dónde está el órgano de tu voz, podemos continuar el viaje del sistema de ventilación hacia el interior de tu cuerpo. Debajo de tu laringe existen unos quince o veinte anillos dispuestos verticalmente que forman un tubo denominado tráquea.[18]

La tráquea mide unos 11 centímetros de largo y unos 2,5 cm de ancho y comunica tu laringe con tus bronquios. Es un órgano que puede moverse hacia los lados y estirarse variando constantemente su longitud, datos que te llamarán la atención, pero si piensas en alguno de los movimientos que puedes hacer con tu cuello, te darás cuenta de que cada uno de ellos lleva aparejado el movimiento de tu tráquea, por lo que esta no puede ser rígida.

Mueve con cuidado tu tráquea hacia los lados. Primero localiza el saliente de la laringe («la nuez de Adán») y por debajo puedes sujetar la tráquea por los lados y deslizarla suavemente a derecha e izquierda. ¿Ves? Tiene movilidad. A continuación, para estirarla y encogerla solo tienes que sujetarla con los dedos e inclinar la cabeza hacia atrás y hacia delante dejando inmóvil tu tronco, y notarás que en ese movimiento la tráquea se estira y se encoge. Puedes percibir con tus dedos cómo sus anillos se separan y se acercan entre sí. Esto es posible gracias a que están separados por tejido elástico y son incompletos por detrás, es decir, no están totalmente cerrados en su parte posterior. Esto permite que la tráquea pueda aumentar y disminuir su tamaño, aparte de facilitar algo muy interesante y muy útil, ya que posibilita distender el esófago, que está situado detrás de ella, para que los trozos de comida más grandes de lo normal puedan pasar sin problema hacia el estómago. Si los anillos de la tráquea estuvieran cerrados por detrás, la comida quedaría atascada en el esófago presionada por dichos anillos, asunto que, afortunadamente, la evolución se ha ocupado de solucionar.

## TU PAR DE FUELLES

La tráquea es el tubo que conectará la laringe con los órganos más grandes de la respiración: tus pulmones.[19] Estos comenzaron a formarse como un pequeño saquito a partir de tu tubo digestivo[20] cuando llevabas cuatro semanas dentro del útero de tu madre. Poco a poco, el saquito se expandió, y desde tu tráquea empezaron a constituirse unos tubos hacia los pulmones que se denominan bronquios.[21] En tu cuerpo hay dos bronquios, uno para el pulmón derecho y otro para el pulmón izquierdo. Estos bronquios se han ramificado en tubos más pequeños llamados bronquiolos. En el sexto mes de vida en el interior de tu madre, los dos bronquios principales se han dividido unas diecisiete veces, originando más de un millón de tubos diminutos. Los tubos más pequeños están conectados en su extremo a una estructura que tiene la forma de un racimo de uvas y que se denomina unidad alveolar, donde cada uva se llama alvéolo, y es el lugar donde se realiza el intercambio de oxígeno entre tus pulmones y tu sangre.

## TU MEMBRANA DE EXTRACCIÓN DE GASES

Ningún ingeniero sería capaz de diseñar un sistema tan perfecto de ventilación entre el exterior y la sangre como el que tú tienes. Los pulmones no funcionan hasta que naces, pero en el momento del parto entra la primera bocanada de aire, el oxígeno atraviesa todos los tubos de tu sistema respiratorio hasta hinchar los alvéolos (las uvas de los racimos que cuelgan de tus bronquiolos). La membrana que rodea a cada uno de tus alvéolos es muy fina y sería el equivalente de la piel que rodea a las uvas y que a veces pelas para no atragantarte cuando preparas las doce que comes al ritmo de las campanadas de Fin de Año. Cada pielecilla de cada alvéolo (de cada uva) está en contacto con una pared también muy fina de un vaso sanguíneo. Es entonces cuando, entre las dos membranas, el oxígeno de esa primera insuflación de aire pasa del alvéolo a la sangre, intercambiándose por dióxido de carbono ($CO_2$) que desde la sangre pasa al alvéolo para que lo elimines cuando echas el aire hacia fuera, acción que se repetirá la friolera de unas veintiuna mil veces al día durante toda tu vida. Pero ¿cuánto aire eres capaz de purificar cada día?

Tú puedes filtrar más de ocho mil litros de aire en un día, mediante un sistema de membranas gigantesco y de finísimo grosor. Para que te hagas una idea, si extendiéramos todas las membranas que rodean a tus alvéolos (la monda de las uvas) y las pusiéramos en una superficie plana, tendrían una extensión de unos 85 m². Es decir, podrías cubrir el suelo de una casa de esas dimensiones con ellas. Pero, además, el finísimo grosor que ocupan la membrana de los alvéolos y la membrana de la pared de los vasos sanguíneos para el intercambio de oxígeno y $CO_2$ es similar al finísimo filtro de los purificadores más sofisticados del mercado, ya que tiene una micra de grosor, es decir, 1 milímetro dividido por 1.000.

En definitiva, has comprobado lo fácil que te parece respirar y lo complicado y sofisticado que es el sistema de tubos que lleva el aire hacia tus pulmones. También has visto cómo se ha formado el sistema de ventilación que se encarga de llenar de oxígeno tu sangre. Le toca el turno a otro sistema que se encarga de limpiar tu cuerpo, pero esta vez se trata de un mecanismo de filtración que limpia las impurezas y aprovecha las sustancias beneficiosas. Es la mayor depuradora que posees y sin la cual tampoco podríamos sobrevivir.

# 8
# Tu depuradora de líquidos

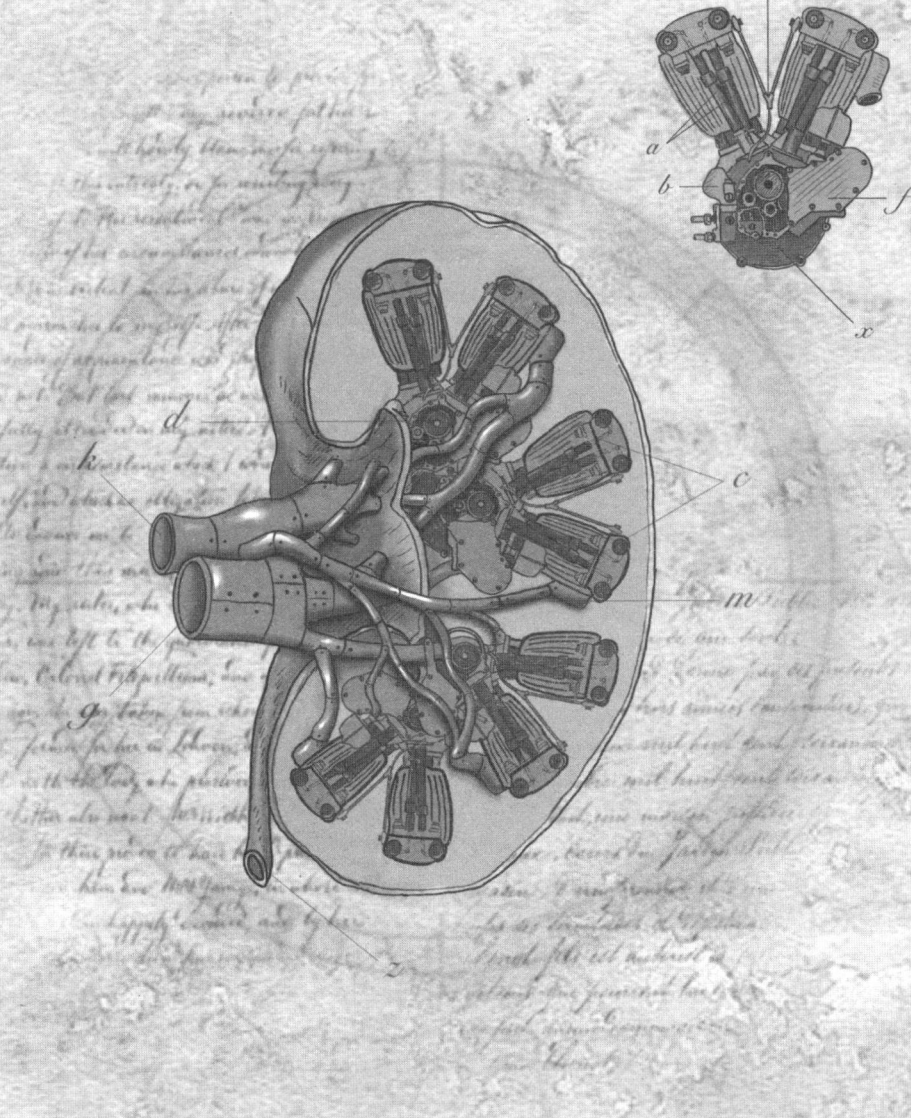

## UNA DEPURADORA CON FORMA DE HABICHUELA

El órgano principal que filtra tus líquidos en tu cuerpo es el riñón.[1] Este órgano con forma de habichuela es el encargado de aprovechar los líquidos limpios enviándolos hacia la sangre y también es capaz de eliminar los líquidos sucios hacia el exterior en forma de orina. Esta expulsión de los líquidos se realiza a través de dos largos y delgados conductos (los uréteres)[2] que comunican con un órgano hueco que sirve de depósito (la vejiga),[3] de la que sale un conducto hacia el exterior (la uretra).[4] Así explicado, el sistema aparenta ser muy sencillo, incluso podría parecerse al sistema de filtrado de una piscina. El motor de depuración y los filtros de la piscina serían el riñón, mientras que los uréteres, la vejiga y la uretra serían los conductos de desagüe del agua sucia. Sin embargo, todo en tu cuerpo es mucho más sofisticado y la naturaleza concede a la biología una obra de ingeniería imposible de imitar con la misma precisión.

Tu riñón, el órgano de filtración de líquidos, se ha comenzado a formar cuando llevabas casi un mes dentro del útero de tu madre.[5] En ese momento, aparecen dos delgados tubos, uno a cada lado, que recorren todo tu cuerpo y terminan en un depósito denominado cloaca. Suponemos que ya lo sabes, pero, por definición, la cloaca es un conducto o depósito que recoge las aguas residuales. Pues tu cloaca hace lo mismo; es un depósito que recoge tus residuos, es decir, es donde terminarán tus heces y tu orina. En la parte inferior de esos tubitos surge un brote, con el raro nombre de «metanefros», que dará lugar a tus riñones, los cuales, a medida que vas creciendo en longitud, terminarán situándose en tu zona lumbar, exactamente donde apoyas las manos cuando te duele la espalda después de coger un objeto muy pesado. Bueno, eso es algo que notarás con la edad, pero ojalá que tú seas más joven y no sepas de qué dolor te hablamos.

El pequeño brote o metanefros fue creciendo muy deprisa hasta que naciste, ya que en su interior se formaron más de un millón de pequeños tubitos enrollados que se llaman nefronas.[6] El número de nefronas que tengas al nacer ya no aumentará a lo largo de tu vida. Es decir, tendrás que cuidar tu sistema de filtración de líquidos, porque tu cuerpo no tiene la capacidad de fabricar nuevos tubitos enrollados. Afortunadamente, en el mundo que nos ha tocado vivir, el trasplante de riñón está muy avanzado y tiene una alta tasa de éxito, lo que nos recuerda que frente a la mala suerte de tener un órgano que no regenera sus nefronas, tenemos la solidaridad de tantos y tantos donantes de órganos como el riñón y a los que toda la sociedad deberíamos homenajear como se merecen por su altruista y desinteresada contribución.

Cada uno de los dos riñones que tienes mide unos 11 centímetros de alto y unos 7 centímetros de ancho, con un peso de entre 120 y 200 gramos. Como dato curioso, te diremos que tu riñón está rodeado de una capa de grasa que lo sujeta; este acúmulo de grasa se nota externamente y forma los famosos michelines, también llamados chichas o lorzas, que tanto nos preocupan antes de exhibir nuestro cuerpo en la playa.

Pero ¿por qué la naturaleza te ha dotado de riñones? ¿Para qué sirven?

# TU MOTOR DE DEPURACIÓN
# Y TUS FILTROS

En tu cuerpo hay tres funciones de las que se encargan tus riñones sin las que no podrías vivir: limpiar la sangre, mantener los niveles adecuados de los líquidos que tienes en tu interior y que tus fluidos tengan las concentraciones adecuadas de acidez. Si te fijas, tal y como te comentábamos hace un momento, es como un sistema de mantenimiento de piscinas. No sabemos si eres afortunado por tener una en tu casa o en tu urbanización, pero en una piscina hay siempre varios filtros, un medidor de los niveles de cloro para regular la acidez del agua y dos tubos de entrada con un tubo de desagüe para regular el nivel del agua.

Para limpiar la sangre, tu riñón tiene unos filtros (las nefronas) que son capaces de limpiar las impurezas; pero, a diferencia de los filtros de una piscina, pueden también reabsorber y eliminar sustancias. Tu riñón filtra aproximadamente unos 180 litros de sangre al día (bueno, en realidad, filtra una parte de la sangre que es el plasma), pero es evidente que tú no orinas 180 litros diarios, lo que te obligaría a estar continuamente en el baño. Es aquí donde entra en juego la segunda función de los filtros: la reabsorción. Los filtros de tu riñón (las nefronas) son capaces de volver a enviar hacia la sangre casi toda el agua, el sodio, el cloro y la glucosa, para que el cuerpo los pueda volver a utilizar. Ahora entiendes por qué solo eliminas una pequeña parte de los 180 litros de sangre que filtras todos los días. Este mecanismo tan inteligente de la biología hace que los elementos imprescindibles para el cuerpo humano se filtren, pero se vuelvan a aprovechar para ahorrar energía. Por último, no podemos olvidar la eliminación de sustancias de desecho y medicamentos que pasan desde la sangre hacia el sistema de conductos del riñón para ser evacuados por la orina en un proceso denominado secreción.

Aparte de limpiar la sangre, tus riñones han sido diseñados para conseguir una segunda función: mantener los niveles adecuados de los líquidos que tienes en tu interior. Esto se llama mantenimiento del equilibrio hidroelectrolítico. La palabra hidroelectrolítico hace referencia a sustancias que se encuentran en los líquidos de tu cuerpo. Pero ¿cuáles son estos líquidos?

Comencemos por el más abundante, el agua. Cuando naciste, el volumen de agua que tenías llegó hasta aproximadamente el 75 por ciento. No obstante, con los años, esta proporción fue disminuyendo poco a poco hasta situarse entre el 50 y el 60 por ciento, de modo que podemos decir que con la edad «nos vamos secando». De hecho, si tienes más grasa corporal de lo normal, tendrás un porcentaje menor de agua.

El agua, como el resto de los líquidos de tu cuerpo, está en dos partes diferentes: dentro y fuera de las células. El líquido que está dentro de tus células se denomina intracelular y el que las rodea se llama extracelular.

Tu riñón es el que se encarga de regular la cantidad de líquido existente entre el interior y el exterior de tus células. Este mecanismo de regulación se hace de una forma aparentemente sencilla, ya que se trata de ajustar la diferencia entre la pérdida de líquidos y su ingesta. Tu cuerpo ingresa cada día unos 2,5 litros de agua. 1,5 litros por los líquidos que bebes y casi 1 litro por los alimentos sólidos. De toda el agua que eliminas, más de la mitad lo haces por la orina y el resto por el sudor, las heces y la respiración. En definitiva, la cantidad de líquido que ingieres debe estar en equilibrio con lo que eliminas. Pero cuando esto no es así, el cuerpo tiene unos mecanismos de control, en muchos de los cuales interviene el riñón. Si se reduce tu líquido corporal, se seca la boca para que tengas más sed y se libera una sustancia que avisa al cerebro para que disminuya la pérdida de líquidos por el riñón.

Los riñones también intervienen en una de las funciones más importantes y antiguas de la vida: el mantenimiento del pH de la sangre. ¿Qué es esto? Los líquidos del cuerpo como la sangre o la saliva no pueden ser muy ácidos ni muy alcalinos (alcalino es lo contrario de ácido) porque erosionarían las paredes que los contienen. El único que es muy ácido es el jugo gástrico del estómago que sirve para disolver los alimentos en su interior. Los grados de acidez de una sustancia se miden en números de potencial de hidrógeno representados con las letras pH y los valores van desde el 0, que representa el máximo de acidez, hasta el 14, que sería el máximo de alcalinidad o mínimo de acidez. Para mantener los líquidos con un nivel neutro (pH de 7) entre lo más ácido que sería, por ejemplo, el ácido clorhídrico (pH de 0) y lo más básico representado por sustancias como la lejía (pH cercano a 14), el órgano más eficaz es el riñón, ya que es capaz de eliminar sustancias muy ácidas o poco ácidas de una forma muy eficaz.

Antes de seguir con el sistema de conductos que llevan la orina desde los riñones hacia el exterior, permítenos un comentario sobre la vida evolutiva de las funciones de tu riñón. Normalmente, cuando hablamos de vida inteligente, nos referimos a todos los sistemas que se comunican mediante un cerebro. Sin embargo, antes de que apareciera la comunicación cerebral, los seres vivos se comunicaban por procedimientos similares a las funciones del riñón, es decir, control de líquidos y mecanismos de nivelación de su grado de acidez. Posiblemente, cuando estabas empezando a formarte y solo eras un conjunto de ocho células flotando en un líquido, estas ya se comunicaban por mecanismos químicos de este tipo. Es decir, estos procesos parecidos a los del riñón fueron los primeros en funcionar cuando comenzó la vida, la tuya y la de cualquier tipo en la Tierra. Los primeros seres vivos no tenían sistema nervioso para comunicarse, pero sentían las diferencias entre su interior y el medio que les rodeaba por mecanismos similares a la filtración, excreción y reabsorción de sustancias de tus riñones. De esta forma, las primeras células se movían hacia el medio que física y químicamente era más estable para ellas y se alejaban de otras células o líquidos que pudieran hacer peligrar sus condiciones de supervivencia. Por lo tanto, las células notaban las condiciones químicas y físicas del ambiente que las rodeaba. Esta función que regula a los seres vivos entre sí, aunque no tengan cerebros, se conoce con el nombre de «presencia». Esta «presencia» es la misma que hace que las plantas se inclinen hacia la luz o que los musgos busquen lugares húmedos para desarrollarse. Podríamos afirmar, pues, que la «presencia» fue la primera forma inteligente de comunicación en la evolución y consistía en notar cambios químicos en el ambiente que rodeaba cualquier estructura biológica por muy diminuta que fuese. Técnicamente, este sistema de comunicación forma parte de un proceso de regulación de los seres vivos que se denomina «homeostasis».

## LOS CONDUCTOS DE DESAGÜE

Como ya te hemos comentado, al final de tu primer mes de vida en el interior de tu madre, se formó en tu parte inferior un depósito denominado cloaca. En él terminan tu sistema urinario y tu sistema digestivo. Pero cuando llevabas casi dos meses dentro del útero, este depósito se dividió en dos compartimentos, mediante un tabique que separó la terminación del aparato urinario y del aparato digestivo; por eso, a pesar de tener el mismo origen en la cloaca, el tubo de la orina está desligado de aquel que elimina tus excrementos. Esto no ocurre así en otras especies, recordándonos nuestro pasado evolutivo. En las aves y los reptiles, la cloaca permanece como un depósito único sin tabicarse.

El compartimento anterior de la cloaca dará lugar a los conductos de desagüe de tu sistema urinario, es decir, los uréteres, la vejiga y la uretra.

Los uréteres son los tubos encargados de comunicar tus riñones con tu vejiga urinaria. Cada uno de tus uréteres mide entre 25 y 30 centímetros de largo y tiene un grosor de unos 6 milímetros. Son muy largos, porque tienen que llegar desde el lugar donde tienes tu riñón (justo por debajo de donde notas la parte de atrás de las últimas costillas en tu espalda) hasta la vejiga urinaria, que tienes situada justo detrás del vello del pubis.

A pesar de ser muy finos (6 milímetros), los uréteres tienen una gruesa capa de músculo en sus paredes para que sus contracciones faciliten el paso de la orina desde el riñón hasta la vejiga. Pero, además, tienen muchos nervios que reciben el dolor. Por estos dos motivos, cuando sufren una torsión o se comprimen producen muchísimo dolor. De ahí que cuando una persona tiene el tan doloroso «cólico de riñón», en realidad su dolor se origina en los uréteres.

## EL DEPÓSITO DEL DESAGÜE

Tus uréteres desembocan en tu vejiga urinaria. A decir verdad, tu vejiga no es un conducto, mejor dicho, ha sido un conducto que se ha transformado en un depósito de reserva donde se acumula la orina mientras no se expulsa al exterior. Se trata de un órgano hueco que tiene la capacidad de distenderse para almacenar la orina. Si observáramos el interior de una vejiga vacía podríamos apreciar que su pared está arrugada. Pero cuando se llena de orina, aumenta de tamaño como un globo y su pared se vuelve lisa. Normalmente no tienes ganas de orinar hasta que tu vejiga no se llena con 300 ml, más o menos el contenido líquido de una lata de refresco.

La capacidad de distensión de la vejiga ha servido en muchas ocasiones para darle usos muy diversos a las vejigas de animales. Los antiguos romanos utilizaban las de buey para inflarlas y lanzarlas como una pelota en los juegos infantiles. También se han empleado para que los artistas conservaran las pinturas sin que se estropearan (en aquellos tiempos no había tubos de estaño como los de cualquier caja de pintura actual). Uno de los artistas del que tenemos constancia que guardaba sus pinturas en vejigas de cerdo era el gran maestro Rembrandt, un pintor neerlandés autor de uno de los cuadros más famosos de la medicina, *Lección de anatomía del doctor Nicolaes Tulp*.[7]

En fin, las vejigas animales también se han utilizado como instrumentos musicales, recipientes, adornos, máscaras de disfraces e incluso forman parte de la cultura culinaria. Solo basta recordar la *vincha*, un postre antiguo de nuestra querida Galicia, que consiste en pan, huevos, azúcar y manteca dentro de una vejiga de cerdo curada. En otros países, la vejiga rellena de pularda trufada es uno de los manjares más exquisitos del que presumen los mejores chefs franceses.

De todos los usos de la vejiga de animales, existe uno muy característico asociado a un nombre propio, Richard Lindon.[8] Este peletero inglés, dedicado en exclusiva a la fabricación de zapatos, tenía su tienda frente a una escuela. Un buen día, recibió el encargo de hacer unas esferas resistentes para que los niños jugaran con ellas en una competición escolar. Entonces se le ocurrió utilizar vejiga de cerdo y rellenarla para darle consistencia. Como la vejiga de cerdo no tiene forma esférica, sino abombada, por mucho que lo intentaba no era capaz de hacerlos perfectamente esféricos. Al final entregó a la escuela unos balones ovalados. Tanto les gustaron a los dueños del colegio que Lindon comenzó a fabricarlos en serie. Richard Lindon pasaría a la historia como el inventor del balón de fútbol, aunque en sus primeras pruebas, los ovalados se utilizarían para jugar al rugby, nombre del deporte que deriva de la ciudad inglesa en donde él tenía la zapatería.

## TUS DOS VÁLVULAS DE ESCAPE

Cuando tu vejiga está llena de una cantidad de orina superior a unos 300 ml, envía información a tu cerebro de que necesitas ir al baño para orinar. Si eres mujer, la urgencia es algo mayor porque tu conducto de desagüe de la vejiga (la uretra) es más corto. La uretra en los varones mide unos 20 cm porque tiene que atravesar el pene, mientras que en la mujer es de tan solo 4 cm.

Independiente del género sexual que tengas, en el conducto de la uretra que conecta la vejiga con el exterior tienes dos anillos musculares que actúan como dos válvulas de escape para controlar la orina.[9] Uno rodea la uretra a su salida de la vejiga y el otro lo hace más hacia el final de la misma. En las mujeres, el anillo muscular que está situado más hacia el final se encuentra justo antes de la salida al exterior del cuerpo; en cambio, en el hombre, después de ese anillo, la uretra aún tiene toda la porción que atraviesa el pene. Por este motivo, las mujeres tienen un poco más difícil aguantar la micción cuando las ganas de orinar son muy urgentes.

Es evidente que, si estás leyendo este libro, ya controlas perfectamente tu orina, pero existen dos circunstancias en las que este control puede fallar: una en la infancia y otra en la vida adulta.

Desde que nacemos, los dos anillos musculares (esfínteres) de la uretra, que controlan la salida de la orina desde la vejiga, son involuntarios, es decir, no somos capaces de dominarlos con nuestra voluntad y, como muy bien sabes, por eso los recién nacidos y los bebés «se hacen pis» sin estar pendientes de ello. Pero, con el tiempo, a ti y a nosotros, nos han enseñado a controlar el vaciado de nuestra orina. Lo curioso es que solo somos capaces de controlar el anillo más cercano al exterior, porque el más interno es el que se encarga de informarnos de la urgencia de orinar, ya que se relaja cuando la vejiga se llena. Es decir, un mecanismo perfecto para que nos dé tiempo a llegar al baño. Ahora ya sabes, cuando te entren ganas de orinar, que tienes el tiempo que tarda en llenarse el conducto de tu uretra entre los dos anillos musculares.

Otra curiosidad del conducto de la uretra se asocia al envejecimiento. Si eres hombre, tu uretra tiene que atravesar un órgano, del que ya te hablaremos: la próstata.[10] Si este órgano envejece o enferma, aparece con frecuencia la sensación de ganas de orinar, aunque la vejiga no se encuentre muy llena de orina. En el caso de que seas mujer, como el anillo muscular está casi en el exterior, si los músculos que sujetan tu pelvis por debajo fallan con la edad, entonces tienes pequeñas pérdidas involuntarias de orina. Pero te contaremos un secreto, ¡no se lo cuentes a nadie!: cuando estés en un acto público, una cena, un cine, un concierto o un teatro, fíjate en que los hombres mayores son los que más se levantan para orinar a mitad de la función, porque las mujeres mayores pueden arreglarse poniendo una compresa. Bueno, esperamos que la próxima vez que vayas a un concierto, no estés pendiente de las idas y vueltas al servicio de los señores mayores. Piensa siempre que lo que le ocurre a la gente mayor te puede ocurrir a ti con el paso de los años, y si ya eres mayor, te felicitamos por haber llegado, ya que «la juventud es el pasado de *todas* las personas envejecidas, pero la vejez es el futuro de *algunas* personas jóvenes».

De esta forma, nuestro cuerpo dispone de un sistema que se ha formado para depurar nuestra sangre y poder eliminar por la orina todas aquellas sustancias que serían tóxicas si quedaran acumuladas en nuestro interior. Sin embargo, queremos terminar este capítulo con una historia de superación que es posible que no conozcas.

A veces, el control de la orina no se consigue en los primeros años y continúa hasta edades más avanzadas, originando mucha vergüenza a quien lo padece. Orinarse de forma involuntaria se denomina técnicamente «enuresis»[11] y ha sido motivo de muchos malos ratos en niñas, niños y sobre todo adolescentes que lo han padecido. Pero para todos los que han sufrido alguna burla en estos malos momentos, queremos citarles una frase del gran dramaturgo chileno Alejandro Jodorowsky:[12] «La burla es el medio que emplea el ignorante acomplejado para sentirse sabio».

La historia de superación tiene que ver con la enuresis (orinarse de forma involuntaria). El actor norteamericano Michael Landon[13] (muy conocido por participar en *Bonanza* y *La casa de la pradera*, dos de las series más conocidas de la televisión de los años sesenta y setenta) quiso contar en una película el problema de enuresis que padeció hasta los quince años. Dirigió y protagonizó en 1976 *El corredor solitario*, una película que trataba sobre un niño que llegó a convertirse en deportista de élite gracias a su problema de enuresis nocturna (orinarse en la cama). El argumento del filme trataba de una madre que colgaba en la ventana las sábanas secas con una mancha de orina, para que todos vieran que su hijo se hacía pis en la cama. John Curtis, que así se llamaba el niño en la película, cuando salía del colegio corría hacia su casa para quitar las sábanas de la ventana y que sus compañeros no se rieran de él cuando pasara el autobús por delante. Tan deprisa tenía que correr, que se convirtió en un atleta de élite, poniendo en práctica la famosa frase de «hacer del defecto una virtud».

Todo lo relacionado con la parte urinaria y genital del ser humano ha sido considerado históricamente un tabú. A veces por motivos sociales y otras por desconocimiento de la anatomía de las partes más íntimas del cuerpo. En algunas ciudades, hasta hace poco tiempo, los especialistas médicos que se dedicaban a las enfermedades del aparato genital ponían en la puerta de sus consultas letreros con frases tan ridículas como: «Doctor de enfermedades secretas» o «Doctor en enfermedades de los caballeros».[14] Afortunadamente, esos tiempos están superados, ¡o eso esperamos!, aunque en nuestras asignaturas de anatomía procede siempre explicar de forma conjunta o continuada el sistema urinario y el sistema genital. Por este motivo, nos referiremos a continuación a los órganos genitales, esos fantásticos milagros de la naturaleza que nos proporcionan placer y que han hecho posible nuestra continuidad como especie.

# 9
# Tu continuidad

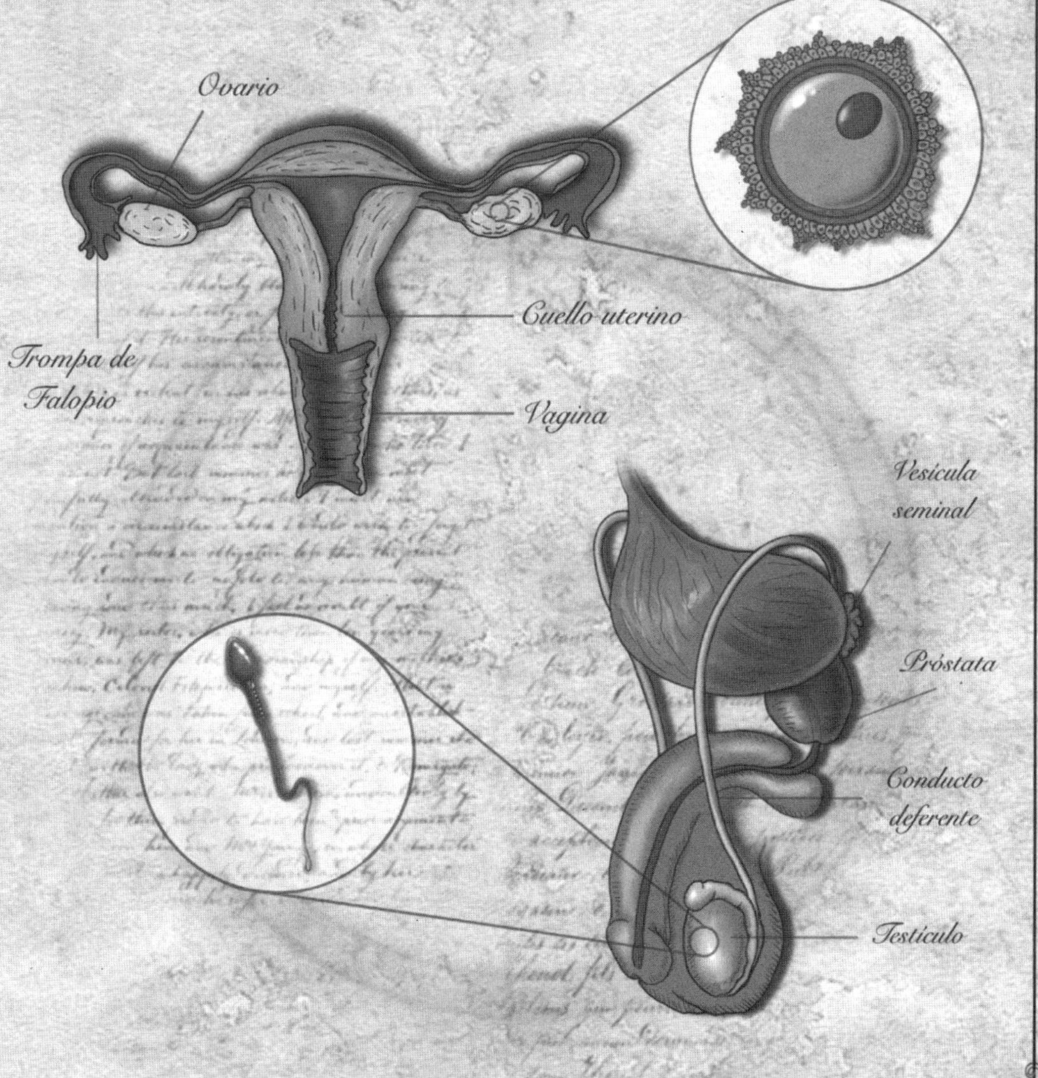

Ovario

Trompa de
Falopio

Cuello uterino

Vagina

Vesícula
seminal

Próstata

Conducto
deferente

Testículo

# EL ORIGEN DEL SEXO

Una de las razones de tu existencia es la continuidad como especie. Aunque sea difícil imaginarlo así, somos el resultado de células que han sobrevivido en el tiempo. Cuando una persona se muere y tiene descendencia viva, en realidad no todas sus células han dejado de vivir, porque cada uno de sus hijos (si ha decidido tenerlos) es una célula suya que se ha ido multiplicando hasta completar la formación de un ser humano.

Pero, para que te puedas perpetuar como especie, es imprescindible que dispongas de un sistema de reproducción para crear descendencia. Al hacer referencia al mecanismo de la reproducción, de forma lógica, tu cabeza pensará en la cópula sexual, es decir, la introducción del órgano sexual masculino o pene en el órgano sexual femenino o vagina para la fertilización. Sin embargo, este tipo de sexo es posterior en la evolución a la reproducción de las especies.

Los primeros animales de tu escala evolutiva se reproducían sin sexo (reproducción asexual), es decir, cada descendiente se originaba de una célula de su progenitor, resultando un animal genéticamente idéntico. Ejemplos vivos de este tipo de reproducción los puedes observar en las medusas o las estrellas de mar. Esta forma de tener descendencia necesitaba gastar poca energía y, por lo tanto, parecería el mecanismo más razonable para la supervivencia de una especie. Pero tenía un problema difícil de solucionar. Si una enfermedad o condición mortal afecta a la genética de una especie, todos sus miembros se extinguen, ya que ninguno es diferente, todos son idénticos en su sistema inmunológico y no queda ninguno capaz de combatir la enfermedad. Una modificación del clima, un cambio ambiental, un desastre natural o una infección podrían acabar con una especie en poco tiempo. Por el contrario, la reproducción sexual, aunque requiere mucho gasto de energía, tiene la ventaja de originar seres vivos que tienen la mitad de información genética de su madre y la otra mitad de su padre. Con este sistema de descendencia genética, todos los individuos son diferentes en su carga genética y así, cuando se enfrentan a enfermedades o cambios del entorno, unos son más susceptibles de padecerlos y otros menos. De esta forma siempre sobreviven los individuos que genéticamente son más fuertes ante la adversidad. Como ya te hemos mencionado anteriormente, tenemos un buen ejemplo en la reciente pandemia del Covid-19. Todos sabemos que antes de la vacunación general de la población los más susceptibles eran los que, al contagiarse, ingresaban en las unidades de cuidados intensivos, y muchos de ellos se morían. Si todos fuésemos genéticamente idénticos, es posible que las cifras de seres humanos muertos hubiesen sido mucho más catastróficas para nuestra especie. Aun así, el número de fallecidos ha sido enorme y aprovechamos el comentario para expresar nuestro más sentido recuerdo a todas las familias de las víctimas.

Volvamos atrás en el tiempo, a cuando nuestros antecesores en la escala evolutiva pasaron del agua a la tierra. En esa transición, tuvieron que sortear un problema muy complicado. Venían acostumbrados a un sistema de fertilización que se basaba en que la hembra situaba los huevos en el agua y el macho los fertilizaba. Este mecanismo de reproducción, a pesar de ser fantástico para el medio acuático, no servía para tierra firme, ya que si la hembra dejaba los huevos, las inclemencias climatológicas los destruían o los depredadores se los comían. Entonces los animales buscaron dos mecanismos diferentes de fertilización. Los anfibios podían explorar la superficie de la tierra cercana a los ríos, lagos, mares y océanos, pero cuando querían tener descendencia, tenían que volver al agua para poner sus gelatinosos huevos y fertilizarlos. Con este sistema, garantizaban el éxito reproductivo, pero no podían adentrarse en tierra firme, ya que si se alejaban mucho de las zonas de agua no podían depositar sus huevos en sitio seguro. En cambio, los reptiles optaron por una forma muy ingeniosa, rodear sus huevos con una cáscara dura que los protegiera de la desecación del calor del sol, de los depredadores o de cualquier fenómeno adverso del clima. Así pudieron internarse en todas las zonas de tierra firme y también así llegaron a ser los reyes indiscutibles del reino animal y, por lo tanto, nuestros antecesores.

Los primeros reptiles mejoraron la supervivencia de sus descendientes colocando el esperma del macho en el interior de la hembra en vez de buscar los huevos puestos por la hembra para colocar sobre ellos el esperma y fertilizarlos. De esta manera, comenzó el sexo, tal y como lo conocemos en los mamíferos.

## CONSTRUYENDO TUS ÓRGANOS REPRODUCTORES

Para reproducirte, seas hombre o mujer, tu cuerpo está dotado del aparato genital, que a su vez está formado por órganos genitales internos, llamados así porque están en el interior, y órganos genitales externos, que son los que se ven en el exterior. Quizás te sorprenderás cuando te digamos que, durante las nueve primeras semanas de desarrollo dentro de tu madre, tus órganos genitales no mostraban si ibas a ser hombre o mujer, ya que son idénticos para los dos sexos.[1] Es más, tampoco se parecían en su forma a los genitales que presentas en la actualidad.

Hasta la séptima semana de tu desarrollo, tus genitales eran como dos saquitos verticales alargados denominados gónadas que tienen a sus lados dos tubos, uno más cercano, que responde al nombre
de conducto de Wolff, y otro más lateral, llamado conducto de Müller (Figura 24). Caspar F. Wolff y Johannes Müller fueron los dos
anatomistas que descubrieron estas estructuras que llevan su nombre
y que son la base para entender la diferenciación que sufre el aparato
genital para que, después de siete semanas, la biología decida qué genitales tendremos, los de una mujer o los de un hombre.

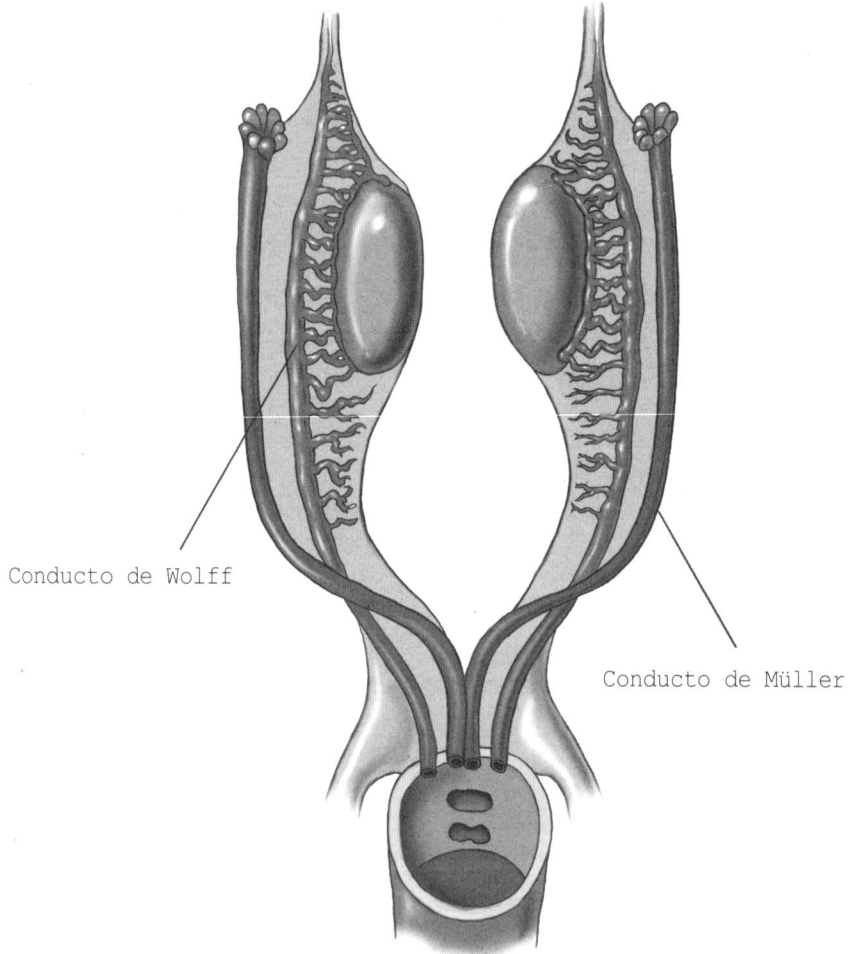

Conducto de Wolff

Conducto de Müller

Figura 24. Tus genitales en la séptima semana.

El alemán Caspar Wolff[2] nació en Berlín en 1733. En aquella época, la teoría que se mantenía para explicar la formación del cuerpo humano era muy curiosa. Se creía que un embrión era un organismo infinitamente pequeño, pero que ya estaba preformado, es decir, que ya tenía la forma de un ser humano al que solo le faltaría ir creciendo poco a poco hasta el final del embarazo. En una ocasión, el gran filósofo romano Cicerón afirmó: «No hay absurdo que no haya pasado por la cabeza de algún filósofo». Pues en este caso, así se desarrolló esta absurda teoría de la concepción humana. El célebre pensador griego Demócrito postuló esta teoría y la denominó «preformacionismo». Durante muchos siglos se mantuvo como verdad hasta que Caspar Wolff, en su obra *Theoria Generationis* (1759), demostró con su teoría «epigenética» que el cuerpo humano se va diferenciando a partir de la unión de la célula materna y la paterna.

Perdona que hagamos una reflexión actualizada. Es curioso que, a lo largo de la historia, las teorías científicas absurdas han dividido el pensamiento de la sociedad. Y decimos esto porque, cuando se mantenía la teoría del «preformacionismo», los políticos se dividían en dos, los que creían que toda la información del ser humano procedía de la mujer («los ovistas») y los que afirmaban que procedía del hombre («animaculistas»). La reflexión consiste en pensar que, en el siglo XXI, aún existen conceptos cuyo significado debería ser conocido por todo el mundo y sin embargo sirven para enfrentamientos dialécticos absurdos como el que tenían los ovistas y los animaculistas. Por poner un ejemplo y aunque parezca increíble, hoy en día aún existen personas y grupos que afirman que la Tierra es plana, o que el ser humano, al igual que el resto de las especies, no ha sido modelado por la evolución, sino creado. Se nos ocurre pensar que estas personas, pongamos por caso, no viajarán en barco por miedo a caerse al vacío por si se termina de repente el mar. En cuanto a los «creacionistas», como se hacen llamar aquellos que reniegan de la evolución, ante evidencias tan tangibles como los fósiles de dinosaurio te dirán que estos son ejemplos de los errores de Dios al intentar crear las especies o fruto de una extinción masiva tras el diluvio universal. En fin, aunque probablemente los que opinan así sean una minoría y vivan anclados en dogmas anticuados, nos gustaría trasmitirte que la ciencia no es estática y su principio fundamental recae sobre el hecho de hacerse preguntas. La historia nos ha demostrado que, aunque los dogmas científicos sean aparentemente rígidos, pueden caer por el peso de la evidencia, de modo que, siempre desde el respeto al resto de los puntos de vista, no dejes de hacerte preguntas y mantén una mente abierta a nuevas hipótesis.

Volvamos a Caspar Wolff, ya que este eminente catedrático de anatomía, considerado «padre de la embriología» descubrió la existencia de un conducto en los genitales internos. Gracias a sus meticulosas observaciones, se pudo establecer más tarde que ese conducto se atrofia en la mujer y se desarrolla en el hombre, determinando la formación de algunos de los genitales internos del sexo masculino.[3] Si eres mujer, este conducto se ha atrofiado cuando tenías la edad de siete semanas dentro del vientre de tu madre, pero si eres varón, este conducto ha originado unas estructuras de las que te hablaremos un poco más adelante, que se denominan conductos deferentes y vesículas seminales.

La otra gran figura de la embriología nació en 1801 y también era alemán. Su nombre, Johannes Müller,[4] se asocia a uno de los descubrimientos más importantes de la embriología, unos conductos que, situados cerca de los conductos de Wolff, se relacionaban con la diferenciación de los embriones entre los dos sexos. Estos conductos de Müller son los que originan el útero, las trompas uterinas y parte de la vagina femenina, atrofiándose en los varones.

Ya ves, tú has tenido conductos de Wolff y conductos de Müller. Solo a partir de la séptima semana de tu desarrollo, la decisión de que seas hombre o mujer dependió de la desaparición de tus conductos de Wolff si eres mujer o de la desaparición de tus conductos de Müller si eres varón, aunque en tu cuerpo siempre quedan pequeños restos de las estructuras genitales del conducto del sexo contrario para que así nunca te olvides del artículo 14 de nuestra Constitución española: «Los españoles son iguales ante la ley, sin que pueda prevalecer discriminación alguna por razón de nacimiento, raza, sexo, religión, opinión o cualquier otra condición o circunstancia personal o social».

De forma similar al resto del texto, al explicarte las estructuras del aparato genital, lo seguiremos haciendo en la segunda persona del singular, por eso no debes interpretar como falta de cortesía o confusión literaria cuando expongamos detalles científicos del otro sexo, ya que nuestra intención es la de seguir conversando contigo y, como no conocemos tu sexo, hemos preferido hacerlo así y evitar utilizar un lenguaje impersonal. Además, este texto es una forma de diálogo transcendente, porque, aunque nosotros no estemos en este momento contigo, podemos seguir hablándote y aclararte algunos conceptos que nos parecen culturalmente imprescindibles para el manejo de cualquier terminología sobre el sexo.

Todos los años, los docentes de anatomía tienen que explicar la anatomía del aparato genital. Para seguir un orden lógico y fácil, se divide la exposición en aparato genital femenino y masculino. En cada uno de ellos, a su vez, se comienza con la descripción de cómo ha aparecido en la evolución desde los animales que nos han precedido (filogenia), cómo se ha formado su aparato genital dentro del útero de su madre (embriología) y la forma de los genitales del interior de su cuerpo (genitales internos) y se termina con la morfología de los genitales que son visibles desde el exterior (genitales externos). Sin embargo, aunque este sea el orden adecuado para describir el sistema genital, creemos que siempre se deberían contextualizar primero dos conceptos imprescindibles para entenderlo de manera integral: la «identidad de sexo» y la «expresión de sexo».

La «identidad de sexo» es la vivencia interna e individual de tu género tal y como la sientes, y nadie tiene derecho a definir por ti esa vivencia interior que puede o no corresponderse con la anatomía de tus órganos sexuales al nacer. En cambio, la «expresión de tu sexo» es la forma en la que comunicas o expresas tu identidad de género a través de tu estética, lenguaje, comportamiento o actitud, pudiendo coincidir o no con aquellas consideradas socialmente relativas a tu género anatómico con el que naciste.

De este modo, cualquier ser humano puede tener una combinación de seis características, dos de la forma que tienen sus genitales (masculina o femenina), dos de la manera en que cada persona siente sus genitales (masculina o femenina) y dos de cómo cada uno de nosotros queremos expresar nuestra condición sexual (masculina o femenina). Si además añadimos que, a lo largo de la vida, estas características se pueden cambiar —la anatomía con cirugía de cambio de sexo, y el sentimiento y la expresión sexual de forma voluntaria y libre—, podemos encontrarnos muchísimas condiciones sexuales, lo que ha originado que sea un tema que necesita legislación, ya que, como hemos recordado, nadie puede ser discriminado por razón de sexo y nadie debería opinar sobre este tema si no conoce estas posibilidades sobre la condición sexual. Cuando lo haga, cada persona es libre de pensar lo que quiera. Este principio de informarse para opinar debería ser aplicado a cualquier tema de debate; hablar por hablar es gratuito, ya que merece la pena recordar aquí la famosa frase de Sócrates: «Si lo que deseas decir no es cierto ni bueno e incluso no es útil, ¿para qué decirlo?».

Sea cual sea tu sexo asignado al nacer, tu identidad o tu expresión sexual, comenzaremos el relato de la formación de los diferentes órganos, primero por los genitales internos del aparato genital femenino y luego del masculino. Los genitales externos (los que son visibles cuando una persona está desnuda) los dejaremos para el final de este capítulo, ya que en su formación inicial existen muchas más similitudes de las que te puedes imaginar.

## DOS ALMENDRAS SUSPENDIDAS

Los genitales internos femeninos son los ovarios, las trompas uterinas, el útero y la vagina. Los principales órganos sexuales de tu cuerpo (si eres mujer) son los ovarios. Por supuesto, aquí la palabra «principal» tiene un significado reproductivo, ya que sin estos órganos no se puede originar la célula que garantiza la continuidad de la especie (el óvulo). Cada uno de tus ovarios tiene forma de una almendra de superficie rugosa, con unas dimensiones en la edad adulta que te será fácil recordar con la regla 2 x 3 x 4 (4 centímetros de largo, 3 centímetros de ancho y 2 centímetros de espesor), un peso de entre 4 y 7 gramos y una coloración blanca grisácea. Los ovarios se encuentran en el interior de tu pelvis con un sistema de sujeción que bien podría haber sido diseñado por los hermanos Panteleenko.[5] Estos gemelos rusos no se dedicaban a la construcción o a la decoración, pero idearon y utilizaron anchas y largas cintas para hacer acrobacias en el aire y se hicieron famosos por su participación en la clausura de los Juegos Olímpicos de Moscú en 1980. Desde entonces, se popularizó este tipo de espectáculo, que se puede ver en cualquier circo o en la inauguración o cierre de cualquier evento importante, donde gimnastas profesionales se cuelgan del techo con resistentes cintas dando la sensación de estar flotando en el aire. Bueno, pues los ovarios no están sobre ninguna estructura, están suspendidos en el interior de la pelvis mediante cintas, similares a las que utilizaban los hermanos Panteleenko, que los mantienen en su posición facilitándoles una ligera movilidad que será imprescindible para que puedan depositar el óvulo en su viaje hacia el útero.

Es curioso cómo la biología programa la vida. Cada célula destinada a la reproducción (óvulo) está dentro de una especie de cápsula llena de líquido que lo protege. Esa cápsula se llama folículo. Al nacer, las niñas vienen programadas biológicamente con aproximadamente un millón de folículos en cada ovario y cada folículo tiene en su interior un óvulo inmaduro llamado ovocito. En las mujeres, al llegar la pubertad (entre diez y catorce años) despierta un reloj biológico que, de forma periódica (una vez al mes), irá modificando el óvulo inmaduro de cada folículo en óvulo maduro. Consiste en un viaje de la célula sexual femenina por el interior del ovario.

El viaje del óvulo por el ovario está regulado por la aparición en la sangre de una sustancia denominada FSH (hormona estimulante del folículo).[6] Una estructura situada en la base de tu cerebro (la hipófisis) produce esta sustancia y la introduce en los vasos sanguíneos para que llegue al ovario. A un científico chino de nombre Choh Hao Li[7] le debemos el descubrimiento de esta hormona imprescindible para la continuidad de la especie. Choh Hao Li era químico y su nombre se asocia al hallazgo de varias de las hormonas del cuerpo humano. Su vocación por la química comenzó por una casualidad, gracias a un viaje que Choh hizo a la Universidad de Berkeley para visitar a su hermano. Allí conoció al decano de la facultad de químicas, el profesor Lewis, que le aceptó como estudiante de posgrado. Sin ese encuentro, posiblemente Choh Hao Li nunca se hubiera dedicado a la investigación y no descubriría tantas hormonas. ¡Hay que ver lo conveniente y lo que puede cambiar tu vida con la buena acción de visitar a un familiar!

La hormona estimulante del folículo es la responsable de que, en la vida reproductiva de cada mujer (entre la pubertad y la menopausia), el ovario realice, en períodos de entre veintiún y cuarenta días, un ciclo de acontecimientos que comienza el primer día del sangrado menstrual. En el óvulo, el folículo (cápsula que protege al óvulo) va creciendo progresivamente hasta que adquiere una forma de huevo frito, donde la yema sería el ovocito, la clara una zona denominada antro y los bordes periféricos tostados estarían formados por unas capas de células llamadas en conjunto «la granulosa». Esta forma de huevo frito del folículo con el ovocito en su interior recibe el nombre de folículo de De Graaf, en honor de su descubridor. Regnier de Graaf[8] fue un médico y anatomista neerlandés del siglo XVI que realizó numerosas descripciones sobre el sistema reproductor, a pesar de su corta vida, ya que murió a los treinta y dos años.

Una vez que el folículo (el huevo frito) llega a la parte más lateral del ovario, desprende el óvulo (la yema) hacia la trompa del útero y luego degenera formando una estructura de color amarillo; como los primeros que lo describieron escribían en latín, lo llamaron «cuerpo lúteo» (*luteus* significa amarillo en latín). El desprendimiento del óvulo hacia la trompa del útero recibe el nombre tan popular de ovulación.

## CAPTURANDO ÓVULOS Y MEZCLANDO GENES

Las trompas del útero son dos conductos (uno a cada lado) de unos 10 centímetros de longitud que comunican el útero con los ovarios y que se encargan de recoger el óvulo en el ovario y servir de túnel para el encuentro entre el óvulo y los espermatozoides. El primer anatómico que describió de forma exhaustiva estos conductos en el siglo XVI se llamaba Gabriele Falloppio,[9] pero lo curioso es que, además de describir las trompas uterinas femeninas, fue el primero en fabricar el preservativo como método anticonceptivo masculino.

Si tienes que relacionar el siglo XVI con el método anticonceptivo del preservativo o condón, es lógico que parezca un poco incongruente, pues los materiales con que se fabrican (látex, poliuretano o poliisopreno) no se habían descubierto. Aun así, el primer preservativo estaba hecho con tripa de animal y lino y se fijaba al pene con una cinta. ¡Imagínate qué complicado! En realidad, no se había fabricado para evitar el embarazo, sino enfermedades de transmisión sexual como la sífilis, en una época en la que este tipo de afecciones producían una elevada mortalidad. Aunque el primero en idear el preservativo fue Gabriele Falloppio, el mérito del descubrimiento se le atribuyó a lord Condom,[10] médico del rey Carlos II de Inglaterra, que lo diseñó para que el monarca no tuviera hijos bastardos en sus relaciones extramatrimoniales. Falloppio quedó en el recuerdo de todos los sanitarios como el primero en describir de forma correcta los tubos que conectan el útero con los ovarios y que hoy se conocen como «trompas de Falopio».

El extremo de la trompa, donde se relaciona con el ovario, presenta una forma de embudo con flecos que le dan un aspecto de pétalos de flor. Esta estructura está diseñada para recoger el óvulo después de una pequeña peripecia que realizan entre el ovario y la trompa como si fuera Pinito del Oro.

El apodo de Pinito del Oro[11] era el nombre artístico de María Cristina del Pino Segura Gómez, la trapecista española más famosa de todos los tiempos. Hija de un empresario circense, saltó a la fama por ser la trapecista del Circo Price y participar como especialista en numerosas películas. Sus arriesgadas proezas entre los trapecios le costaron varias fracturas de cráneo, y por su persistencia y contribución a la cultura, en 1998 fue galardonada con la Medalla de Oro al Mérito en las Bellas Artes, el mayor reconocimiento que concede el Ministerio de Cultura y Deportes.

El óvulo, igual que Pinito del Oro, tiene que pasar del ovario hacia la trompa del útero en una zona comunicada con el interior del abdomen; pero si ese salto falla, entonces el óvulo cae al interior de la cavidad abdominal, donde, en raras ocasiones, ya ha sido fecundado por el espermatozoide y se origina un «embarazo extrauterino», condición muy peligrosa para la mujer gestante.

La trompa, como conducto de comunicación entre el ovario y el útero, es la vía natural de paso del óvulo para su encuentro con los espermatozoides. Esto se entiende muy bien si alguna vez has oído hablar del método anticonceptivo de la ligadura de trompas, que consiste en cortar estos tubos de comunicación con los ovarios para impedir el paso de los espermatozoides. En realidad, la trompa uterina no es solo un canal de comunicación, es mucho más que eso. En las trompas de Falopio se lleva a cabo un proceso indispensable en la vida, ya que es el único lugar del cuerpo donde ocurre el reparto de material genético contenido en los cromosomas entre el óvulo y el espermatozoide, dos células que intercambian esta información genética de manera especial. El número de cromosomas que tiene el resto de las células de tu cuerpo es de cuarenta y seis, y cuando se dividen, originan dos células que también tienen cuarenta y seis cromosomas cada una. Este proceso se denomina «mitosis»[12] y es el mecanismo de división de todas las células de tu cuerpo. Bueno, de todas no, puesto que, en el caso el óvulo y el espermatozoide, la división se origina por un proceso que se denomina meiosis,[13] que procede del griego μείωσις o meíōsis, que significa «disminución». En la meiosis, cada una de las células hijas presenta la mitad de los cromosomas, es decir, veintitrés, lo cual es muy lógico, porque si tu composición es de veintitrés cromosomas del óvulo de tu madre y de veintitrés del espermatozoide de tu padre, el resultado eres tú con tus cuarenta y seis cromosomas. Es como si tu material genético estuviese compuesto por cuarenta y seis cartas en cada una de las células de tu cuerpo, excepto en las células progenitoras (óvulo o espermatozoide) que han decidido renunciar a la mitad de sus cartas para unirse y formar una nueva baraja. Este increíble proceso de exquisito mezclado de cartas se produce en el trayecto de las trompas de Falopio que seguirá guiando nuestro camino hasta la siguiente parada, el útero.

## TU PRIMER HOGAR

El útero de tu madre ha sido tu primer hogar, donde has permanecido desde unos días después del inicio de tu vida hasta que te ha dado a luz. Pero lo que más llama la atención de este órgano es su forma y su variación de tamaño y posición para adaptarse a las diferentes fases de la vida. El útero se origina por la fusión de los conductos descritos por el anatomista Johannes Müller.[14] Se constituye como un órgano con forma de pera, con la zona más ancha hacia arriba y con unas dimensiones similares a la de esta fruta, de unos 6 a 9 centímetros de longitud y unos 3 o 4 centímetros de ancho. Pero el tamaño y la forma del útero tienen que variar para adaptarse a tener en su interior a un feto hasta el nacimiento. Esto lo consigue gracias a que posee unas paredes muy gruesas y musculosas formadas por unas fibras que pueden distenderse como un globo. Incluso hace algo más extraordinario, como cambiar ligeramente su posición para presionar y desplazar estructuras vecinas que gentilmente dejan sitio al nuevo ser humano. Un ejemplo de este cambio es la dificultad de respiración que notan las embarazadas al final de la gestación, originada por el aumento del tamaño del útero que presiona las vísceras hacia el diafragma, comprimiendo los pulmones en su zona más baja.

En realidad, pocos órganos son tan polifacéticos como el útero, ya que tiene que adaptarse a tres procesos biológicos bien diferentes: menstruación, embarazo y parto. La menstruación, ciclo o regla es un proceso biológico que consiste en la renovación de la mucosa del útero de forma periódica con la finalidad de que, en caso de embarazo, la unión del óvulo y el espermatozoide encuentre un lugar «joven» para implantarse. En la fase de ovulación, cuando los óvulos maduran en los ovarios dentro de la cápsula que los protege (folículo), el útero aumenta el grosor de sus paredes estimulado por unas hormonas denominadas estrógenos.[15] Cuando el óvulo viaja desde el ovario hacia el útero pasando por los conductos de las trompas uterinas, los estrógenos se encargan de que todo el sistema se adapte para la fecundación. Pero si no se produce la ovulación, bien porque no hay espermatozoides o porque los que hay no consiguen fecundar al óvulo, entonces las hormonas que han preparado al útero (los estrógenos) y las que avisan de que el óvulo ya se ha soltado de su cápsula del ovario (progesterona) disminuyen. Este descenso de estrógenos y progesterona es la advertencia que el organismo lanza para que se sepa que la ovulación no se ha realizado y que el útero tiene que volver a regenerarse para un nuevo intento. Entonces, pequeños fragmentos de la mucosa del útero se desprenden dejando vasos sanguíneos desgarrados que originan el sangrado menstrual o regla.

El origen evolutivo de la menstruación no se conoce con exactitud. Puede haberse generado en los animales primitivos como un signo externo de rastreo a los machos en busca de una hembra fértil, o bien puede tratarse de una solución antimicrobiana de renovación del sistema genital para evitar infecciones en el lugar donde se produce la implantación de la nueva cría. Lo cierto es que, de forma torticera, la menstruación se ha utilizado en muchas culturas como arma para menospreciar al sexo femenino. Por ejemplo, en algunas religiones se consideraba que la mujer era impura cuando menstruaba, no se podía tocar porque transmitía impurezas y, además, la aislaban como si se tratara de una enfermedad muy contagiosa. ¡Qué barbaridades cometemos los seres humanos!

La segunda adaptación del útero es más compleja, pues consiste en las modificaciones que este órgano tiene que realizar para albergar en su interior su descendencia durante nueve meses, o un poco menos si el nacimiento es prematuro.

Para que un órgano tan fuerte y duro como el útero pueda dilatarse a medida que en su interior crece el feto, lo primero que debe hacer es ablandarse y crear un entorno propicio para nutrir a la nueva criatura. Poco a poco, sus paredes se hacen más finas y distensibles, aumentando mucho los vasos sanguíneos con el fin de nutrir un órgano que se hace gigante hacia el final del embarazo.

Y por fin llega el parto. Las paredes del útero se hacen irritables y el feto crece tanto que encaja su cabeza hacia la pelvis, la bolsa que rodea al futuro bebé se rompe (de ahí la frase «rompió aguas») y el deseado pequeñín o pequeñina sale por el canal vaginal para ver los focos de la sala de partos («dar a luz»). Es posible que tu parto fuera normal, pero, a veces, el feto no encaja la cabeza y lo hace con la zona de las nalgas; incluso es posible que, de tanto girarse dentro del útero, se enrede con el cordón umbilical. En estas circunstancias, el parto no puede ser por vía vaginal y debe salir por el abdomen en una operación denominada cesárea, nombre que se pone en relación con el parto de Julio César. A decir verdad, no se conoce el origen de esta palabra, pudo ser posterior, pero en la época de César se promulgó una ley por la que se obligaba a abrir el abdomen de la madre (con su consiguiente muerte) cuando el parto se complicaba o se retrasaba mucho. Es más, en la Edad Media, la propia Iglesia se pronunció reiteradamente en relación a esto, estableciendo la obligatoriedad de la apertura del vientre en el caso de muerte de la madre, siempre y cuando hubiese motivos para pensar que el niño permanecía con vida. Hay mucho misterio alrededor de la primera cesárea, en cambio, la primera intervención de este tipo descrita en una mujer viva no se llevó a cabo hasta 1610, cuando los cirujanos alemanes Jeremías Trautmann y Cristophorus Seest la practicaron a la esposa de un tonelero.[16] Imagínate lo terrible que debía de ser pasar por este trance en una época en la que no existían ni la anestesia ni la antisepsia. De hecho, el destino de esta pobre mujer fue la muerte a los veinticinco días de la cirugía tras sucumbir a un más que probable horrendo postoperatorio. La historia de la medicina y de la cirugía está plagada de anécdotas terribles como esta, pero ha sido esa búsqueda incansable para eliminar el sufrimiento humano lo que nos ha permitido poder avanzar hasta alcanzar el nivel técnico del que disfrutamos hoy en día.

## UNA ENTRADA CON FORMA DE VAINA

Volviendo de nuevo a la anatomía del aparato genital femenino, el útero comunica con el exterior a través de la vagina,[17] conducto de unos 10 centímetros de longitud formado por músculo y mucosa. Tiene capacidad de dilatarse y contraerse para adaptarse a la entrada del órgano sexual masculino y a la salida del feto en el momento del parto. Quizás como curiosidades de la vagina sean destacables tres. Una es relativa a su propio nombre, ya que los antiguos le pusieron ese nombre al ver que tenía forma de una vaina (*vagīna* significa vaina en latín). Otro aspecto curioso es que, en la mujer, el conducto de la vagina es independiente del conducto de la uretra, cosa que no ocurre en los animales que nos antecedieron en la escala filogenética, que tenían un único conducto para el aparato genital y para la orina.

La posición de la vagina tiene también una historia reciente originada porque el ser humano es la única especie que puede realizar el acto sexual de la cópula frente a frente con un varón. Ningún otro animal puede situarse en esa posición para tal fin, ya que la vagina se encuentra hacia una posición más posterior a la de nuestra especie. Un cambio de orientación de la vagina originado por el abandono de la locomoción a cuatro patas y la adquisición de nuestra posición bípeda.

Es muy común referirse a los genitales visibles de la mujer como vagina. Este es un error de concepto, ya que se trata de un genital interno que no se observa desde el exterior. El nombre correcto de la parte visible donde desemboca la vagina es «vulva», a la que ya aludiremos cuando hablemos de los genitales externos.

## DOS HUEVOS COLGANTES

Dejemos por un momento el aparato genital femenino y hablemos de tus genitales internos si eres varón. Sí, discúlpanos por este subtítulo, pero tus genitales internos efectivamente tienen la forma de dos huevos colgantes. Pero no solo son los testículos; tu aparato genital interno está integrado también por el epidídimo, el conducto deferente, el conducto eyaculador, las vesículas seminales, la próstata y las glándulas bulbouretrales.

Te recordamos que hasta la séptima semana de tu desarrollo no eras ni mujer ni varón. Tus genitales eran como dos saquitos verticales alargados que tenían, cada uno de ellos, dos tubos a sus lados, uno más cercano, denominado conducto de Wolff, y uno más lateral, denominado conducto de Müller. En la mujer, las estructuras derivan de los conductos de Müller y los conductos de Wolf se atrofian; en cambio en el varón es al revés, se atrofian los conductos de Müller y las estructuras genitales se desarrollan a partir de los conductos de Wolff.

Cada testículo[18] tiene forma de un huevo de unos 3,8 centímetros de largo y unos 2,5 centímetros de ancho. En su periferia (como si fuera la cáscara del huevo), presentan una capa fuerte y blanquecina denominada túnica albugínea. A pesar de que la bolsa de piel que los rodea o escroto es visible en un varón desnudo, el testículo se considera un órgano genital interno y en realidad lo es, porque se forma dentro de la cavidad del abdomen del hombre. Dos meses antes del nacimiento, los testículos descienden desde el interior del abdomen para situarse hacia el exterior protegidos por la piel del escroto. Este descenso se realiza por un motivo biológico de supervivencia. Las células sexuales masculinas o espermatozoides necesitan una temperatura para su desarrollo que debe ser entre 1 y 3 grados inferior a la del interior del abdomen, por eso el testículo busca un conducto en la ingle para descender. Lo curioso de este sistema es que cuando la temperatura ambiente disminuye mucho, entonces el testículo intenta otra vez ascender por el conducto para protegerse en el abdomen. Si eres un varón lo podrás comprobar si te bañas en agua muy fría: verás que tus testículos suben para protegerse del frío. Bueno, si eres mujer también lo podrás comprobar bañándote con la colaboración inestimable de un varón.

Es curioso constatar que tener testículos u ovarios es una decisión biológica aleatoria. A las siete semanas del desarrollo humano, cada uno de los dos saquitos verticales alargados que forman los genitales pueden recibir el estímulo de una sustancia denominada TDF (factor determinante de los testículos) y entonces sus células forman los testículos. Sin embargo, si no reciben ese estímulo, un mes más tarde esas células desarrollan un ovario.

Si se decide formar testículos, entonces se establece una red de tubos conectados (red testicular) que originan unas prolongaciones con forma de cordones enrollados (cordones seminíferos) y separados por tabiques. Este sistema de tuberías va creciendo en una estructura ovalada con forma de huevo que terminará siendo el testículo. En los tubos es donde se fabricarán las células sexuales masculinas o espermatozoides.

Muchas han sido las anécdotas, chistes y curiosidades sobre los testículos a lo largo de la historia. La más llamativa, aunque se desconoce su veracidad, es que, en la antigua Roma, las personas que iban a declarar ante un tribunal de justicia tenían que hacer el juramento de decir la verdad con el gesto de la mano sujetándose los testículos. Este es el origen de las palabras actuales testigo y testificar, en recuerdo de aquellos que le hacían un gesto tan ordinario a su señoría.

Otra curiosidad es evolutiva. El tamaño de los testículos, como es lógico, es diferente en las distintas especies. Cuando mayor producción de espermatozoides se necesita, mayor es el tamaño de su fábrica que es el testículo. Aunque no procede aquí explicar los tamaños de las diferentes especies, solo nos referiremos a dos animales del mismo origen evolutivo, con tamaños de cuerpo bien diferentes: el gorila y el chimpancé.

Los gorilas miden unos 170 centímetros y pesan entre 140 y 200 kilos, mientras que los chimpancés miden 1 metro y pesan entre 60 y 70 kilos. Y aun así los testículos del chimpancé son cinco veces más grandes en proporción a su tamaño corporal que los de los gorilas. ¿Cómo es posible que un cuerpo más pequeño tenga unos testículos más grandes? La explicación es muy sencilla.

La actividad sexual de un gorila es menor que la de un chimpancé, ya que suelen tener una única pareja. Los gorilas protegen su descendencia enfrentándose a cualquier macho que se acerque a su hembra. Si en la pelea entre el gorila padre de las crías y el gorila intruso gana el invasor, entonces este mata a las crías del anterior gorila y se aparea con la hembra para tener descendencia. Con este sistema tan cruel, la naturaleza hace que las crías gorilas sean siempre del gorila macho más fuerte. Como ves, estos primates no necesitan testículos grandes para fabricar muchos espermatozoides, les llega con tener mucha fuerza física para garantizar su descendencia.

Los chimpancés no precisan tener cuerpos muy fuertes, ¡más les vale, porque son muy esmirriados para meterse en líos! Para mejorar la descendencia, su actividad sexual es mucho mayor que la de los gorilas, practicando un sexo más promiscuo. Cada macho chimpancé copula con varias hembras, incluso una hembra puede recibir el semen de varios machos en un mismo día. De esta forma, la selección genética se realiza por la calidad y cantidad de sus espermatozoides y no por la fuerza física. Esta necesidad de tener más y mejores espermatozoides ha originado que el tamaño y el peso de sus testículos sean mucho mayores.

El testículo humano, con unos 15 gramos de peso cada uno, es una zona muy sensible del cuerpo de los varones. Tanto es así que en actividades deportivas como el boxeo o las artes marciales están legislados como penalización los golpes intencionados en esa zona del cuerpo. Su vulnerabilidad es muy lógica, ya que pensemos que es una parte del cuerpo que ha sido diseñada para estar resguardada en el interior del abdomen, pero por motivos evolutivos ha tenido que estar expuesta para disminuir su temperatura y hacer viables los espermatozoides que produce.

Las dos funciones de los testículos son producir espermatozoides y generar una hormona con un nombre conocido, la testosterona.[19] Esta hormona es la responsable de las características externas de los varones, ya que madura los genitales externos masculinos, origina el crecimiento típico de la barba, cambia la voz en la pubertad y modela un cuerpo de apariencia masculina. El cambio de tono de voz de la pubertad es algo que todos conocemos. Seguro que has tenido tu propia experiencia o has escuchado cómo a algunos de tus hermanos, primos o amigos les cambiaba la voz.

Elia Eudoxia, emperatriz romana del siglo V d. C., no conocía la testosterona, pero sí sus efectos. Tenía un coro que cantaba para ella y el maestro que lo dirigía era eunuco (palabra asociada a los varones que no tienen testículos). La aguda voz de su «director de coro» le hizo sospechar que era la falta de sus testículos lo que había evitado la aparición de la típica voz grave varonil. Entonces, la despiadada mujer ordenó que se quitaran los testículos a los niños que tenían buena voz para que no la estropearan con su pubertad. A partir de aquí, numerosas culturas tenían coros de adultos de voz aguda, a los que previamente les habían extirpado los testículos. Como la acción de cortar los testículos se denomina castración, estos cantantes fueron llamados *castrati*. Uno de los *castrati* más famosos de la historia fue Carlo Maria Michelangelo Nicola Broschi, apodado Farinelli,[20] quien, aparte de por su hermosa voz, fue conocido por sus muchas relaciones amorosas, ya que las mujeres sabían que podían tener relaciones íntimas con él sin riesgo de quedarse embarazadas, una cuestión muy apreciada en una época en la que no había métodos anticonceptivos efectivos.

El efecto de la testosterona sobre el aumento del desarrollo muscular varonil llenó miles de páginas de los periódicos cuando se comenzaron a fabricar productos similares que aumentaban la musculatura de los deportistas de élite, el conocido como «dopaje del deporte».[21]

El dopaje con sustancias que aumentan la capacidad muscular es muy antiguo. Al principio se utilizaban pócimas de hierbas e incluso brebajes de todo tipo para incrementar la capacidad muscular de los soldados en los conflictos bélicos y en los juegos olímpicos, como queda patente en la obra *Gimnástico* de Filostrato de Atenas, donde, ya en el siglo II, se enumeran algunos de esos brebajes con nombres tan rimbombantes como «semen de Hércules», «hueso de ibis» o «sangre de Hefestos», que si bien tenían algunas propiedades para mejorar la práctica deportiva, no eran en nada parecidos a los compuestos que se ingieren hoy en día.[22] Sin embargo, el punto de inflexión en la persecución de esta actividad lo marcaron los Juegos Olímpicos de 1988. El jamaicano Ben Johnson, varias veces campeón del mundo de atletismo, fue descalificado por dopaje, perdiendo la medalla de oro y los dos récords del mundo conseguidos. A partir de ese momento ya histórico, seguido de la muerte de varios deportistas tras consumir anabolizantes, se persigue la utilización de sustancias que consiguen la misma acción muscular que la testosterona de los testículos.

Siguiendo con el anecdotario testicular, no podemos evitar contarte algunas historias más, unas reales y otras que se han convertido en mitos, aunque desconocemos su procedencia exacta.

Como te hemos explicado antes, los testículos son genitales internos del varón, porque, aunque no se pueden observar directamente, se intuye su forma. Lo que sí es claramente visible es la bolsa de piel que los envuelve y que se denomina escroto. La piel de la bolsa escrotal es rugosa; muy rugosa, podríamos decir. Presenta numerosos pliegues como arrugas similares a las que se te forman en los dedos después de estar mucho tiempo en el agua. Esta forma arrugada originó un descubrimiento de un agente carcinogénico (que produce cáncer) sobre la piel del cuerpo humano.

La historia se desarrolla en la Inglaterra de los siglos XVII y XVIII. La prosperidad inglesa se demostraba en multitud de chimeneas humeantes que adornaban los tejados londinenses, como esperando el famoso baile de Julie Andrews y Dick Van Dyke en la célebre película *Mary Poppins* de Disney. En aquella época, todas las viviendas contrataban hombres y niños para limpiar las chimeneas. En este caso, la burrada de contratar niños se debía a su pequeño tamaño, que era más adecuado para que pudieran entrar por chimeneas estrechas. ¡Pura explotación infantil!

Percivall Pott,[23] el cirujano más célebre de la Inglaterra del siglo XVIII, pudo observar que el cáncer de la piel que cubre el testículo era muy frecuente en los trabajadores que se dedicaban al oficio de deshollinador y relacionó la acumulación de hollín en los pliegues de la piel arrugada del escroto con esa enfermedad. Aunque el doctor Pott es famoso por muchos otros avances de la medicina, como la descripción de una enfermedad de las vértebras que actualmente se sigue denominando «mal de Pott», pasará a la historia por describir la primera enfermedad laboral, que promovió muchísimas legislaciones y relaciones causales entre sustancias nocivas y enfermedades en diversos trabajos. Hoy en día, gracias a personas ilustres como el doctor Pott, en los países democráticos, ninguna profesión se puede ejercer sin ajustarse a las normas de seguridad laboral.

Terminamos con dos últimas anécdotas en relación a este tema. Aunque no sabemos cuál fue su origen, las hemos oído a menudo. Todos los años el relato de anécdotas universitarias inunda las tertulias de las reuniones estudiantiles, y seguro que tú tienes muchas de episodios que han ocurrido, te han contado o te han exagerado. Lo cierto es que algunas, por ocurrentes, se transmiten de generación en generación, en muchos casos cambiando sus protagonistas y las universidades donde han tenido lugar.

La primera está relacionada con un instrumento de medida del testículo. En 1966, el pediatra suizo Andrea Prader[24] diseñó una cadena con doce cuentas (como un rosario) de plástico o madera que servía para medir el tamaño del testículo. El aparatejo se denominaba orquidómetro, y sus esferas ovaladas (cuentas) se disponían en tamaños de menor a mayor. Su funcionamiento es muy sencillo. Se compara el tamaño de un testículo con la cuenta que más se le aproxima y se anota el número. Así, puede uno tener un testículo pequeñísimo (la cuenta número 1, que es la más pequeña) o un testículo enorme (la cuenta número 12, que es la más grande).

La anécdota surgió cuando un profesor decidió estudiar el tamaño medio de los testículos de sus alumnos. El docente explicó cómo funcionaba el orquidómetro y le entregó uno a cada alumno, para que anotaran el resultado en una hoja anónima (sin el nombre del alumno) y así conocer la media del tamaño testicular de sus discípulos. El resultado dejó perplejo al profesor, que, sorprendido, pudo observar que la media del tamaño era la más grande que nunca se había registrado.

Enseguida el docente se percató de lo que había ocurrido. Cada alumno podía ver el número que su compañero anterior había anotado en una hoja, y como ninguno quería reconocer que sus testículos eran más pequeños que los del compañero que le precedía, nunca escribían un número inferior al del que acababa de realizar la medición. En la siguiente clase, el profesor, con gesto de guasa, comentó: «He de decirles que los alumnos de esta promoción tienen unos testículos superdotados, pero no se hagan ilusiones, ya que me he dado cuenta de que ustedes, al terminar de medirse sus testículos y antes de anotar la medida, conocían el resultado de sus compañeros».

La segunda anécdota se relaciona con un hecho antropológico triste, curioso y real. En una zona situada entre los países africanos de la costa del océano Índico, en concreto entre Somalia y Kenia, se encuentra la tribu de los Bubal.[25] Se trata de un territorio de mucha hambruna, en el que las niñas y los niños tienen muchas dificultades de alimentación, con severas muestras de malnutrición. Tal es el grado de escasez de alimentos que tienen por costumbre beber el líquido vaginal de las vacas. Las hormonas de este líquido hacen que el tamaño de los testículos de los varones de la tribu sea exageradamente grande.

Anécdotas aparte, el testículo tiene una difícil tarea, ya que debe enviar el suministro de semen hacia el pene, atravesando muchas estructuras que ayudan a la viabilidad de los espermatozoides. Estas estructuras son el epidídimo, el conducto deferente, el conducto eyaculador, la próstata y la uretra.

## UN ALMACÉN DE TUBOS ENROLLADOS

El epidídimo[26] es una especie de saquito de 5 centímetros que cubre la parte superior y posterior del testículo. Esta estructura está formada en su interior por un conducto muy fino y enrollado de unos 6 metros de largo, como si la hubiera diseñado Willis Haviland Carrier,[27] el inventor del aire acondicionado, ya que el plegamiento del largo conducto del epidídimo es similar a la forma de los tubos que están dentro de los circuitos de los primeros aparatos americanos de aire acondicionado. Willis trabajaba en una empresa neoyorquina dedicada a la impresión de revistas en color situada en Brooklyn. En el verano de 1902, una ola de calor azotó duramente Nueva York y la empresa Sackett-Wilhelm temía que todas las impresiones de sus revistas se estropearan al mezclarse los colores utilizados en sus máquinas. Entonces, Willis Carrier diseñó un sistema de tubos enrollados que se enfriaban con amoníaco comprimido para mantener la humedad constante en el ambiente y así evitar la ruina de las fotos impresas. Sin quererlo, había inventado el primer aire acondicionado de la historia.

Los conductos enrollados del epidídimo hacen algo parecido a los tubos enrollados diseñados por Carrier. De la misma forma que los testículos están colgando en una bolsa de piel o escroto fuera del abdomen para que la temperatura de fabricación de los espermatozoides sea inferior a la del interior del cuerpo, el epidídimo debe estar unido al testículo porque es donde se almacenarán los espermatozoides para su conservación antes del viaje que tendrán que recorrer por el conducto que los llevará hacia el pene. De esta manera, siempre existirá una cantidad de espermatozoides almacenados en los tubos enrollados del epidídimo a una temperatura adecuada para su conservación, como si se tratara de un almacén dotado de un sistema de aire acondicionado como el inventado por Carrier.

## TU CIRCUITO DE MEZCLA
## DE COMPONENTES

El líquido con los espermatozoides que se origina en el testículo y se almacena en el epidídimo debe pasar por un alargado tubo que, igual que en una fábrica de producción en cadena, se ha de mezclar con otros líquidos para que sea viable para la fecundación. Se trata de un conducto (conducto deferente)[28] alargado de unos 40 centímetros, que sube desde el epidídimo hacia el interior del cuerpo, para luego descender por detrás de la vejiga urinaria, donde se añade un líquido que proporcionan unos depósitos alargados denominados vesículas seminales. Esta mezcla sigue el conducto para atravesar una glándula con forma de nuez, conocida como próstata, donde se incorpora otro líquido al que se le llama líquido prostático. Por último, a esta cadena de combinación de componentes se le agrega un líquido de dos glándulas con forma de guisante denominadas glándulas bulbouretrales que están situadas justo debajo de la próstata. Sin estos líquidos que se añaden por ese conducto al contenido original del testículo, los espermatozoides no serían viables.

## UNOS ÓRGANOS QUE SUBEN Y BAJAN

Debemos ahora describir el origen de los genitales externos de la mujer y el varón, es decir, la parte genital que se observa cuando vemos a una persona desnuda. Pero antes permítenos que hagamos un brevísimo inciso sobre tus mamas, funcionalmente desarrolladas si eres mujer y atróficas si eres un varón. En el cuerpo femenino, los genitales externos están formados por la vulva, aunque desde el punto de vista sexual y reproductor debemos incorporar las mamas, que no solo tienen una vital importancia en la alimentación de las crías y en las relaciones sexuales, sino que tienen el gran honor de haber dado el nombre a los animales más evolucionados: los mamíferos.

Las mamas[29] están situadas sobre los músculos del pecho o pectorales y están sujetas a ellos por unas bandas de tejido muy resistente denominadas ligamentos de Cooper, en honor del primer anatómico que las describió. Estos sistemas de sujeción se hacen menos resistentes con la edad, lo que origina que con el peso de las mamas cedan y su zona anterior se desplace hacia la parte inferior del pecho dando lugar a lo que se denominan mamas flácidas, típicas de las personas mayores. El nombre completo del anatómico que describió las bandas de tejido que sujetan las mamas en su posición era Astley

Paston Cooper[30] (1768-1841). Cooper fue uno de los principales representantes de la cirugía británica de la primera mitad del siglo XIX; obtuvo el título de barón después de intervenir de un quiste al rey Jorge IV de Inglaterra, pero su nombre quedará grabado en la historia de la anatomía por los famosos ligamentos que sujetan la mama en su posición en el tórax.

De la formación de tus genitales, seas mujer o varón, lo que más te puede impresionar es que, como hemos comentado, hasta la novena semana de tu desarrollo en el interior del útero de tu madre, la forma de tus órganos sexuales externos era idéntica a la del otro sexo.[31] Tenías en ese momento un pequeño tubérculo del que sale hacia atrás una ranura alargada rodeada por dos pliegues que, a su vez, están rodeados por dos prominencias de piel.

Si eres varón, el tubérculo se ha alargado y los pliegues han cerrado la ranura media, constituyendo una estructura cilíndrica con un conducto interior que es el actual aspecto de tu pene. Al mismo tiempo, las dos prominencias de piel que rodean a los pliegues son las que han formado las dos bolsas que protegen tus testículos.

Si eres mujer, el tubérculo formará el clítoris, los pliegues se convertirán en los llamados labios menores y conservarán la ranura entre ellos como entrada a tu vagina. Las dos prominencias que quedan por fuera de los pliegues pasarán a ser los denominados labios mayores.

Ha llegado el momento de describirte el órgano más pudendo de tu cuerpo (la palabra pudendo significa «que debe causar vergüenza»), el pene si eres varón y el clítoris si eres mujer. Como es lógico, el término «pudendo» fue acuñado por los antiguos anatómicos en una época en que la sociedad tenía doble moral; por un lado, decían que el pene y el clítoris causaban vergüenza y, por el otro, cometían las mayores atrocidades de amputaciones genitales. En fin, aún quedan por ahí perdidas algunas naciones que fabrican coches de lujo, pero que son primitivas en su forma de pensar.

El pene[32] es una estructura rodeada de piel y en su interior está compuesto por tres cilindros. Los dos superiores se denominan

cuerpos cavernosos porque en su estructura interna existen unas ca-
vernas o cavidades para que la sangre las pueda invadir para endu-
recerlo durante la erección. El cilindro inferior lleva en su interior
el conducto de salida de la orina y el semen. Este cilindro recibe el
nombre de cuerpo esponjoso, porque sus cavidades interiores le dan
el mismo aspecto que el material con el que se hacen las esponjas de
baño, es más, igual que ellas, sus cavidades también se llenan de líquido (tu sangre) en el momento de la erección. La piel del pene,
que envuelve los tres cilindros, es como un chubasquero con una
capucha llamada prepucio en la zona anterior, cuya función es la de
proteger una dilatación muy sensible y anterior del pene que se denomina glande.

La erección de tu pene es un sencillo mecanismo que se combina
con una genial ingeniería biológica. En situaciones de excitación sexual o de relajación del cuerpo por el descanso nocturno profundo,
los vasos sanguíneos inundan los espacios internos de los cilindros
del pene aumentando el tamaño del órgano. Una vez que el pene se
ha llenado de sangre, el propio grosor del órgano sexual masculino
presiona sobre la vena que se encarga de vaciar la sangre del mismo,
cerrando así el flujo de regreso de esta y manteniendo el pene endu-
recido por la cantidad de sangre de su interior. Cuando el pene ha
terminado su función sexual o sale del estado de relajación profunda
durante el sueño, la vena deja de estar presionada por los cilindros
del pene y devuelve su sangre al interior del cuerpo, con la consiguiente disminución del tamaño del órgano más identificativo de la
sexualidad masculina en la cultura popular. De esta forma, y sin querer, siempre que se describe el pene es inevitable tratar de un aspecto
que ha llenado tertulias de adolescentes y chistes de todas las condiciones: su tamaño.

Comenzaremos dándote una buena noticia: nuestro pene, en relación al tamaño corporal, es el mayor de los animales que nos han
precedido en la escala evolutiva. Dicho de otro modo, los chimpancés y los gorilas tienen un pene más pequeño que el nuestro. Así que

debes tener en cuenta este dato cuando cuentes cualquier chiste o anécdota en el que estén implicados esos animales. Otra noticia, no sabemos si buena o mala para ti, es que el aumento del tamaño del pene es, en muchos casos, mayor en penes más pequeños que en penes más grandes. En general, podemos afirmar que, en estado fláccido, el pene mide unos 8-10 centímetros y en erección se vuelve rígido y mide unos 14-15 centímetros.

Si eres mujer, hemos de decirte que, aunque tu clítoris aparece como un órgano redondeado y relativamente pequeño, la parte visible es una de las cinco porciones que posee y que, al igual que la dilatación del extremo del pene, se denomina glande del clítoris. La parte no visible del mismo se alarga en dirección a la vagina alcanzando una longitud de unos 9 centímetros. Pero no solo es llamativo su tamaño, sino que lo verdaderamente increíble es que tiene unas ocho mil terminaciones sensitivas, lo que lo convierte en un órgano extremadamente sensible.[33]

Es posible que te suenen los nombres de Aura, Eritia, Hesperia, Maya, Electra, Sirena, Melisa o Musa. Todos son nombres de ninfas, mujeres de la mitología grecolatina que habitaban en las fuentes, los bosques, las montañas o los ríos que guardaban los misterios más escondidos de la naturaleza. Por este motivo, los antiguos griegos se referían al clítoris como «ninfa», ya que representaba el atributo más secreto de la mujer. El primero en denominar a este órgano sexual femenino clítoris fue Helkiah Crooke[34] en su tratado de anatomía publicado en 1613.

En definitiva, la historia de los genitales de tu cuerpo desde su inicio en el interior del útero de tu madre puede resumirse en una breve descripción. Cuando tenías el tamaño de un grano de sal gruesa (0,02 centímetros) aparecen las células que formarán tus óvulos (si eres mujer) o tus espermatozoides (si eres varón). A las nueve semanas, con un cuerpo de 2 centímetros de tamaño y 2 gramos de peso, ya tenías ovarios o testículos. A las diez semanas, y con el tamaño de un tomate cherry, comienzas a producir la hormona de la masculinidad (testosterona) si eres un varón; y si eres mujer, una semana más tarde (a las once semanas) tus ovarios presentan las primeras células reproductivas. Aunque te parezca increíble, si eres mujer, cuando tenías veintiuna semanas de vida dentro del útero y con un cuerpo del tamaño de un limón, ya tenías todo el suministro de óvulos que necesitabas para todos los ciclos de ovulación de toda tu vida. Es en este momento aproximado cuando tus padres pudieron saber si serías niño o niña, y, como te puedes imaginar, en tu casa se comenzaba a discutir amorosamente sobre tu nombre, a quién te parecerías, a qué te dedicarías o como qué personaje famoso podrías llegar a ser. Pero nadie se podría imaginar que llegarías a ser una persona tan imprescindible y extraordinaria como tú.

Quisiéramos terminar este apartado con una anécdota de fuente desconocida, pero que seguro que tiene su base de verdad. Cuentan que había un ginecólogo (la palabra técnicamente correcta sería obstetra) que era infalible en averiguar si una mujer, en la primera revisión del embarazo y sin ningún medio diagnóstico, tendría niña o niño. La verdad es que su método era prodigioso. A los padres de la futura criatura les decía un sexo cualquiera, niño o niña, daba igual, pero el astuto doctor copiaba en su historia clínica el sexo contrario al que había dicho de viva voz. Cuando tenía suerte y acertaba, perfecto, pero si los padres le comentaban que había dicho el sexo contrario, entonces les enseñaba a los ingenuos procreadores de la criatura lo que había anotado en su historia clínica, diciendo: «Me han entendido mal, miren, lo escribí aquí». Siempre acertaba.

# 10
# Tu observatorio

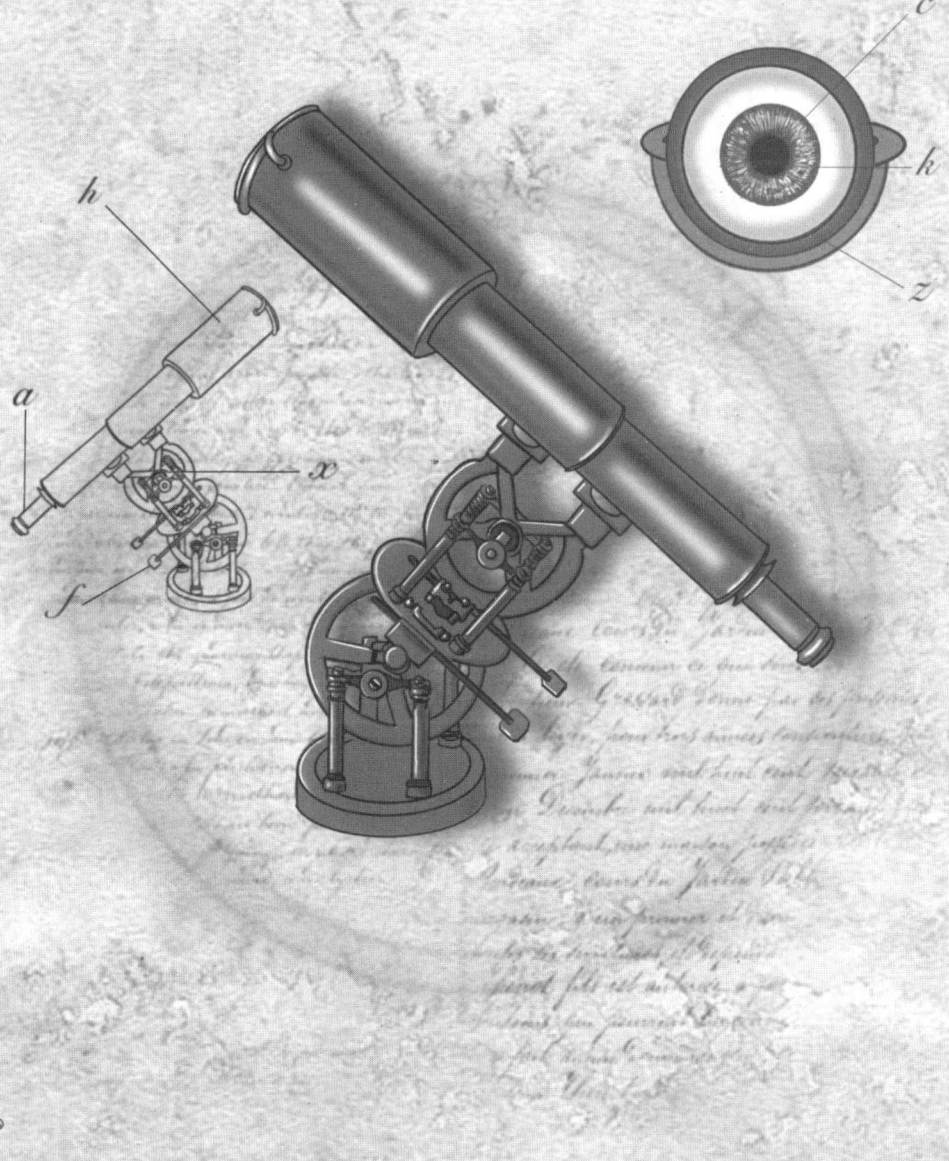

# ESCUDRIÑANDO EL INFINITO

Es evidente que vivir en la Tierra es una experiencia única e irrepetible. Sin embargo, atormentados por la imposibilidad de movernos de ella hacia el espacio, la naturaleza nos ha impulsado instintivamente a observar los cielos estrellados en las agradables noches de verano. No es de extrañar que se llamen observatorios a los mejores lugares elegidos por el ser humano para visualización de «ese más allá que solo podemos ver desde acá».

Los primeros observatorios, construidos por los chinos y los babilonios allá por el año 2300 a. C., tan solo eran plataformas para ver el cielo sin obstáculos que entorpecieran la excitante visión del cosmos. Ahora bien, hace más de dos mil años, en Alejandría, se tiene constancia de un observatorio equipado con un astrolabio, un aparato que permitía calcular la posición y la altura de las estrellas. Por cierto, si tienes interés en saber cómo es un astrolabio, en la fantástica película *El nombre de la rosa*, basada en la novela de Umberto Eco, se puede ver cómo Guillermo de Baskerville, interpretado de forma genial por Sean Connery, mira las estrellas desde su habitación con un astrolabio de la época. Aunque acudas a Google para ver este instrumento, de todas formas te aconsejamos que pases un buen rato viendo este filme, que a nosotros siempre nos ha parecido una de las mejores obras de arte de la gran pantalla.

Existen muchos observatorios y astrónomos que han pasado a la historia. Por ejemplo, el observatorio situado en la isla de Ven (entre Dinamarca y Suecia), ya que los datos registrados en este lugar fueron los que utilizó el astrónomo alemán Johannes Kepler para desarrollar su teoría del sistema solar. Desde algunos observatorios célebres se han conseguido los mayores avances del conocimiento del espacio exterior, como la primera fotografía astronómica de la Luna realizada por el profesor de química William Draper en 1840, o las grandes dimensiones del telescopio de Arecibo, en Puerto Rico, construido en 1963, que fue el más grande del mundo hasta la inauguración del telescopio chino FAST, en 2016. Pero los observatorios actuales se enfrentan a un problema, muchas veces complicado de resolver: las dimensiones de las lentes utilizadas en sus telescopios. Fabricar lentes ha sido siempre complicado, pero aumentar su tamaño requiere de una sofisticación científica enorme.

Vera Florence Cooper Rubin, más conocida como Vera Rubin (1928-2016),[1] fue una de las astrónomas más célebres de todos los tiempos. Vera nació en Filadelfia en 1928, y su afición a la astronomía comenzó con un telescopio casero construido con la ayuda de su padre para visualizar las estrellas desde su ventana. Pero mientras que todas las niñas de su época solo veían luces brillantes en el manto estrellado, a ella le resultaba sorprendente que, con tantos millones de puntos encendidos en el cielo nocturno, el espacio entre las estrellas fuera negro. ¡Qué paradoja! Observando la luminosidad de los cuerpos celestes, estableció las bases para el conocimiento de la materia oscura, que forma aproximadamente casi un cuarto de la materia del universo. Su fama internacional fue reconocida con numerosas distinciones a lo largo de su vida profesional, pero su mejor homenaje es que uno de los mejores observatorios del mundo lleve su nombre. El observatorio Vera Rubin está situado en la cima del cerro Pachón, en el norte de Chile, y en él está construido el Simonyi Survey,[2] el telescopio con la lente más grande y de mejor visión del espacio exterior. Con una resolución de 3,2 gigapíxeles, tiene una óptica de metro y medio de diámetro y, por supuesto, podemos presumir porque la cámara que rodea la lente, que tiene un peso de 2.800 kilos, está soportada en una estructura diseñada y fabricada en España. Será, sin duda, durante muchos años el mejor testigo óptico del universo fabricado por el hombre.

## ESFERAS Y LENTES

De la misma forma que la cámara con la lente gigante del observatorio Vera Rubin nos permitirá contemplar con gran precisión el espacio exterior, tu cuerpo está dotado de dos cámaras fotográficas casi perfectas que posibilitan que veas el mundo exterior que nos rodea. Nuestros ojos no están soportados en un gran observatorio, pero están discretamente situados en unas cavidades que se llaman órbitas que miden, cada una de ellas, unos 40 milímetros de ancho y unos 36 milímetros de alto. La increíble naturaleza nos ha proporcionado una cámara fotográfica que se llama globo ocular, con unas dimensiones como las cámaras en miniatura de los espías, con 2 centímetros de diámetro, 8 gramos de peso y una lente en su interior que tiene entre 6 y 9 milímetros de diámetro.

No sabemos con exactitud en qué momento de la evolución de los animales apareció la visión, pero unos pequeños animales marinos de nombre «cnidarios»,[3] que ya estaban en la Tierra hace unos setecientos millones de años, presentaban unos receptores que, aunque no eran capaces de ver imágenes, sí que podían distinguir entre luz y oscuridad. Esta cualidad les permitiría mejorar la búsqueda de alimento y estar más atentos ante la presencia de depredadores peligrosos. Es posible que el hecho de buscar la luz fuera en parte responsable de que los animales se movieran en el agua siempre en la dirección que marcaba su punto de detección lumínica y la fuerza de rozamiento del agua hizo que su cuerpo se modelara de forma hidrodinámica, e igual que un submarino, su mitad derecha sea simétrica a su mitad izquierda. Aunque te resulte extraño, esta sería la razón de por qué somos simétricos, algo que, como ya hemos mencionado antes, puedes comprobar si te miras en un espejo.

Hace unos quinientos treinta millones de años, tus antepasados en la escala evolutiva protegieron su cerebro con un cráneo, dejando dos huecos (uno derecho y otro izquierdo) para que sus receptores de la visión pudieran estar en contacto con la luz exterior. Así es como se formaron las órbitas que protegen tus ojos, una a cada lado para ver hacia los dos lados de su cuerpo. Una vez protegidos los ojos, la evolución facilitó que la parte anterior del ojo se hiciera muy transparente, añadió una lente en su interior, lo llenó de líquido y favoreció que se pudiera mover para hacer más cómoda la visión.

De la misma forma que la evolución ha ido perfeccionando tu visión, las instrucciones que el óvulo de tu madre y el espermatozoide de tu padre han dejado para la formación de tus ojos han sido las responsables de que, cuando solo llevabas veintidós días en el útero, comenzara a formarse un pequeño cristal flexible que después del nacimiento te ha permitido enfocar los objetos.[4] Se trata del cristalino,[5] una pequeña lente de la que la naturaleza te ha dotado con sabia facilidad, pero que tantas horas de trabajo les llevó a los ingenieros que fabricaron la del observatorio de Vera Rubin. Es posible que aún tengamos que aprender mucho de la naturaleza, ya que, mientras los ingenieros primero construyen el observatorio y luego incorporan la lente, la naturaleza primero ha construido tu lente (cristalino) para luego disponer a su alrededor una cúpula casi esférica constituida por dos capas, que formará la futura estructura de tu observatorio para que veas el mundo que te rodea con nitidez.

Cuando solo llevabas siete semanas dentro del útero de tu madre, tenías el tamaño de un haba de un centímetro y un peso de medio gramo, la cúpula que rodeaba a tu lente se cerraba,[6] excepto en una pequeña ventana redonda que, si te miras en un espejo, es el circulito negro central de tu ojo o pupila. Te extrañaría la cantidad de significados que tiene la palabra pupila, pero uno de ellos nos ha gustado especialmente. Según la Real Academia, pupila o pupilo es aquella persona que permanece en el colegio hasta la noche y, por lo tanto, come allí.[7] Esta es la razón de que a las alumnas o alumnos que más tiempo están con los profesores se les llame pupilos o pupilas. Hemos de decirte que en nuestra época a esto de comer en el colegio se le llamaba ser mediopensionista, y nosotros éramos dos de ellos. Lo cierto es que, mirando hacia atrás, el tiempo que ahorrábamos en ir y volver a casa a comer fue una de las mejores inversiones de nuestra vida, porque podíamos aprovechar para jugar a nuestro deporte favorito (el tenis de mesa en el caso de Juan y el fútbol en el caso de Alejandro) y conocer a compañeros de cuya amistad seguimos disfrutando en la actualidad.

## CONOS Y BASTONES

El color de la cúpula de dos capas que ha protegido tu lente o cristalino es muy curioso. La capa externa es de color oscuro porque tiene muchas células con pigmentos de ese color, pero la capa interna, llamada así porque mira hacia el interior de tu ojo, parece diseñada por el mismo arquitecto que ha dispuesto la preciosa decoración interior de la cúpula de la madrasa Tilya Kori.

En la ciudad asiática de Samarcanda, situada en Uzbekistán, existe una cúpula que forma parte de la lista de Patrimonio de la Humanidad por la Unesco (Organización de las Naciones Unidas para la Educación, la Ciencia y la Cultura). Siempre hemos pensado que las hermosas imágenes de tinciones histológicas, donde cada estructura se puede observar de un color diferente, muestran que la compleja naturaleza se expresa a través de un microscopio, como si nos asomáramos desde un balcón a un jardín lleno de flores. En la capa interna del ojo, esas flores son las células que reciben la luz. Sus nombres son muy característicos: conos y bastones.[8] Los conos se llaman así porque sus terminaciones tienen forma cónica, similar a los que se ponen en la carretera para habilitar un carril provisional para el paso de los coches. Ellos se encargarán, a lo largo de tu vida, de recibir los colores rojo, azul y verde. Las otras células, los bastones, tienen forma de palo alargado (de ahí su nombre), se ocupan de la visión nocturna y de distinguir los diferentes tonos grises de la visión en blanco y negro. Los vivos colores que rodean tu vida los puedes ver gracias a los receptores de la visión de los conos, pero cuando todo se va oscureciendo, son los bastones los que te permiten la visión nocturna y distinguir los sutiles tonos de las sombras que los cuerpos y edificios proyectan cuando les da el sol. Ver estas sombras es un ejercicio complicadísimo de interpretación de la información que envían los bastones, ya que el cerebro tiene que combinar los datos del objeto en color con su sombra oscura.

La evolución del color y la vista ha necesitado muchos millones de años para convertirse en la sofisticada visión de tus ojos, pero si tenemos que destacar dos momentos evolutivos curiosos, sin duda serían la aparición de tu capacidad para ver el color rojo y el posicionamiento de tus ojos en la parte anterior de tu cara. Sí, podemos entender que te parezca algo normal, pero no todos los animales tienen esas dos características. En un momento de la evolución, el cuerpo de los primates perdió la capacidad de sintetizar la vitamina C, conocida como ácido ascórbico.[9] Se enfrentaron entonces a un problema logístico. Necesitaban alimentos ricos en esa vitamina y su sentido del olfato había disminuido ostensiblemente para poder localizarlos. Desarrollaron un cambio corporal de vital transcendencia para su alimentación, la mejor visión en color, que les permitiría diferenciar los frutos de color rojo, ricos en vitamina C.

## MEJOR EN 3D

El otro momento curioso de la evolución es cuando los animales que nos precedieron en la escala evolutiva pasaron de tener los ojos situados a los lados para tener un mayor campo de visión a tenerlos en la parte anterior de la cara. Es lógico pensar que puede parecer una desventaja evolutiva el haber perdido campo de visión, pero ha sido para obtener una cualidad más eficiente. Cuando los ojos se sitúan en la parte anterior de la cara, como los tuyos, te permiten una visión estereoscópica, es decir, la misma imagen se recibe por los dos ojos y el cerebro la interpreta como una imagen tridimensional, que además facilita el cálculo de la distancia a la que está el objeto, mejora evolutiva evidente para poder cazar presas con mucha precisión. Puedes observar en cualquier documental de la vida de los animales que, cuando se acercan sigilosamente a sus presas, solo comienzan el gran esprint final cuando calculan la distancia adecuada para sorprenderlas. Los animales herbívoros tienen que estar muy pendientes de los depredadores, y por eso tienen los ojos a los lados, porque no tienen que cazar, pero sí que vigilar a sus enemigos. Los ojos de los carnívoros se sitúan en la parte anterior de la cara para poder cazar con más facilidad.

Algunos investigadores mantienen la idea de que los primates (incluidos nosotros) tienen los ojos demasiado juntos. Es decir, que si estuvieran un poco más separados nos permitirían seguir con la visión tridimensional y mejorar la amplitud del campo visual. Sin embargo, parece ser que esta proximidad nos facilita realizar actividades muy precisas que requieren converger la visión de los dos ojos, como, por ejemplo, cuando los primates comían insectos o cuando tú tienes que leer, escribir o enhebrar una aguja. Además, en la evolución, esta convergencia se acompañó de una mayor capacidad de mover tu cuello hacia los lados, lo que hace posible girar la cabeza con una gran angulación hacia los lados, aumentando tu campo de visión hasta completar los 360º.

## TUS CORTINAS INTELIGENTES

Otro mecanismo necesario para la correcta visión de tus ojos es el control de la cantidad de luz que llega del exterior, ya que tiene que ser suficiente para ver y enfocar los objetos pero no puede ser excesiva porque nos molestaría, de la misma forma que cuando eras pequeño y despertabas en tu habitación, alguien abría de repente la ventana en un día soleado y tenías que apartar la vista. Desde el principio de la humanidad, se han diseñado multitud de barreras contra la luz cegadora del sol. Ya los antiguos egipcios utilizaban telas para mantener en la sombra las habitaciones en las que daba directamente el astro brillante. Incluso en la Biblia existe una referencia a una cortina de nube denominada *shekinah*[10] para proteger al pueblo de Israel. En fin, a lo largo de la historia, la protección de la molesta luz excesiva desembocó en nuestras actuales cortinas, persianas o estores que tendrás en las ventanas de tu casa. En cambio, han tenido que pasar miles de años para que se descubrieran las llamadas cortinas inteligentes o *blackout*, que regulan la opacidad en función de la intensidad de luz de cada momento. Como siempre, la naturaleza te ha dotado de un mecanismo increíble de cortina inteligente que se ha sofisticado en los millones de años de evolución y que ahora el hombre intenta imitar. Se trata de los párpados, una delgadísima lámina de piel de unos 2 milímetros de grosor con un sistema de lubrificación mediante unas glándulas denominadas de Meibomio, en honor del primer anatómico alemán que las describió (Heirinch Meibom; 1638-1700).[11]

Tus párpados son unas cortinas prodigiosas. Para empezar, te diremos que vienen dotados de un motor inteligente que no solo los sube y baja para decidir si quieres ver o no ver, sino también para regular su altura en función de la luz exterior. Este motor es uno de los músculos más finos del cuerpo y uno de los que más veces se mueve, ya que parpadeas una media de catorce veces por minuto, lo que significa que, si cada día estás despierto unas dieciséis horas, abres y cierras el músculo del párpado la friolera de más de catorce mil veces. ¿Te imaginas mover un brazo esa cantidad de veces? Pero lo realmente sorprendente de tus párpados es lo que ha ocurrido cuando se formaron, lo que sucedió cuando tenías siete semanas de vida dentro del útero de tu madre. Pero una semana después, aún no se conoce exactamente por qué, el párpado superior se unió con el párpado inferior y así quedaron pegados hasta poco antes de tu nacimiento. Da la sensación de que se constituyeron antes de tiempo y la biología los pegó para que pudieses dormir tranquilamente, como los dedos de una madre que le cierra los ojos a su bebé cuando tiene sueño. Luego, la naturaleza te los abrió un mes antes de tu nacimiento, como si te desperezaras para llegar al mundo con los ojos abiertos, porque así venías cuando atravesaste el canal del parto o la barriga de tu madre, como si quisieras buscar con prisa a tus padres.

En definitiva, desde aquella pequeñísima lente que inició tu ojo cuando solo tenías veintidós días dentro del útero de tu madre, la naturaleza consiguió los ojos prodigiosos que tienes en la actualidad. Ellos son una esfera llena de líquido compuesta por tres capas. La capa externa que rodea el ojo tiene color blanco y está formada por fibras muy duras y resistentes, pero que, de forma inteligente, dejan en la parte anterior una ventana transparente para recibir la luz y las imágenes. La ventana se llama córnea y la puedes ver en un espejo porque es la zona circular que deja transparentar la capa que está por debajo, que forma el círculo del color de tus ojos, que técnicamente se denomina «iris»[12] y que en el medio deja un pequeño círculo que es tu pupila. El círculo de color tiene unas fibras musculares que se contraen y relajan, haciendo más grande tu pupila cuando hay poca luz y más pequeña cuando aumenta. Te invitamos a que hagas un sencillo experimento: colócate bien pegado a un espejo mirando tu ojo y apaga la luz, espera unos treinta segundos y luego enciende, verás cómo el iris se contrae y disminuye el tamaño de tu pupila. Este efecto se denomina acomodación lumínica y lo utiliza tu ojo para ver mejor en la oscuridad y protegerlo de la luz intensa. Ya ves, entre la acomodación lumínica de tu iris y el control de tus párpados ya tienes el mejor sistema posible para controlar la intensidad de luz que reciben tus ojos.

Por detrás de tu pupila y del círculo de color de cada uno de tus ojos, se encuentra una lente mágica que se denomina cristalino.[13] Es una pequeña lente elástica y transparente que tiene como principal función enfocar los objetos. Cuando estás haciendo una foto mueves el objetivo o tocas la pantalla de tu móvil para que una lente interna se ajuste hasta ver con nitidez el objeto, las personas o el paisaje que quieres inmortalizar. En tu ojo existen unos pequeñísimos músculos que mantienen en su posición el cristalino y, con su movimiento, los contraes o los relajas, modificando la curvatura de tu lente para enfocar lo que quieres ver. Si tienes que contraer mucho tiempo ese músculo o si eres una persona mayor, entonces se fatiga y aparece lo que se llama vista cansada (condición que se conoce técnicamente como presbicia). Cuántas veces, después de estar estudiando un buen rato, te has frotado los ojos para aliviar ese cansancio.

La capa externa del ojo tiene la córnea como cristal transparente en su parte anterior, como la ventana de un mirador para ver el mundo que nos rodea. Pero, por dentro de esa capa externa, el ojo tiene otras dos, una que está llena de pigmento oscuro y otra más interna que tiene los receptores de la luz y las imágenes. La capa oscura contiene vasos sanguíneos y se denomina coroides. Pero ¿por qué tu ojo necesita una cámara oscura para ver? Esta pregunta bien la podría contestar el gran genio Leonardo da Vinci, que murió cuatrocientos años antes de que el ser humano pudiera realizar la primera fotografía de la historia. Leonardo dejó constancia de que, cuando tienes una habitación oscura y le haces un pequeño agujero, la luz que refleja cualquier objeto, iluminado por el sol, formará una imagen invertida en el interior de la habitación. Esto es debido a que la luz que refleja la imagen atraviesa el agujero y golpea la superficie interior donde se reproduce, aunque queda invertida porque los rayos superiores inciden hacia abajo y los inferiores hacia arriba. La capa oscura del ojo facilita que la imagen que entra por la ventana anterior o córnea y que pasa por el cristalino se concentre mejor en la parte posterior del ojo. Si la cámara fuera clara, veríamos las imágenes muy difuminadas y de mucha peor calidad; es algo así como la diferencia entre ver una película en un cine en una sala oscura o verla en un lugar en donde el sol incida sobre la pantalla.

La capa más interna de tus ojos se llama retina[14] y es la que tiene esos receptores que te mencionábamos antes, tanto para los colores (conos) como para el blanco y negro (bastones). Es como una tela donde se proyectan las imágenes que ves. Sin embargo, el proceso de la visión no termina ahí. Cuando una imagen entra por la ventana anterior del ojo o córnea, pasa por tu pupila, atraviesa tu lente de enfoque o cristalino y se proyecta sobre esa tela llena de receptores en la parte posterior de tu globo ocular (la retina). Es en ese momento cuando empieza el milagro de la naturaleza. La tela de receptores envía unos cien mil millones de señales cada segundo hacia tu cerebro, que se encarga de reconstruir e interpretar las imágenes. Y aquí interviene la gran capacidad de tu cerebro de interpretar el futuro. Si una persona nunca ha visto ni le han explicado que una luz roja significa peligro, no hará caso a la presencia de un semáforo con ese color; en cambio, si cualquiera de nosotros vemos una luz roja, inmediatamente la visión interpreta que, si pasamos un semáforo en rojo, sabemos que corremos un riesgo. Y así es tu vida, tus dos cámaras fotográficas te indican lo que debes o no debes hacer, o por dónde estás seguro o en peligro porque alguien ha educado a tu cerebro para interpretar lo que significa la imagen que estás viendo.

## UN LUBRICANTE PROTECTOR

Hemos hablado de tus ojos, pero no nos podemos olvidar del líquido que los protege por fuera, las lágrimas.[15] Todas las partes de tu cuerpo tienen algún líquido que les sirve para deslizarse con las estructuras vecinas y nutrirse. En el caso de tus ojos, las lágrimas están destinadas a defender tus ojos de irritantes externos y a que los puedas mover con suavidad, efectividad y discreción. El sistema de producción y evaporación de la lágrima es muy curioso. Para empezar, te diremos que tus lágrimas no se forman en el lugar del ojo por donde lloramos, sino en el lado contrario, es decir, en una glándula que está situada en la parte superior y lateral de la órbita. La lágrima se produce continuamente a lo largo del día y no solo cuando lloramos. Seas una persona poco o muy llorona, generas más de cien litros de lágrimas cada año. Aquellas que se originan en la parte lateral y superior de las órbitas se desplazan hacia la zona media del ojo por un movimiento en cremallera del cierre de tus párpados, o sea, aunque no te dé tiempo a verlo porque la velocidad con que cierras y abres el ojo es de cuatro décimas de segundo, los párpados comienzan a cerrarse por el lado lateral y se van uniendo hacia la zona media de la cara. De esta manera, arrastran el contenido de la lágrima hacia un pequeño saquito que puedes ver formando un triángulo en el ángulo del ojo más cercano a la nariz. En condiciones normales, las lágrimas pasan desde ese saco hacia la nariz, donde después se evaporarán con la respiración. Pero cuando la cantidad de lágrima es excesiva, cuando lloras o se irrita el ojo, entonces el saquito no es capaz de enviar toda la lágrima hacia la nariz y por eso se desliza por las mejillas. Así las describió José Zorrilla en su obra maestra *Don Juan Tenorio*, cuando le dice a doña Inés:

> *¿No es verdad, ángel de amor,*
> *que en esta apartada orilla*
> *más pura la luna brilla*
> *y se respira mejor?*

> *(…) Y esas dos líquidas perlas*
> *que se desprenden tranquilas*

*de tus radiantes pupilas*
*convidándome a beberlas,*
*evaporarse a no verlas*
*de sí mismas al calor,*
*y ese encendido color*
*que en tu semblante no había,*
*¿no es verdad, hermosa mía,*
*que están respirando amor?*

En fin, ya ves, lo que la naturaleza construyó durante millones de años, el ser humano trata de imitarlo sin conseguirlo. Aun así, hemos de destacar los avances humanos. Desde la primera fotografía de la historia —la imagen de la calle Saint-Loup-de-Varennes realizada por Joseph-Nicéphore Niépce[16] en 1826 en la Borgoña francesa— hasta la calidad de nuestras modernas cámaras incorporadas en nuestros teléfonos móviles, se han logrado muchos progresos, pero ninguno como la velocidad y la capacidad de interpretación que nuestro cerebro tiene de las señales eléctricas que provocan las imágenes sobre ese manto mágico que es tu retina, que, curiosamente, es el único lugar de tu cuerpo donde se pueden ver desde el exterior y de forma nítida tus vasos sanguíneos.

# 11
# Tu oído, un melómano equilibrista

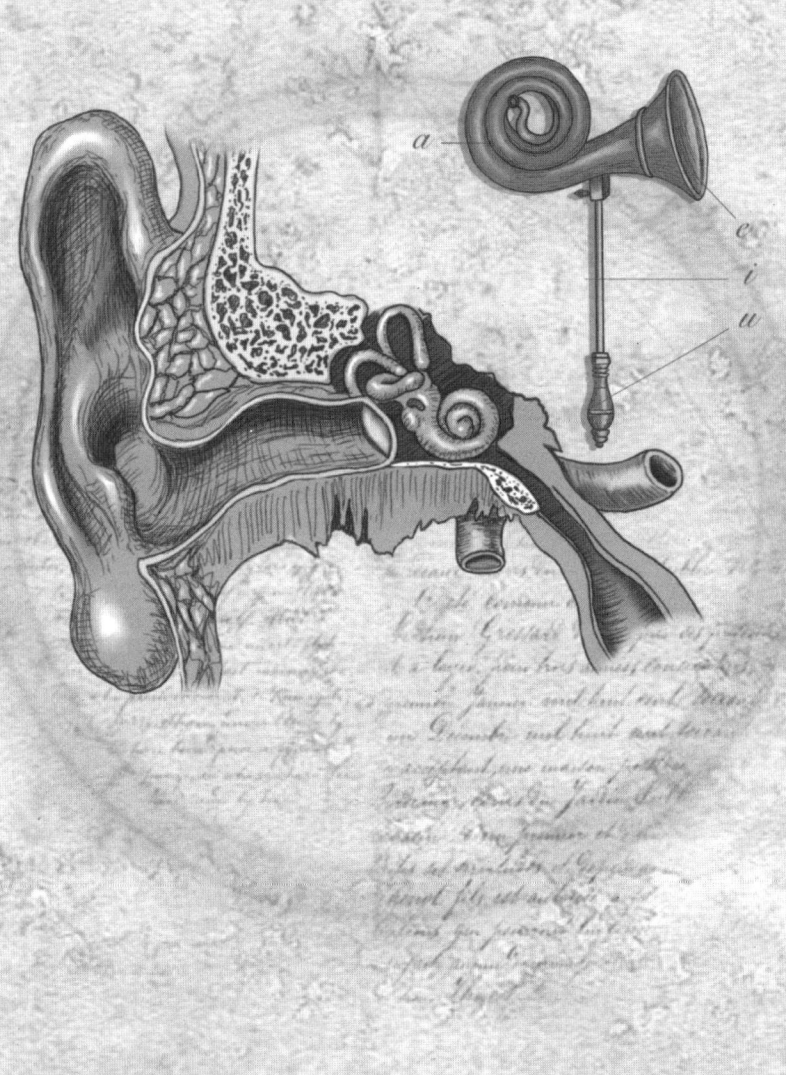

# UN MUNDO DE SONIDOS

Escuchar música es uno de los placeres más increíbles que la naturaleza te ha regalado. Posiblemente, tu vida esté condicionada por las canciones de tu infancia y adolescencia, porque, al fin y al cabo, cuando te sumerges en esta placentera actividad, tu cerebro revive los sentimientos que has tenido y en los lugares en los que has estado las primeras veces que has escuchado tu canción favorita. Esta sensación confirma la famosa frase: «Cuando cerramos los ojos, algunas melodías se convierten en recuerdos».

Sabemos que algunas canciones como «Hey Jude», de los Beatles; «Imagine», de John Lennon o «Bohemian Rhapsody», de Queen, están entre las más exitosas de la historia. De la música clásica, los aficionados a esta «bella arte» (llamados melómanos) nos dirían que la *Novena sinfonía* de Beethoven, *El lago de los cisnes* de Tchaikovski o *Las cuatro estaciones* de Vivaldi estarían sin duda entre las mejores composiciones de la humanidad. Incluso podemos contarte en secreto, ahora que no nos escucha nadie, que algunas de nuestras músicas favoritas son «La conquista del paraíso» interpretada por el compositor griego Evángelos Odysséas Papathanassíou, conocido como

Vangelis, y «Welcome to Jurassic Park», del compositor norteamericano John Williams, posiblemente dos de los temas más imponentes que hemos escuchado nunca. De todos modos, y teniendo en cuenta lo importante que es la música para los seres humanos, resulta curioso que ni tú, ni nosotros, ni nadie, conozca cuál ha sido la primera música de la historia.

Lo cierto es que, antes de que nos transformáramos en humanos, la música ya estaba establecida en la naturaleza, como suave murmullo del agua bajando por el curso de un río, el dulce silbido del aire en una arboleda o los tambores naturales que sonaban entre las nubes oscuras de una tormenta. Pero antes de que evolucionáramos a mamíferos, estos gratificantes sonidos de la naturaleza no los podíamos sentir, porque, simple y llanamente, nuestros antepasados no solo eran sordos, sino que no tenían las estructuras que en la actualidad los seres humanos necesitan para recibir las ondas sonoras del medio que nos rodea.

La formación de tu oído comenzó cuando solo llevabas veintidós días dentro del vientre de tu madre y aparecieron en tu cuerpo dos ombliguitos diminutos, uno a cada lado de tu cabeza. Más tarde se cerraron en tu interior y se alargaron buscando el tubo de aire del sistema respiratorio. Cuando ya eras un poco más mayor, del tamaño de un aguacate, comenzó a formarse un tubito enrollado, parecido a los discos de regaliz que seguro has degustado alguna vez, y que terminaría configurando una estructura que tienes en el interior de los huesos del cráneo y que, por su parecido con el molusco más famoso que vemos en los jardines, se denomina caracol.[1] Pero primero te describiremos cómo es tu oído y luego te contaremos cómo terminó de formarse en tu cuerpo y por qué la evolución permitió el gran milagro natural de escuchar sonidos.

Es posible que, si te hablamos de David Julius[2] y Ardem Patapoutian,[3] no sepas quiénes son. A pesar de todo, son merecedores de que sus nombres se graben con diamante en el libro de oro de la historia de la humanidad. Estos dos autores obtuvieron el Premio Nobel de Medicina y Fisiología en el año 2021. Descubrieron los genes que dirigen el proceso por el que los estímulos externos que nos rodean se transforman en señales eléctricas o químicas que nuestro cuerpo puede interpretar. David Julius nació en 1955 en Nueva York y actualmente es científico en la Universidad de California, por cierto, una universidad que comenzó con una historia impresionante, ya que esta institución fue fundada en 1864 por un cirujano de Carolina del Sur, Hugh Toland, que había llegado en 1849 para buscar fortuna en la fiebre del oro de California. Su fracaso como minero lo animó a comprar un terreno en North Beach y fundar el Toland Medical College, primer germen de esa universidad. El otro premio nobel, Ardem Patapoutian, nació en el Líbano en 1967 y es profesor en el Departamento de Neurociencia del Instituto Médico Howard Hughes, en Maryland, Estados Unidos, otro lugar interesante, ya que Hughes fue un millonario y excéntrico aviador que fundó este centro en 1953 con el propósito de investigar el origen de la vida, y en parte lo consiguió.

Entre las investigaciones de estos dos premios nobel, está la explicación de cómo estímulos mecánicos se transforman en señales que puedan ser interpretadas por tu cuerpo. Pues así es tu sentido del oído, un conjunto de estructuras que son capaces de recibir ondas sonoras y producir señales que tu cerebro puede descifrar, como una conversación, un ruido fuerte o una melodía. Además, es también capaz de interpretar tu posición en el espacio que te rodea en cada momento de tu vida; de hecho, cuando falla este mecanismo porque has bajado de una atracción giratoria de un parque temático o desembarcas de un crucero, puedes perder momentáneamente el equilibrio, controlado en tu interior por una interesante estructura que se formó como el conducto enrollado similar a un disco de regaliz del que te hablamos y que está en la parte más interior de tu oído. Pero eso lo trataremos más tarde.

Si te miras en el espejo, lo que ves del oído es la oreja. No obstante, la mayor parte de las estructuras que utilizas para escuchar están escondidas dentro de uno de los huesos más rocosos del cuerpo, el temporal,[4] un hueso situado en el interior de tu cráneo, que guarda herméticamente tu oído. Este hueso es como un peñasco como los que puedes observar en cualquier zona pedregosa que ha sido erosionada por el mar dando lugar a unas cuevas increíbles para los más atrevidos exploradores. Cuando se explica en clase de anatomía de la Facultad de Medicina el hueso temporal, siempre se cuenta que la parte que esconde el oído se denomina «porción petrosa» o «peñasco» y que un dicho famoso afirma que «los alumnos y los marineros le tienen miedo al temporal por el peñasco», por la cantidad de recovecos y aristas que presenta, muy peligrosos en las rocas para los marineros cuando hay mala mar y muy difíciles de entender para los alumnos cuando tienen que estudiarlo. Bueno, a veces los alumnos y las alumnas no lo entienden porque es un hueso difícil y otras veces porque el profesor les da una explicación muy compleja, ¡que de todo hay en la vida!

Tu oído tiene tres partes, una más externa que está formada por la oreja y el conducto que puedes, aunque no debes, explorar introduciendo tu dedo. Las otras dos porciones son inaccesibles: se trata del oído medio y el oído interno, y cada una de ellas encierra un mecanismo prodigioso de transmisión del sonido.

La humanidad ha intentado muchas veces construir estructuras gigantes similares a tus orejas y ha invertido grandes cantidades de dinero para diseñar pantallas parabólicas que fueran capaces de amplificar los sonidos lejanos y escuchar incluso los ruidos del espacio exterior. En Chicago nació en 1911 Grote Reber,[5] un muchacho cuya mayor ilusión era poder hablar con los marcianos. Su profesión y sus aficiones hicieron el maridaje perfecto para poder escuchar sonidos extraterrestres. Grote se graduó como ingeniero, pero en su juventud se hizo gran aficionado a la astronomía, además de ser un gran radioaficionado. Se pasaba las noches en el patio de su casa de Wheaton, un suburbio de Chicago, escuchando el silencio, esperando que alguna criatura de un planeta lejano lo saludara. Construyó un espejo de metal parabólico de 9 metros de diámetro para poder oír mejor los saludos del marciano cuando se acercara a la Tierra con su nave espacial. Aunque nunca pudo tener una conversación extraterrestre, este espejo sería la primera antena parabólica de la historia y Grote Reber sería recordado por ser su inventor. ¡Ya ves, los sueños inverosímiles a veces mueven el mundo!

## TUS DOS ANTENAS PARABÓLICAS

Lo cierto es que la evolución te ha dotado de dos antenas parabólicas perfectas para recoger los sonidos del exterior y además tus orejas no tienen que ser muy móviles, porque están pegadas a tu cabeza, que puedes orientar como te plazca con el giro de tu cuello. Es decir, si crees que tener las orejas móviles sería muy útil, te equivocas, porque solo se mueven las de los animales que no tienen tanta capacidad de girar el cuello para buscar los sonidos. Tus orejas parabólicas son únicas, ya que todos los seres humanos tenemos un tamaño y forma propios, algo así como las huellas dactilares. Pero el tamaño medio de las orejas es de unos 6 centímetros de alto por unos 3 centímetros de ancho.

La formación de tu oreja ha sido muy curiosa. Seis semanas después de que tus padres te crearan, aparecieron seis pequeños montículos juntos a los lados de tu cuello, como las seis torres de arena que formabas cuando eras pequeño en la playa para hacer un castillo. No nos hemos confundido, hemos dicho a los lados del cuello y no de la cabeza, porque las orejas comenzaron a formarse a los lados de tu cuello y luego, cuando crecieron tus estructuras, alargaste el cuello como las jirafas y las orejas ascendieron en su posición y quedaron situadas donde las tienes ahora, a los lados de la cabeza. Como curiosidad te diremos que la última parte de tu oreja que se ha configurado es el lóbulo que cuelga de ella, ese saquito de piel donde habitualmente se colocan los pendientes, como si la naturaleza quisiera firmar su obra de arte con una bolsita para los adornos.[6]

Ahora merece la pena que leas la descripción de cada una de tus orejas mirándolas a un espejo o haciendo una foto de ellas con el móvil. Como puedes observar, tienen forma de hélice, como las de cualquier ventilador que tengas a mano; por este motivo, su parte periférica se denomina hélix.[7] Puedes recorrer con un dedo la barrita de piel plegada que marca toda la silueta de la oreja (el hélix) y notarás cómo se une con el lóbulo que cuelga en la parte inferior. Por delante de esa barrita de piel plegada, puedes observar y percibir cómo la piel abulta hacia fuera formando un pequeño montículo que se denomina antehélix, que debe su nombre precisamente a que está delante del hélix. El botoncito de piel que tienes cubriendo por delante el conducto de oído se llama trago. Aunque el nombre te recuerda a tragar una comida o bebida, es una palabra que también significa triangular, que es la forma que tiene el cartílago que está dentro de ese botoncito cubierto de piel. Para terminar la exploración de tu oreja, te diremos que la concavidad que da acceso a tu conducto auditivo que está entre el antehélix y el trago es la concha, por su parecido con las cavidades de las conchas que puedes encontrar en tus paseos veraniegos a la orilla del mar.

Cuando alguien te haga una pregunta que empiece con las palabras «¿Quieres que te explique?», no tengas la mínima duda de que está deseando contártelo, por lo tanto, sin preguntar, te relataremos tres breves anécdotas de orejas célebres. La primera es la de la oreja mutilada más famosa de la historia, la del universalmente conocido pintor Vincent van Gogh,[8] ya que, a pesar de la enfermedad psiquiátrica que padecía, se ha demostrado que no se cortó la oreja, como todo el mundo cree, sino que la amputación fue fruto de un enfrentamiento de esgrima con su amigo Paul Gauguin. Lo que sí es cierto es que envolvió su oreja y se la regaló a Rachel, la mujer por la que los dos se batían en duelo. Cuando nos informamos de esta historia, nos alegramos mucho, porque ya está bien de exagerar sucesos macabros sin comprobación histórica atribuidos a personajes famosos por el simple hecho de tener una enfermedad mental. Y ya está bien de considerar como prostitutas a mujeres de otros tiempos por tener relaciones siendo solteras, como se hizo con Rachel. Hagamos justicia a la verdad: ni Van Gogh se cortó la oreja por tener una enfermedad mental ni Rachel era prostituta.

Las otras dos anécdotas de las orejas tienen que ver con la inteligencia y la gastronomía. La primera es la de las famosas «orejas de burro», que durante muchos años fue la forma de insultar a los escolares que no se sabían la lección en el colegio. Si alguna vez te ha pasado o alguien te ha insinuado esta comparación con los burros queremos que sepas que es poseedor de una impresionante incultura. El origen de las orejas de burro no está en ser igual de inteligente que el animal, sino en el filósofo inglés Jean Duns Scot,[9] que vivió en el siglo XIII y usaba un gorro con esta forma porque, según decía, facilitaba identificar entre la muchedumbre a las personas cultas con vocación de propagar e intercambiar conocimientos. De este modo, si querías aprender algo, solo tenías que identificar a alguien que se cubriera con este tipo de gorro, ya que eso quería decir que era una persona culta.

Como somos gallegos, no podemos resistirnos a la tercera anécdota, que tiene que ver con la gastronomía de nuestra tierra. En Galicia era costumbre religiosa la prohibición de comer carne durante la cuaresma. Entonces se hacían dulces que simulaban las partes de los animales. De esta forma, en nuestra querida tierra existe la tradición de hacer un postre típico denominado «orejas», una masa frita a la que, dependiendo de la pericia del cocinero o cocinera, se le da forma de orejas de cerdo. Así podemos siempre decir que «hemos comido orejas de cerdo sin tomar carne de cerdo», una verdad a medias que confirma la famosa frase de nuestro célebre escritor del siglo XIX que, con el nombre interminable de Ramón María de las Mercedes Pérez de Campoamor y Campo Osorio, escribió:

*Y es que en el mundo traidor*
*nada hay verdad ni mentira;*
*todo es según el color*
*del cristal con que se mira.*

## TU PEQUEÑA CAJA DE RESONANCIA

Anécdotas aparte, prosigamos nuestro viaje por tu oído. Tu oreja rodea la entrada de un conducto que se introduce hacia el cráneo y que se denomina «conducto auditivo externo». Es un pasadizo de unos 25 a 30 milímetros de largo y unos 7 milímetros de diámetro, que posiblemente alguna vez has explorado con un bastoncillo de algodón o con algún objeto por la imperiosa necesidad de aliviar su picor. Por supuesto, sobra decirte que no se debe hacer tal barbaridad, ya que al final del pasadizo se encuentra una finísima membrana, el tímpano,[10] que separa tu oído externo del oído medio, una cámara que tiene la peculiaridad paradójica de estar insonorizada para transmitir el sonido.

Es muy curioso cómo el mecanismo de formación de tu conducto auditivo externo se ha preocupado de proteger tu tímpano. Solo llevabas tres meses de vida en el interior de tu madre cuando tu pasadizo hacia el tímpano formó un tapón de células que estuvo ahí durante cuatro meses, hasta que, poco antes del nacimiento, esas células constituyeron la membrana de tu tímpano. Es como si una obra de arte que se va a exhibir en un museo se mantuviera embalada delicadamente hasta poco antes de su inauguración. Tu tímpano no es una obra cualquiera, ya que es una membrana elástica, semitransparente, que, con solo 8 milímetros de diámetro y 3 milímetros de espesor, es capaz de transformar las vibraciones en sonidos, como los famosos tambores «taiko» y «del Bruc». El tambor chino «taiko» servía para marcar el paso de las tropas en épocas de guerra, ya que se escuchaba a grandes distancias. El tambor «del Bruc» forma parte de una leyenda ocurrida en la batalla del Bruc (municipio catalán) durante la guerra de la Independencia: la reverberación del sonido de los tambores en el macizo montañoso de Montserrat sonaba con tanta intensidad que hizo retroceder al ejército francés por creer que había muchos más soldados del ejército español de los que realmente estaban para defender la zona. Pues tu tímpano tiene la misma función, los sonidos hacen vibrar su delgada membrana y resuena para avisar a tu cerebro del tipo e intensidad del sonido.

Tu tímpano separa el conducto externo de tu oído de una cavidad increíble que está dentro de tu cráneo en el hueso temporal. Esta cavidad, aislada de todo ruido, es como una cueva con cuatro salidas que se llama oído medio. La naturaleza ha originado que la cavidad más importante que tienes en tu cuerpo para transmitir el sonido sea como una habitación insonorizada, porque las ondas sonoras llegan al tímpano, lo hacen vibrar y, a partir de aquí, todo el sonido se transforma en vibración mecánica que se transmite por huesos hacia una cavidad llena de líquido que origina ondas similares a las que se producen cuando tiras una piedrecita en un estanque. En este viaje de la audición desde del tímpano hasta el cerebro, el sonido no es necesario, son las ondas de tu pequeñito estanque las que serán interpretadas por ti como palabras, murmullos, el canto de un pájaro, música o el sonido del soplido del viento. Cada uno de los cuatro orificios de salida de tu pequeña cueva llamada oído medio cumple una función especial, y si alguno de ellos se cierra, tendrás mucha dificultad en escuchar los sonidos. El primer orificio de tu cueva del oído medio es el que comunica con el exterior y, como ya te hemos explicado, está cerrado por tu membrana del tímpano. Si te pudieras colocar en el interior de tu oído medio, no escucharías nada, pero verías cómo la membrana que cubre la salida hacia el exterior estaría vibrando cada vez que recibiera sonidos del exterior. La segunda ventana está situada en el otro extremo superior de la cueva, tiene forma ovalada y por ese motivo se le denomina «ventana oval».[11] Lo curioso es que la vibración que provocan las ondas sonoras en la ventana cerrada por el tímpano se transmite hacia la ventana oval, porque entre las dos existen tres huesecillos, los más pequeños del cuerpo, que, unidos entre sí formando una cadena y sujetados por unas pequeñas cintas al techo de tu cueva del oído medio, se encargan de transmitir la vibración del tímpano hacia un depósito de líquido que está cerrado por la ventana oval. Tus tres huesecillos, con

nombres muy conocidos por el público en general, se llaman martillo, yunque y estribo.[12] Miden entre 3 y 9 milímetros de longitud y
forman una cadena de transmisión del sonido con varias historias
fascinantes.

Cuando solo tenías seis semanas de vida dentro del útero de tu
madre, aparecieron unas células que darían lugar progresivamente a
tus huesecillos del oído. Sin embargo, la naturaleza quiso proteger-
los, como si fuera consciente de lo pequeños y frágiles que eran. Entonces ideó un sistema infalible, similar al que utilizamos en la vida
cotidiana cuando queremos transportar objetos delicados. Los em-
baló. Desde su formación, tus huesecillos han estado seis meses en-
vueltos en un tejido protector, como las láminas de gomaespuma
que utilizamos para mantener cristales en el guardamuebles de una
mudanza. Un poco antes de nacer, en el octavo mes del embarazo de
tu madre, el embalaje desapareció para que, con tus huesecillos in-
tactos, pudieras disfrutar el resto de tu vida de la audición. Es más,
hemos de decirte que, además de recibir el sonido por las ondas aé-
reas, existe otra forma de transmisión sonora que es a través de los
huesos; al fin y al cabo, todos nuestros huesos están conectados entre
sí. Solo tienes que preguntar en cualquier tienda por unos auriculares que en vez de colocarse en la oreja lo hacen por delante de la misma, apoyados en el hueso de la mandíbula. Estos auriculares utilizan
la vía ósea de transmisión del sonido.

Hamlet, el personaje de William Shakespeare, el escritor más célebre de la literatura inglesa, aparece siempre declamando su famosa
frase «Ser o no ser, esa es la cuestión» (en inglés, «To be, or not to be,
that is the question») con un cráneo en una de sus manos.[13] Todos los
que ejercemos la profesión sanitaria no podemos evitar recordar esa
escena cuando por primera vez cogemos un cráneo en nuestra mano
para intentar entender la esfera más prodigiosa del ser humano. No
obstante, tenemos que desvelarte que no es en esa escena en la que
Hamlet sujeta el cráneo, sino en otra en la que pasa por un cemente-
rio y es informado de la muerte de un amigo suyo de la infancia. De

todas formas, ningún estudiante, cuando tiene en su palma de la mano por primera vez un cráneo, se resiste a mirarlo frente a frente y soltar la famosa frase. Es en ese momento cuando la profesora o el profesor responsable le indica que si mueve el cráneo con fuerza, a veces se oye un sonido parecido al de un sonajero infantil. Son los huesecillos del oído medio que han quedado sueltos en el interior, gracias a los cuales el ser humano puede escuchar, por las ondas que viajan por el aire, los sonidos del exterior. Pero les causa más sorpresa cuando se les explica que esos huesecillos pueden detectar las vibraciones que les permiten sentir también los sonidos transmitidos desde el suelo y los ruidos del interior del propio cuerpo.

Como lo de escuchar los sonidos del interior del cuerpo siempre ha sorprendido a los seres humanos, puedes hacer la prueba masticando maíz tostado y comprobarás que tus huesos transmiten hacia el oído el crujido originado al triturarlo entre tus muelas. Incluso en algunas situaciones puedes escuchar la vibración de los latidos de tu corazón y del pulso de tus arterias y tus venas. Esta es una de las historias curiosas que más nos gusta contarles a los alumnos o residentes alrededor de una camilla o de las mesas de la sala de prácticas. Tenemos que confesar que, en muchas ocasiones, en nuestra tarea de enseñanza clínica, nos encanta contar anécdotas con las que conseguimos una atención plena de las y los futuros colegas médicos en un intento de transportarlos a la isla de Nunca Jamás, como hacía Peter Pan cuando les daba instrucciones a los siete niños perdidos en la genial novela del escritor escocés James Matthew Barrie. Les comenzamos a explicar que su circulación de la sangre la han notado en el silencio de sus habitaciones por la noche cuando eran más jóvenes. Estaban en cama sin poder dormir, porque no tenían sueño o estaban desvelados por miedo, por no tener bien preparado el examen del día siguiente, por un amor de verano que se había ido o simplemente porque habían bebido mucho café. Entonces, a oscuras, empezaron a notar los latidos de su corazón al apoyar la oreja en la almohada. Encendían la luz para tranquilizarse, pero al volver a apagarla, seguían escuchando su latido. La explicación es que su tímpano y sus huesecillos están muy pegaditos a una arteria que se encarga de llevar la sangre a su cerebro y que se llama carótida. Si tú estás desvelado en el silencio de la noche y aumenta la intensidad de tu latido cardíaco, al apoyar tu oreja sobre la almohada escucharás perfectamente el latir de tu sangre por esa gran arteria que nutre tus pensamientos empujada por los latidos de tu corazón.

La otra anécdota que siempre les contamos sobre la transmisión del sonido por el hueso está asociada a un recuerdo de su infancia, cuando acercaron una caracola gigante a su oreja para escuchar las olas del mar. Suponemos que a ti también te ha ocurrido, pero si no es así, te aconsejamos que compres una y hagas la prueba. Este efecto sonoro se produce porque las venas de tu cerebro vacían su sangre de regreso hacia tu corazón por una vena que está muy próxima a tu oído medio. Como la sangre de tus venas no produce latidos fuertes, sino que se desplaza con un sonido más suave, similar a las olas del mar en la orilla, entonces lo que escuchas es tu propia sangre de vuelta al corazón. Estas anécdotas pueden parecer banales pero ayudan a mantener la atención de los alumnos antes de recibir las explicaciones del apasionante pero difícil mundo de la terminología anatómica.

Hasta ahora te hemos explicado dos de los cuatro orificios de salida de la pequeña cueva que tienes como oído medio. La tercera ventana se denomina redonda y tiene que ver mucho con una estructura que habrás visto muchas veces en los barcos, el *oculus*. La vibración que se transmite desde tu tímpano hasta la ventana oval, pasando por tus tres huesecillos del oído (martillo, yunque y estribo), mueve el líquido que está dentro del oído interno en un proceso que veremos más adelante. Sin embargo, estas ondas terminan chocando con la ventana redonda y no pueden forzarla porque si no el líquido inundaría el oído medio. De este modo, esta ventana redonda tiene que soportar el choque final como les pasa a las de los barcos con las olas del mar. La naturaleza nos ha dotado de una ventana redonda que millones de años más tarde sería copiada por la ingeniería naval. Se ha demostrado que las de los barcos o submarinos, también denominadas *oculus* u ojo de buey, son más fáciles de sellar y son más resistentes a la presión porque distribuyen mejor la fuerza al no tener esquinas como las ventanas cuadradas. Por eso, la biología hizo redonda la ventana donde choca el líquido por el que se transmiten las ondas sonoras de nuestro oído, para que la fuerza del líquido no la rompa.

El último orificio de comunicación de tu oído medio en realidad no es una ventana, sino que es la entrada de un conducto de unos tres centímetros de largo que comunica tu oído con tu faringe. Su nombre hace honor al primer anatómico que lo describió: Bartolomeo Eustachio.[14] Este médico y anatómico italiano del siglo XVI describió muchísimas estructuras del cuerpo humano, pero pasará a la historia por detallar este conducto que comunica tu oído medio con tu garganta y al que siempre se le ha llamado «trompa de Eustaquio». Este tubo tiene la función de igualar la presión de tu oído con la presión del exterior, para que las delicadas estructuras de tus huesecillos y tu tímpano no sufran cuando te subes a un avión, buceas o asciendes a una montaña muy alta. Seguro que cuando eras una niña o un niño, e ibas con tu familia en un coche, subiendo una zona montañosa, de repente notabas que se te tapaban los oídos. Después, cuando volvías a descender o cuando bostezabas, recuperabas la nitidez del sonido como si alguien abriera tu oído como si fuese una escotilla. Pues tu trompa de Eustaquio es ese tubo que se encarga de taparte y destaparte tus oídos, para que tu pequeño cofre en forma de cueva, que guarda celosamente los huesos más pequeños de tu cuerpo, no aumente mucho la presión y para que no se desajuste tu sistema de transmisión de los sonidos que escuchas.

Antes de pasar a describirte tu oído interno, permítenos que te contemos una historia que tiene millones de años, pero que te sorprenderá. Gracias a los huesecillos de tu oído medio (martillo, yunque y estribo), las ondas sonoras se trasforman en vibraciones. Pero tu capacidad de notar las vibraciones tiene un origen anterior en la evolución a escuchar los sonidos trasmitidos por el aire.[15] Nuestros antepasados los peces no necesitaban escuchar por el aire, pero sí que tenían que notar las vibraciones debajo del agua. Al convertirnos en reptiles, nuestras mandíbulas estaban formadas por varios huesos, pero seguíamos siendo sordos a los ruidos trasmitidos por el aire, una dificultad para nuestra supervivencia fuera del agua. Entonces nuestra mandíbula solo necesitó un único hueso para formarse cuando nos transformamos en mamíferos, y así, los huesos que eran parte de la antigua mandíbula sobraron y pudieron constituir los huesecillos del oído. Poder escuchar las ondas sonoras por el aire nos ha proporcionado muchas ventajas, porque, al oír los sonidos de frecuencias más altas, mejoramos la obtención de presas para alimentarnos y percibíamos a nuestros depredadores para no ser cazados. De todas maneras, la evolución nos ha dotado del mejor de los oídos posibles, porque somos capaces de escuchar solo lo que necesitamos. Si no pudiéramos hacer esto, sería imposible aguantar el ruido de todo lo que sucediera a nuestro alrededor. Imagínate que llegaran a nosotros las conversaciones de los vecinos, de la calle e incluso la caída de un pelo. Tenemos exactamente el oído que necesitamos y, aunque algunas veces nos falla por la edad o por utilizar mucho tiempo los auriculares a un volumen muy alto, estamos perfectamente adaptados a la comunicación de los seres humanos. También es justo reconocer que, como comunidad, nos vendría bien disminuir un poco la contaminación auditiva, eliminando ruidos de tubos de escape, máquinas mal ajustadas y gritos innecesarios. Tenemos el mejor oído, pero a veces no se acompaña de la mejor cabeza.

## UN GIROSCOPIO Y UN CARACOL PELUDO

Y, por fin, la vibración sonora, después de pasar por el conducto auditivo, hace vibrar la membrana del tímpano atravesando tu caja de resonancia transmitiendo la vibración por el martillo, el yunque y el estribo (este último hueso llamado así por la forma similar a los estribos donde apoyan los pies los jinetes) y llega a nuestro oído interno, gracias a los golpecitos de vibración del estribo sobre la ventana oval.[16]

Si en tu oído medio pudieras asomarte a la ventana oval que comunica con tu oído interno, te encontrarías otra cueva dentro de tu hueso temporal que está constituida por tres estancias diferentes, una que es la entrada de la cueva y que por eso se llama vestíbulo (como el vestíbulo de tu casa), una con tres conductos semicirculares y una tercera que tiene forma de la concha de un caracol y que recibe el nombre de cóclea.[17] Pero la cueva de tu oído interno con sus tres estancias está inundada por un líquido que se llama perilinfa, por lo que si pudieras entrar allí tendrías que llevar traje de bucear con bombonas de oxígeno. Este líquido transmite el sonido, recordándonos una vez más que nosotros derivamos en la escala evolutiva del medio acuático de los peces. Pero ¿cómo lo hace?

El sistema es de una precisión e inteligencia natural que no tiene parangón con ningún aparato construido por el ser humano. Para empezar, te diremos que tus oídos medio e interno han permanecido protegidos y rodeados por una parte muy dura de tu hueso temporal durante todo el período de tiempo que has estado dentro del útero de tu madre y en ningún momento lo ha conectado con el exterior para evitar que sufriera ningún daño. ¿Cómo entonces puede llegar el sonido con claridad a tu cerebro?

Ya te hemos comentado que las ondas auditivas que recibes desde el exterior hacen vibrar tu membrana del tímpano, y que la vibración se trasmite por la cadena que forman los pequeños huesecillos de tu oído medio (martillo, yunque y estribo) hasta alcanzar la ventana oval que comunica con tu oído interno. Estas vibraciones se trasmiten por el líquido de tu oído interno, igual que lo hace el sonido cuando alguien te habla debajo del agua de una piscina. El movimiento del líquido mueve unos pelillos que tienen las células de tu oído interno igual que el agua agita las prolongaciones de las algas del mar. Ese movimiento de los pelillos o cilios de las células son las que informan a tu sistema nervioso de los sonidos. Cada palabra o cada sonido que escuchas mueve de un modo diferente los pelillos de las células para que tu cerebro sepa si te están susurrando, lo que te están diciendo o si el sonido es una agradable melodía musical o el ruido estremecedor de una alarma contraincendios cuando te avisa de algún peligro. Desde el punto de vista de la evolución humana, aún nadie ha podido saber por qué los pelillos de las células del oído interno no se regeneran, es decir, por qué somos una especie condenada a perder esos receptores que tantos problemas de audición nos originan con la edad. Esto no tendría importancia si ocurriera en todas las especies, pero en las aves sí se produce esta regeneración. Es posible que la evolución no hubiera previsto que necesitáramos algún día escuchar los sonidos del aire.

Todo este mecanismo de la audición quedaría completo si no fuera por el, a la vez simple y complicado, proceso de mantenernos en equilibrio. En efecto, tu oído se ha diseñado para oír, pero antes de que la evolución nos dejara escuchar, nos dispuso de un mecanismo capaz de mantenernos en nuestra posición sin caernos. El mecanismo diseñado por la naturaleza supera con creces el famoso giroscopio que utilizan los aviones para determinar su posición en el espacio. El giroscopio es un dispositivo que utiliza la fuerza de gravedad de la Tierra para ayudar a determinar la orientación. No sabemos si lo has probado alguna vez, pero el juego en el que se coloca un fino cordón alrededor de una peonza o trompo, para después lanzarlo contra el suelo y que gire, se puede considerar el elemento giroscópico más antiguo fabricado por el ser humano, ya que data de la época de la antigua Mesopotamia. Aun así, el primer giroscopio técnico se le atribuye al astrónomo alemán Johann Gottlieb Friedrich von Bohnenberger,[18] quien lo fabricó en 1852. El giroscopio ha servido para demostrar la rotación de la Tierra y actualmente es un instrumento imprescindible como guía de navegación; se ha sofisticado tanto, que incluso un mecanismo basado en este aparato es el que nos permite girar las pantallas de nuestros dispositivos móviles.

Tú tienes tu propio giroscopio. Está en una de las cavidades de tu oído interno, que está formado por tres conductos semicirculares,[19] cada uno de los cuales tiene una orientación espacial diferente, como cada una de las esferas del giroscopio. Por el interior de tus conductos semicirculares circula un gel que, al mover la cabeza, agita unos pelillos que tienen las células del interior de los conductos. Así es como esas células informan a tu cerebro de los cambios de posición. Cuando ese movimiento lo haces porque tú quieres, es decir, de forma voluntaria, la información que llega es la misma que has previsto; por ejemplo, si quieres inclinar la cabeza hacia delante, los pelillos de las células de tus conductos semicirculares informarán al cerebro de que la cabeza se mueve en esa dirección. Pero si vas en un coche por una carretera de muchas curvas, en una travesía en barco o en una atracción de mucho movimiento en un parque temático, y los movimientos no los has previsto, entonces tu cerebro no entenderá la información de los giros involuntarios de tu cuerpo. Cuando esto ocurre, el gel del interior de tus conductos semicirculares envía una información confusa de movimiento al cerebro y te mareas. El cerebro, en esta circunstancia, interpreta que es un movimiento tóxico, e igual que cuando ingieres una comida que te hace daño, responde con sensación de náuseas y vómitos. Por este motivo, cuando a una persona se le sueltan pequeñas arenillas del oído interno (técnicamente denominados otolitos) en el gel de los conductos semicirculares, activan los pelillos y el paciente nota el famoso vértigo que, en numerosas ocasiones, origina sensación de inestabilidad, como si se moviera toda la habitación o el paisaje donde se encuentra, y se acompaña de una cierta náusea. Todo forma parte de un cuadro que no compromete la vida del paciente, pero que resulta sumamente desagradable y que esperamos no hayas sufrido nunca.

Ya ves, tu oído comenzó a formarse cuando solo tenías veintidós días de vida; en cambio, el oído de los seres humanos apareció hace millones de años, cuando nos convertimos en mamíferos. Un oído construido con una perfección exacta para escuchar solo lo necesario y mantenernos en equilibrio sin caernos. Solo te recordamos que todo este complejo de estructuras te permite oír como a la mayoría de los animales, pero solo a los seres humanos nos otorga la capacidad de entender los sonidos complejos, o lo que es lo mismo, de escuchar incluso los mensajes de los silencios.

# 12
# Tu blanda
# cámara acorazada

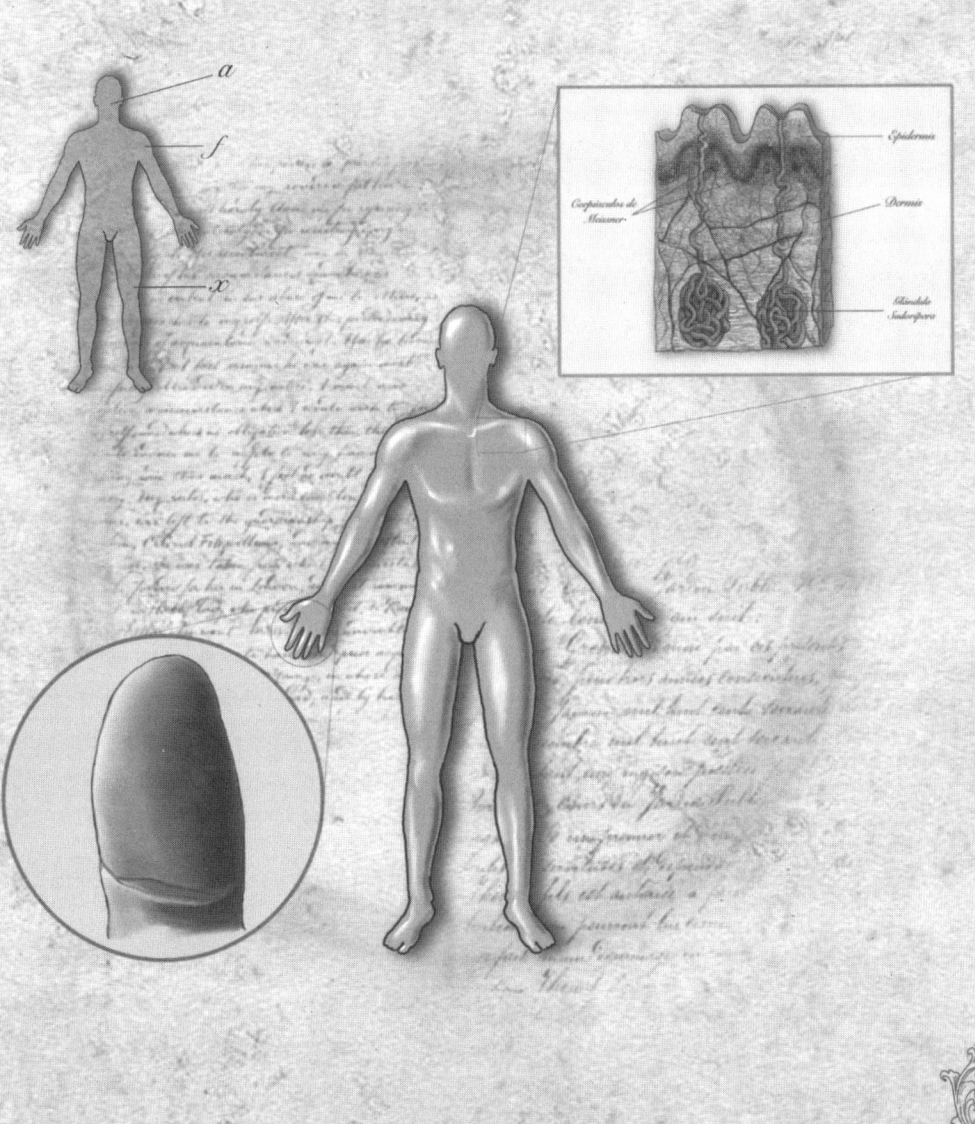

Epidermis

Corpúsculos de
Meissner

Dermis

Glándula
Sudorípara

# TU PROTECCIÓN CONTRA EL COSMOS

Todo tu cuerpo está formado por numerosas estructuras. Cada una de ellas tiene un valor incalculable, del que solo nos damos cuenta cuando tenemos alguna molestia en alguna parte. Da la sensación de que, cuando tenemos un dolor, le damos más importancia a la zona que nos duele que al resto de las valiosas partes de nuestro organismo porque nuestro cuerpo no nos informa de las estructuras sanas, pero nos avisa cuando algo no va bien. Entonces es cuando valoramos lo importante que es cada rincón de nuestro cosmos corporal. Esto es algo así como si nos informaran del robo de unas pocas monedas de un gran tesoro que tenemos escondido; se le da más valor a lo poco que nos falta que a lo mucho que tenemos. Lo mismo ocurre en el mundo globalizado en que vivimos. Parece una contradicción que la humanidad, viviendo en un planeta donde muchas personas pasan sed, tenga gobiernos que gasten cantidades ingentes de dinero en buscar agua en Marte. No percibimos la hambruna de miles de personas que están geográficamente lejos, pero sentimos y celebramos con expectación cualquier avance que nos pueda facilitar la vida de nuestras familias. Nuestra prioridad debe ser la de poner todos los medios para solucionar las desigualdades entre poblaciones de la Tierra, pero no es incompatible con reconocer que grandes proyectos como los espaciales, la descripción del genoma humano o el gran acelerador de partículas han contribuido de forma muy intensa al desarrollo de la humanidad y algunos de ellos han contribuido al bienestar de forma global. Especial mención queremos hacer a los avances en el estudio de nuestra capa protectora terrestre, o dicho de manera más técnica, la capa de ozono. Los rayos solares atraviesan nuestra atmósfera calentando nuestro planeta, pero gracias al escudo de ozono, las radiaciones más nocivas para la vida no llegan hasta nosotros.

Todas las partes de tu extraordinario cuerpo tampoco podrían existir sin una capa protectora contra los agentes externos y el clima. Esa cubierta protectora es la piel, que actúa como una verdadera cámara acorazada de tus tesoros internos. Por otro lado, en el interior del cuerpo, aunque no hay piel, tus vísceras están protegidas por unas membranas que las envuelven a modo de cápsula y que además separan tus órganos entre sí para facilitar el movimiento entre ellos. Es como si la piel fuera la estructura externa de la cámara acorazada flexible y en tu interior se dividiera en varios compartimentos separados por membranas, algo así como estancias que guardan tesoros diferentes.

Dentro de tu tórax se encuentran tu corazón y tus pulmones, y en tu abdomen están parte de tus órganos digestivos. Todas estas preciadas joyas que tienes escondidas tienen una característica común, y es que son móviles. El corazón se mueve en cada latido, los pulmones lo hacen cuando respiras y las vísceras digestivas cuando haces la digestión. Todos estos movimientos se pueden escuchar desde el exterior de tu cuerpo con el famoso fonendo del personal sanitario (técnicamente llamado fonendoscopio). Incluso, en muchas ocasiones, cuando estás en silencio, puedes oír el movimiento de tus intestinos. Si todos estos órganos no estuvieran separados por tabiques, se entorpecerían. El corazón tocaría los pulmones y tus tripas rozarían los músculos de tus paredes del cuerpo. Por eso, la naturaleza te ha proporcionado unas membranas especialmente diseñadas que separan tus órganos. Estas membranas están constituidas por dos capas, una que está pegada a cada órgano y otra que se dispone separándolo del órgano vecino. De esta forma, el interior de tu cámara acorazada está dividido en estancias de doble pared para evitar el roce entre tus vísceras.

Todo este sistema de habitaciones interiores de doble pared que tiene tu cuerpo está aislado del exterior por la piel. Aunque te parezca difícil de asimilar, la piel es el órgano más grande de tu cuerpo, con una extensión de unos 2 metros cuadrados y unos 5 kilogramos de peso. Para que te hagas una idea de su complejidad, coge una regla y dibuja un cuadrado en tu piel que tenga 3 centímetros por cada lado. En ese cuadrado que has dibujado tienes setecientas cincuenta glándulas de sudor, quinientas terminaciones nerviosas y más de cien sensores de temperatura. Es decir, la información que te da cada centímetro de tu piel supera con creces la de cualquier barómetro sofisticado. Puedes notar la presión del paso de una pluma y el frío o el calor de un objeto con una precisión increíble. Pero ¿cómo se ha formado un traje tan complejo adaptado a tu cuerpo?

Cuando tenías cuatro semanas de vida en el interior del útero de tu madre, es decir, cuando tenías el tamaño de un grano de sal gruesa y solo pesabas 0,005 gramos, una sola capa de células rodeó todo tu cuerpo.[1] Estas células tenían la misión de aislarte del líquido en el que flotabas y protegerte del roce con el útero de tu madre, igual que un traje de neopreno ofrece a los buceadores aislamiento térmico de las frías aguas marinas. Entonces las células fabricaron una capa gruesa de una sustancia denominada queratina,[2] para aislarte mejor del líquido materno y de posibles movimientos excesivos en el útero. Al mismo tiempo, las células que rodeaban todo tu cuerpo se multiplicaron y crearon un sistema de renovación de tu piel, produciendo otras nuevas que empujaban a las demás hacia la zona más externa hasta que se descamaban. Este proceso de renovación es el mismo que sigues teniendo. Cuando en verano tu piel se oscurece con los rayos del sol (esperamos que siempre protegida por cremas), observarás que, al pasar unas semanas, las células que se llenan del pigmento de color oscuro (melanina) poco a poco se van hacia la superficie y se descaman, lo que hace que vuelva a clarear tu color.

En el tiempo que has estado en el interior del útero de tu madre, las células de tu fina piel que se descaman originan una capa de grasa denominada «vérnix»,[3] que no solo sirve para protegerte del líquido que te rodea («líquido amniótico»), sino que ha facilitado tu paso por el canal del parto. Es como si se tratara de un líquido inteligente que adivinara el futuro de tu nacimiento.

## UNOS SURCOS ÚNICOS E INMUTABLES

A las once semanas de vida, cuando tenías el tamaño de un tomate de unos 6 centímetros y pesabas unos 17 gramos, aparecieron en la piel de tus manos y tus pies unas diminutas crestas separadas por surcos que te identifican como ser humano único e irrepetible. Se trata de tus huellas dactilares o dermatoglifos.[4] Como sabrás por las películas policíacas y por la engorrosa tinta oscura con la que tienes que empapar tus dedos cuando renuevas tu DNI (documento nacional de identidad), tus huellas son un signo de identidad exclusivo, por eso no solo se utilizan para ponerlas en un documento, sino también en los teléfonos móviles para desbloquearlos. Y no solo son únicas, sino que, además, no se modifican con el paso del tiempo. Si tienes una herida poco profunda en tus dedos, las huellas dactilares nuevas serán idénticas a las que tenías antes. Pero si la herida es muy profunda o es una quemadura, las huellas dactilares quedarán sustituidas por una cicatriz, pero nunca por huellas dactilares diferentes a las que tienes desde la formación de la piel de tus manos y tus pies.

No te creas que las primeras huellas dactilares de las que hay constancia son muy recientes, pues ya se han encontrado en objetos de seis mil años de antigüedad; por supuesto no con fines policiales, sino por manipulación de objetos blandos que luego se solidificaron dejando el rastro de su manipulador. Sin embargo, como medio de identificación, también sorprende que su utilización se remonte a la época anterior al nacimiento de Cristo en una dinastía china que utilizaba moldes de arcilla para plasmar las huellas en documentos de forma que el destinatario pudiese saber con seguridad quién había escrito el papiro (el papel aún no se había inventado). Por cierto, era un sistema muy útil para enviar mensajes en época de conflictos bélicos.

Lo más curioso en realidad es saber por qué tienes las huellas dactilares. Y es aquí cuando debemos citar al considerado «padre de la histología» (la histología es la ciencia que estudia los tejidos biológicos), el célebre anatómico y biólogo italiano Marcello Malpighi.[5] Malpighi nació en Bolonia en 1628 y llegó a ser el médico personal del papa Inocencio XII. Sus contribuciones a la ciencia han sido muy numerosas, pero, para este tema de las huellas dactilares, hemos de destacar que una de las capas de la piel lleva su nombre, «el estrato de Malpighi», porque descubrió que las huellas digitales servían para que los objetos no resbalaran de la mano, lo que alguien, en ámbitos policiales más modernos, expresó de la siguiente forma: «La piel surcada entre un objeto y la superficie de la piel mejora la tracción para sujetar objetos». En efecto, así es; coge un palillo, pártelo por la mitad y clava de canto durante unos segundos uno de los bordes rotos contra la piel de uno de los pulpejos de tus dedos. Verás cómo queda sujeto entre las irregularidades de la cara fracturada del fragmento del palillo y las rugosidades de tu piel. Nosotros, en un descanso de la tarea de escribir este libro lo acabamos de hacer, y el fragmento de palillo aguantó varios minutos hasta que nos cansamos. Bueno, le ha ganado Alejandro a Juan, porque tiene la piel más joven. Pruébalo tú también y verás cómo tus huellas dactilares sirven para agarrarse mejor a los objetos y que estos no se te resbalen de la mano. Una vez más, todo un ingenio de la naturaleza.

Aunque nadie ha podido desvelar el secreto de por qué las huellas dactilares de tus manos han aparecido una semana antes de las de tus pies, lo que sí es seguro es que tus huellas no se modificarán con el paso de los años. Es curioso que, a pesar de que tu piel se renueva, sigue teniendo la memoria de tus huellas. Este hallazgo se le debe al antropólogo alemán Hermann Welcker[6] (1822-1898), de la Universidad de Halle, ya que tuvo la feliz idea de imprimir sus huellas dactilares en 1856 y repitió el proceso en 1897. Al comparar las dos huellas, separadas por cuarenta y un años, pudo estudiar su invariabilidad. Esta característica dio pie a la utilización sistemática de huellas dactilares para identificación, y merece la pena destacar que el primer caso resuelto gracias a la obtención de unas huellas dactilares tuvo lugar en Argentina. Se trataba del juicio por el asesinato de los dos hijos de una mujer que acusaba a su amante de haberlos matado. La pericia del inspector Álvarez, gracias al estudio de una huella de sangre en la puerta de una habitación, pudo demostrar que la verdadera asesina era la madre de los dos chicos.

## LA CAPA QUE CAMBIA DE COLOR

Dejemos las huellas dactilares para las entretenidas historias de nuestros conocidos Sherlock Holmes, Miss Marple y Hércules Poirot, y prosigamos con la formación de tu piel, ya que dos semanas antes de la aparición de tus huellas dactilares, surge un pigmento de color oscuro en las células de tu piel. Se trata de la melanina,[7] y las células que lo fabrican se llaman melanocitos. La radiación ultravioleta aumenta el contenido de tu melanina en tus melanocitos, dándole a la piel el aspecto bronceado que sueles tener después del verano. Pero lo más curioso de la melanina es que, como la especie humana se originó en África, donde los niveles altos de melanina eran imprescindibles para proteger la piel de los rayos del sol, nuestra característica natural es la piel oscura. Pese a ello, al desplazarse los primeros homínidos hacia latitudes donde la radiación solar era menor, la piel se hizo más clara para aprovechar mejor los beneficios de un sol que brillaba cada día menos horas y con menor intensidad que en la zona ecuatorial. Poco a poco, los genes que regulaban la cantidad de melanina disminuyeron su expresión y generaron los otros tipos de piel clara. Es momento de recordar aquella famosa frase de que «Eva era negra», ya que todos descendemos de un antepasado común de la zona del Cuerno de África (zona formada por Somalia, Etiopía y Kenia), y que no solo es cierto que no debe existir ninguna discriminación por el color de la piel, sino que la raza negra es la que nos formó y evolutivamente es la que merecería más respeto.

## ¿SABES SI TIENES LAS RESERVAS ADECUADAS?

En la conversación que mantenemos contigo a través de estas páginas, como no te conocemos, no podemos adivinar tu aspecto; pero que conste que sería un inmenso honor para nosotros verte en persona y dedicarte este libro. Sin embargo, podemos saber que no todas las zonas de tu piel son iguales. En algunas de ellas, como la palma de la mano y la planta de los pies, el grosor de tu piel es mayor, lo cual es lógico, ya que tienes que rozar con el suelo cada vez que caminas y tienes que tocar los objetos cada vez que los manipulas. Por este motivo en esas zonas tienes muy poca grasa y no tienes pelos. En cambio, en otras que no están tan expuestas al rozamiento, tienes pelos y glándulas de grasa.

Es lógico que, si eres una mujer, tengas la piel más fina y los pelos sean de menor tamaño y también más finos. Es una cuestión hormonal. De todos modos, la diferencia de acúmulo de grasa bajo tu piel tiene un significado que solo podemos entender desde el punto de vista de la evolución.

Debajo de tu piel existe una capa de grasa que se denomina tejido subcutáneo.[8] Para que te des cuenta de esta capa, te diremos que cuando se hace la liposucción, esta es la grasa que les quitan a los pacientes para tener un cuerpo más estilizado o por motivos de salud. La grasa subcutánea puede llegar a tener un grosor de 10 centímetros en personas muy obesas. Tu piel puede tener un grosor entre 0,05 milímetros en tus párpados (es la piel más fina que tienes) y entre 1 y 5 milímetros en tu planta del pie (la más gruesa). No obstante, tu grasa subcutánea puede ser de unos 3 centímetros de espesor en las zonas donde acumulas más. Por supuesto, esto depende de la distribución y la cantidad de grasa que tengas en el cuerpo. Y aprovechamos un inciso para que conozcas mejor cómo está repartida.

La grasa se localiza debajo de la piel (grasa subcutánea), entre tus músculos (grasa intermuscular) y alrededor de tus vísceras (grasa visceral). Cuando te pesas en una báscula, el número en kilos que aparece en ella es relativo, es decir, sin el dato de tu estatura no puedes saber si es el peso saludable que deberías tener, ya que si eres más alto puedes pesar más que una persona de menor altura, aunque los dos tengáis proporcionalmente el mismo porcentaje de grasa. Para conocer si tu peso es el adecuado, se debe calcular el índice de masa corporal (IMC).[9] Y para ello debes pesarte y medir tu altura. Si divides tu peso en kilos entre tu estatura en metros al cuadrado, te dará el valor de tu índice de masa corporal. Tampoco te rompas mucho la cabeza porque puedes pesarte en un báscula profesional en una farmacia y además tienes en internet muchísimas páginas donde, introduciendo los valores, ya te lo calcula en función de si eres mujer o varón. En general, si el resultado de la división es superior a 25, tienes sobrepeso y si el valor es mayor que 30, tienes obesidad. Aunque es evidente que si tienes estos valores deberías adelgazar, por tu salud, lo que realmente importa es la proporción que tienes de grasa visceral,[10] porque esta es la que se deposita alrededor de los órganos internos, en especial alrededor de tu corazón. Este índice de grasa visceral se mide de otra forma. Aunque existen muchas maneras más técnicas y precisas de hacerlo, te enseñaremos una sencilla que puedes probar en casa. Se trata del índice cintura/estatura.[11] Primero mides con una cinta métrica tu perímetro abdominal a la altura del ombligo y luego haces lo mismo con tu estatura. Divides el valor en centímetros de tu perímetro abdominal por el valor en centímetros de tu estatura. Valores superiores a 0,5 significan que tienes demasiada grasa visceral y que debes cuidarte.

Ahora que ya conoces tu proporción de grasa, podemos explicarte su significado evolutivo. Para empezar, te diremos que el acúmulo de grasa que está debajo de la piel es diferente según el sexo. En los hombres se concentra más en el abdomen, mientras que en las mujeres esta capa de grasa es más gruesa en las caderas y en los muslos. Pero lo cierto es que el origen de acumular grasa en nuestro cuerpo tiene un responsable fascinante: nuestro cerebro. Nuestro cerebro consume mucha energía y además no la almacena, por lo que tiene que estar constantemente alimentado. Para que, en momentos de escasez energética, pueda seguir funcionando con normalidad, tienen que existir depósitos de energía reservada para su utilización. Nuestra naturaleza ha previsto que estos depósitos se conserven en forma de grasa para nuestra subsistencia. Pero este mecanismo de depósito de reserva no solo sirve para el funcionamiento de nuestro cerebro, sino que se utiliza de forma muy eficaz para sobrevivir largo tiempo en situaciones de escasez de alimentos.

El problema es que el sistema de depósitos de grasa se ha diseñado a lo largo de millones de años para adaptarse a un mundo con unas condiciones de vida muy diferentes a las de hoy en día.[12] Entonces, lo que se originó como una ventaja de supervivencia ahora se ha convertido en el verdugo de muchas de las enfermedades que la humanidad está sufriendo en la actualidad, como la obesidad, las enfermedades cardiovasculares y muchas de las patologías digestivas.

Todo comenzó hace mucho tiempo en la escala evolutiva. En los homínidos primitivos, almacenar la grasa era la mejor forma de guardar energía para los momentos de escasez de alimentos. Es posible que este mecanismo fuese la base del rápido crecimiento cerebral, ya que, en momentos de dificultad para encontrar alimentos, los depósitos grasos proporcionaban la energía suficiente para el gran consumo de un cerebro que a su vez desarrollaría mejores capacidades de ingenio para buscar y procesar la comida. En la actualidad, la obesidad[13] representa una verdadera pandemia social y todo el mundo está buscando remedios milagrosos y excéntricos para bajar peso. Desde apuntarse a un gimnasio después de los excesos culinarios de las vacaciones o comenzar con el deporte un mes antes de lucir nuestro cuerpo serrano en la playa hasta cosas tan absurdas como la dieta basada en un único alimento, ya sea el pomelo, la piña o mejunjes de sabores asquerosos. Lo sentimos si estás haciendo algo de esto, pero como profesionales de la salud hemos de indicarte que la mejor forma de perder peso es una planificación de cambio de costumbres con una programación a largo plazo, porque lo importante para lograr cualquier cosa es la disciplina, y, si dudas, pregúntale a los deportistas y opositores, que son los que más saben de ser disciplinados. Bueno, sermones aparte, nuestro problema de obesidad se origina porque tenemos un cuerpo adaptado a una dieta primitiva que poco sabía de hamburguesas, sartenes y bebidas azucaradas. Y solo sabe almacenar grasa para mantener energía para nuestro cerebro. Lo que ha ocurrido es que cuando la evolución diseñó nuestro cuerpo para el almacenamiento de grasa, este iba acompañado de mucho ejercicio físico diario necesario para buscar comida. Pero, en la actualidad, no está alterado el mecanismo de almacenamiento de grasa, sino la cantidad de energía que gastamos en conseguir alimento. Si llamamos a cualquier cadena de comida rápida, enseguida nos sirven, sin tener que recorrer largas distancias para cazar o recoger el fruto de los árboles. Eso es lo que ocurrió; aunque comemos más, lo realmente preocupante es que gastamos menos energía en actividad física. Menuda humanidad: bajamos en ascensor, compramos comida *light*, protestamos por la peatonalización de las calles y, lo que es el colmo, vamos en coche al gimnasio para pedalear en una bicicleta estática. ¡Nos lo tenemos que hacer mirar! En fin, volvamos a la formación de tu piel.

## RÍGIDA Y A LA VEZ ELÁSTICA

Con 17 gramos de peso, 6 centímetros de tamaño y once semanas de edad en el útero de tu madre, tu piel comenzó a producir fibras, para dar rigidez y elasticidad a tu cuerpo. Pero ahora imagínate que alguien te encarga fabricar un objeto rígido y elástico. Posiblemente pensarías que es imposible, o es rígido o es elástico, las dos características a la vez sería un sueño. Pues ese sueño lo alcanzó el ser humano en la construcción de su estructura aplicando millones de años de experiencia evolutiva. La rigidez es la capacidad que tienen los elementos de las estructuras de aguantar los esfuerzos sin deformarse. La elasticidad es la cualidad de cualquier objeto de recuperar su forma anterior luego de ser deformado ejerciendo fuerza. Parecen casi contradictorias. Las civilizaciones humanas, haciendo una copia burda de la naturaleza, hemos logrado hacer cosas tan sorprendentes como el puente colgante de Arouca, en Portugal, que con 516 metros de longitud y 175 metros de altura se convirtió en el puente rígido y flexible más grande del mundo. Pero esta estructura combina la rigidez y la flexibilidad en diferentes componentes, pero no es capaz de unir las dos cualidades en la misma parte del puente, ya que tiene la rigidez en su pasarela y la flexibilidad en los cables que lo soportan. Tu cuerpo, siguiendo el guion evolutivo desde hace millones de años y con una facilidad increíble, es capaz de combinar en la misma estructura mucha rigidez y gran elasticidad. Para fabricar tu piel, la naturaleza realiza un entramado de fibras que combina unas muy rígidas (fibras colágenas) con otras muy elásticas (fibras elásticas).[14] Esta genialidad de la ingeniería te acompañará durante toda tu vida, aunque es verdad que, cuando cumplas años, las fibras elásticas serán menos elásticas y las rígidas serán más quebradizas. No podemos saber cuántos años tienes, pero aunque seas muy mayor «eres joven», y para demostrártelo con nuestra experiencia personal te diremos que hay pacientes mayores a quienes atendemos en nuestras consultas que, a pesar de tener muy buena salud, son muy pesimistas y llevan treinta años diciendo aquello de «para lo que me queda». Siempre que les recordamos que hace años ya decían lo mismo se ríen, porque hay que ver la edad con optimismo; nunca se envejece, simplemente viven mucho tiempo en el otoño de su vida. Una anécdota de llevar la vejez con optimismo la refleja una historia que un sabio profesor nos ha contado. Nos relataba que una vez cuando tenía cuarenta años atendió a una señora de ciento cuatro que acudió a su consulta para hacerse una revisión. Cuando el insigne profesor le dijo que estaba bien y que no tenía que preocuparse, la señora se levantó y le exclamó: «¡Ay, doctor, qué voy a hacer cuando me falte usted!». Lógicamente, el profesor se puso a temblar solo de pensar que la señora planteaba que tenía más vida por delante que el magnífico galeno. ¡Esa es la actitud! No es pensar en lo que hemos hecho con los años que han pasado, sino en lo que vamos a hacer con los que nos quedan. Cuando veas en el espejo las arrugas típicas de la edad, solo debes centrarte en que las fibras elásticas y colágenas de tu piel han perdido sus propiedades, pero nunca pienses en la edad; la juventud debe ser una cualidad eterna del ánimo, como alguien dijo: «Cumplir años es obligatorio mientras vives, pero envejecer es opcional».

## UNA CÁMARA ACORAZADA TRANSPIRABLE

Al final del primer trimestre de tu estancia en el útero de tu madre, tu piel ya estaba provisionada de vasos sanguíneos, glándulas para producir sudor, pelos y glándulas productoras de grasa. Desde entonces, la naturaleza te dotó de un mecanismo único de lubrificación, el sudor.[15] Es posible que a veces te moleste, pero sin el sudor, no podríamos conquistar el mundo. Para que te des cuenta de su importancia, comenzaremos diciéndote que tienes unas doscientas cincuenta glándulas de sudor por centímetro cuadrado de tu piel. Esta cantidad tan grande de glándulas te permite mantener la temperatura constante de tu cuerpo. Este dato es importante para que tus órganos no pasen excesivo calor o frío. Pero ha sido más importante para nuestros antepasados, ya que sudar, tal y como te hemos explicado en capítulos anteriores, les permitía realizar grandes caminatas a trote bajo el sol persiguiendo las presas para su comida. Esta condición no la tienen la mayoría de los animales, ya que, en vez de sudar, jadean, eliminando el calor por su boca, lo que no regula con tanta precisión su temperatura corporal. Ante una caminata muy larga, el animal puede tener más velocidad, pero no más resistencia, lo que representaba una ventaja para el humano primitivo perseguidor de la presa que podía abatir con una piedra cualquier animal que se encontraba exhausto después de una carrera.

Dicen que las pieles humanas más cuidadas del mundo son las de los países nórdicos porque el frío hace que se protejan con productos hidratantes. Sin duda, hidratar la piel es una de las mejores cosas que puedes hacer, sobre todo porque es una pena que después de una ingeniería biológica de millones de años y un diseño perfecto en el interior del útero de tu madre, ahora lo vayas a estropear por no hidratarte la piel o envejecerla exponiéndola durante mucho tiempo a los rayos del sol sin protección. Sería algo así como comprarse un abrigo muy caro y utilizarlo como funda para pintar las paredes de tu casa.

# 13
# Tu director
# de orquesta

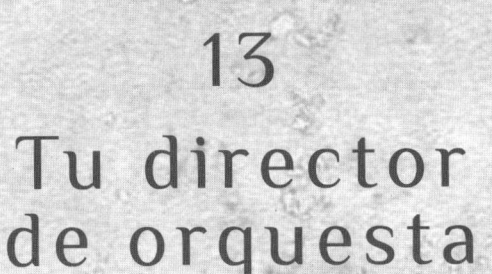

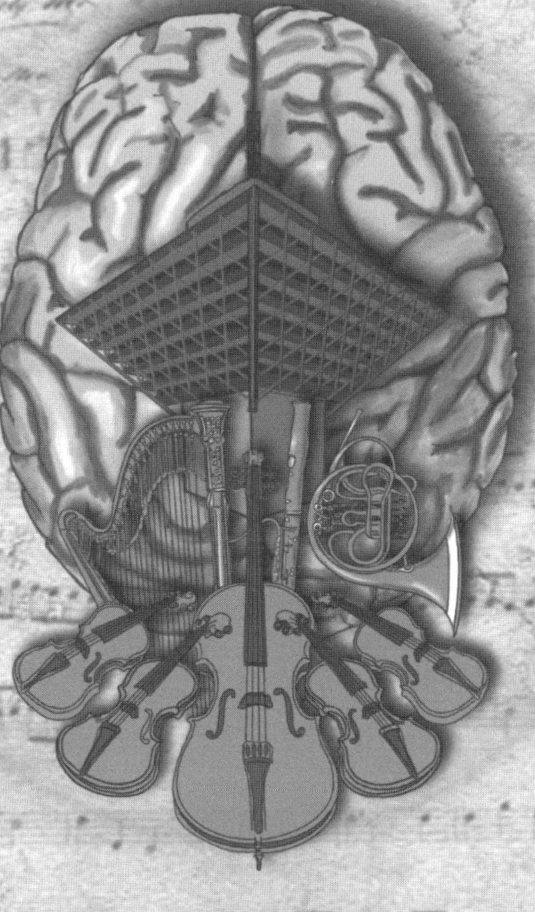

# EL ÓRGANO QUE SE ESTUDIA A SÍ MISMO

Quizás el austriaco Carlos Kleiber (1930-2004),[1] el norteamericano Leonard Bernstein (1918-1990)[2] o el italiano Claudio Abbado (1933-2014)[3] sean los mejores directores de orquesta de todos los tiempos. Pero en una profesión que ha tenido una dominancia masculina, es meritorio destacar a geniales directoras femeninas como la brasileña Ligia Amadio,[4] nacida en 1964, la neoyorkina Marin Alsop,[5] nacida en 1956, o la increíble Alondra de la Parra,[6] nacida en Nueva York en 1980, a quien su estilo característico y lo distendido y colorido de sus actuaciones la han llevado a dirigir ni más ni menos que setenta orquestas en todo el mundo. Y si hablamos de méritos como directores de orquesta, no podemos dejar de nombrar al grandísimo Adrián Rincón,[7] el primer director de orquesta ciego, que con veinticinco años se estrenó durante el año 2021 en el Auditorio de Barcelona.

De forma similar a una orquesta, tu cuerpo está controlado por un gran director y, al igual que Adrián Rincón, está ciego. Tu cerebro[8] está custodiado dentro de tu cráneo y nunca ve la luz del exterior. Se trata de un órgano blando que, con apenas un kilo y medio de peso, esconde la más compleja estructura natural jamás conocida, ya que, si lo piensas con detenimiento, es el único órgano que tiene la increíble capacidad de estudiarse a sí mismo. Tu cerebro puede dar muchas órdenes, puede hacer que los músculos bailen, es capaz de interpretar sonidos, analiza los olores, regula funciones como la alimentación, el control de la temperatura o la presión de la sangre. Todo ello podemos estudiarlo con un éxito científico cada vez mayor, ya que las funciones cerebrales han sido siempre un tema muy goloso para la ciencia. Sin embargo, aún se nos escapa una de las funciones más sublimes que, de momento, no podemos entender, ¡la imaginación! Esta es, sin duda, una característica que nos distingue del resto de las criaturas existentes en nuestro planeta. Un chimpancé puede pensar, puede imitar, puede soñar, pero (que nosotros sepamos) no es capaz de construir un relato imaginario (sucesión de imágenes) de algo que no existe. Si tú cierras los ojos, puedes imaginarte que vas en el interior de una nave espacial camino del planeta Marte, pero ningún otro animal puede hacer esto.

Tu cerebro, como director de tu orquesta corporal, lleva la batuta de un sistema de células y cables que se denomina sistema nervioso y que comenzó a formarse en tu cuerpo cuando solo llevabas tres semanas en el útero de tu madre.[9] Es posible que no lo recuerdes, pero en ese momento tu tamaño era el de un grano de sal y tu forma era la de tres monedas ovaladas y apiladas. En la moneda superior apareció un surco que recorría todo el largo de la moneda y que formó un tubo cilíndrico denominado «cuerda dorsal», técnicamente conocido como «notocorda». Y a partir de este cordón, comenzó a moldearse un conjunto de estructuras que darían soporte a la función más alucinante jamás conseguida: el pensamiento humano. ¡Pero vayamos por partes!

A medida que tu cuerpo formado por las tres monedas apiladas crecía y se plegaba en sentido longitudinal y lateral, el tubo que recorría todo tu cuerpo se preparaba para formar tu futura médula espinal (tubo nervioso que está protegido en el interior de tu columna vertebral) y tu cerebro (situado en el interior de tu cráneo). Pero, mientras la parte inferior de tu tubo nervioso seguía teniendo esa estructura tubular, la parte superior (la que estaría hacia tu futura cabeza) comenzó a originar unas dilataciones. Primero se constituyeron tres dilataciones a las que los científicos les asignaron unos nombres rarísimos, porque desde la cabeza hacia abajo se denominan prosencéfalo, mesencéfalo y rombencéfalo. Sí, ya sabemos que esto es complicado; para que nos entiendas mejor también se pueden designar de forma más sencilla, ya que el prosencéfalo es el cerebro anterior, el mesencéfalo es el cerebro medio y el rombencéfalo es el cerebro posterior. Pero, a su vez, alguna de estas dilataciones formaría otras dos, pasando de tres dilataciones a cinco. En fin, que cuando tenías treinta y cinco días de vida en el interior de tu madre, tu inicial tubo nervioso estaba dividido en seis partes: cinco dilataciones (denominadas de arriba abajo telencéfalo, diencéfalo, mesencéfalo, metencéfalo y mielencéfalo) que luego quedarían protegidas en el interior de tu cráneo, y un cordón nervioso inferior que formaría tu médula espinal, alojándose posteriormente en tu columna vertebral (Figura 25).

La organización final de tu sistema nervioso tiene dos partes, un sistema central y un sistema periférico. Tu sistema nervioso central está compuesto por las estructuras nerviosas que están protegidas por tu cráneo (cerebro) y tu columna vertebral (médula espinal). De la misma manera que una central eléctrica regula la luz de una ciudad, esta parte del sistema nervioso se llama central porque se encargará de dirigir y regular todos los procesos nerviosos de tu cuerpo mediante la activación y desactivación de circuitos. Pero si el sistema nervioso central es como la central eléctrica de una ciudad, el sistema nervioso periférico está integrado por todos los cables (nervios) que atraviesan los agujeros de tu cráneo y tu columna vertebral para realizar sus funciones simulando los cables eléctricos que desde una central eléctrica componen el cableado tan complicado que nos

permite alumbrar las calles, encender la televisión o enchufar una
plancha.

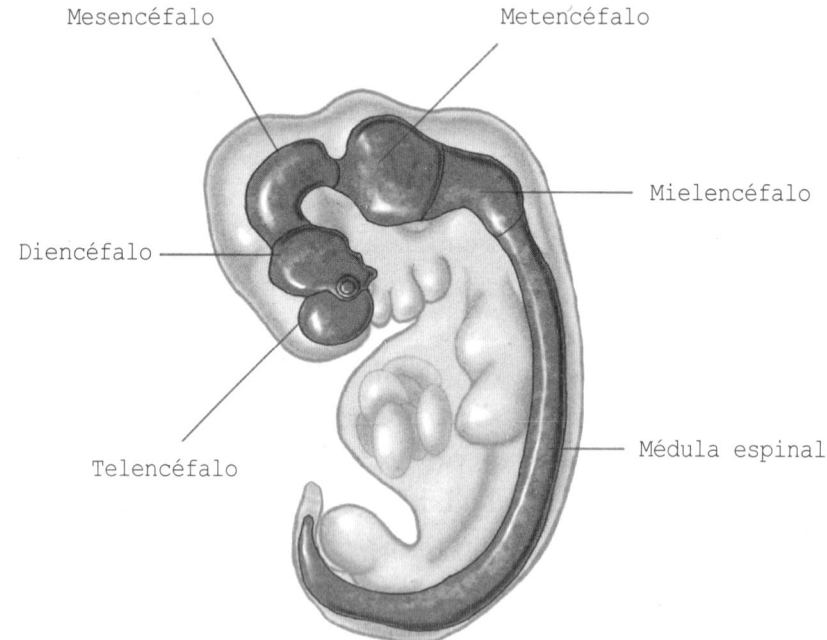

Figura 25. Tubo nervioso a los 35 días.

## UN EDIFICIO INVERTIDO

En conjunto, la estructura de tu sistema nervioso es más grande en
su parte superior, donde está el cerebro, y más estrecha hacia la zona
de tu médula espinal, por lo que podríamos decirte, en sentido figu-
rado, que es como un edificio invertido. Es posible que no conozcas
lo que es un edificio invertido, pero es fácil, es aquella construcción
en la que sus plantas más bajas son más pequeñas y van creciendo en
extensión hasta el piso más alto, que suele ser el más grande. Así ad-
quieren una forma de pirámide invertida. Entre los edificios inverti-
dos más famosos del mundo se encuentran el de la radio pública es-

lovaca situado en Bratislava o el proyecto bautizado como Affirmation Tower, un rascacielos de más de quinientos metros de alto que se proyecta en Nueva York, con una planta más baja donde se situará la recepción y unas plantas superiores en las que está diseñado implantar funciones más sofisticadas de las empresas. En el piso más alto se prevé ubicar un gran centro de control que coordine y planifique a todas las empresas del edificio. Para facilitarte la explicación de tu sistema nervioso, lo haremos como si tuviéramos que describirte un edificio invertido en el que los pisos inferiores no solo son más pequeños, sino que se han construido antes en la evolución y tienen funciones más simples, mientras que los pisos más altos tienen competencias más complicadas y además es donde se encuentran las oficinas de mayor control de todo el conjunto (Figura 26). Así, comenzaremos por la médula espinal, el piso más bajo y estrecho, y terminaremos por tu corteza cerebral, el piso más alto, ancho y extenso. Pero antes de montar el edificio de tu sistema nervioso, es pre-

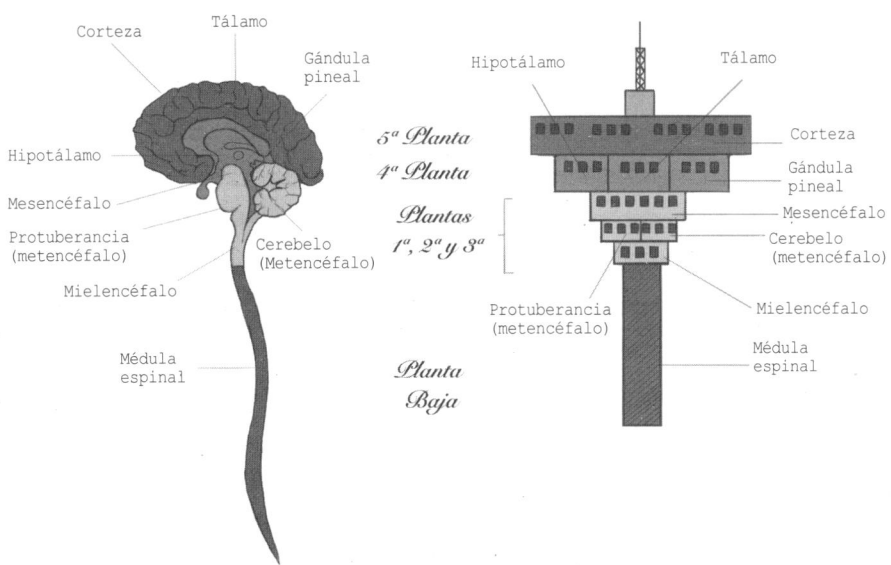

Fgura 26. El edificio de tu sistema nervioso.

ciso que hagamos referencia a los elementos que componen y mantienen su sistema eléctrico.

## TU INMENSA MARAÑA DE CABLES

El sistema eléctrico de tu casa está compuesto por cables que conectan interruptores y enchufes. En el momento en que pulsas un interruptor para encender la luz, el cable lleva la electricidad desde el circuito eléctrico hacia una bombilla. Si en cualquier momento quieres encender un aparato eléctrico, como un secador de pelo o cualquier otro electrodoméstico, conectas el cable en un enchufe y observas cómo se pone en funcionamiento, por ejemplo, el motorcito de la aspiradora que tantas mañanas de domingo nos ha despertado como indirecta de nuestros padres a que «ya es hora de que te vayas desperezando».

En tu cerebro existen millones de circuitos que dependen de una célula que es la neurona.[10] Cada una de tus cien mil millones de neuronas es como una pequeña central eléctrica con cables, interruptores y enchufes. Cada neurona tiene un cable principal (axón) que conecta con otras neuronas y tiene unos cables más pequeños (dendritas) que sirven de enchufe para recibir la información de otras neuronas (Figura 27). Para que puedas visualizar la inmensa maraña de circuitos de tu sistema nervioso, imagínate y piensa que en la Tierra somos ocho mil millones de seres humanos. Pues bien, tus conexiones neuronales son ese número multiplicado por diez.

Cada uno de tus microcircuitos (neuronas) está especializado en una función. Unas neuronas se encargan de llevar la información de todo lo que tú sientes hacia tu cerebro (neuronas sensitivas), otras dirigen las órdenes desde tu cerebro hacia tus músculos (neuronas motoras) y otras conectan tus neuronas sensitivas con tus neuronas motoras para controlarse mutuamente (interneuronas). Los cables principales de varias neuronas se unen, como los hilos de cobre de un cable de la luz, formando un nervio. De este modo, tus nervios serán sensitivos (si trasladan información hacia el cerebro) o motores (si ejecutan una orden desde el cerebro). Cuando se estropea un cable eléctrico en tu casa, tienes que llamar a un electricista (a no ser que seas un manitas en el bricolaje y del peligroso mundo de los voltios); en cambio, tus neuronas y sus cables ya traen de serie unos electricistas incorporados. Se trata de unas células que están alrededor de las neuronas y que se llaman células de «la glía».[11] Estas células se ocupan de defender, mantener y reparar tus neuronas. Además, forman una

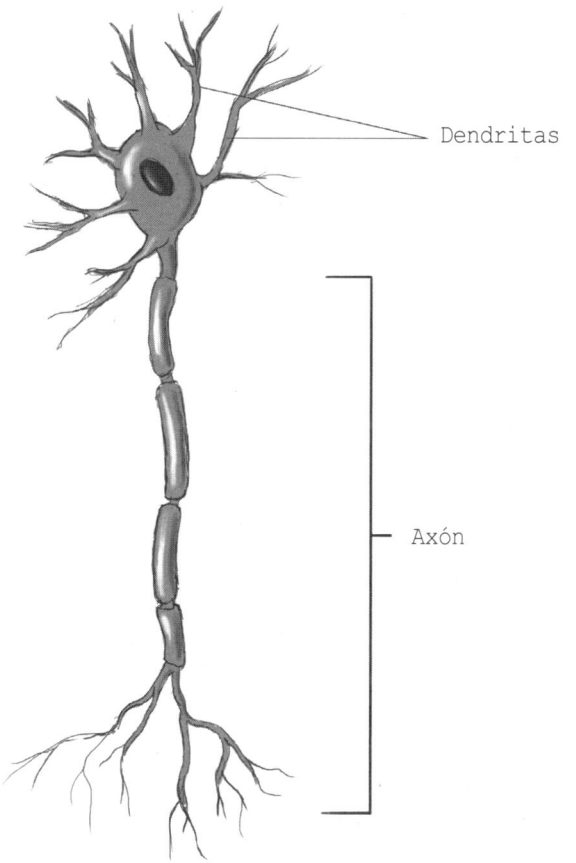

Figura 27. Neurona.

sustancia que rodea los cables de las mismas, igual que la cubierta de plástico que protege los hilos de cobre de cualquier cable eléctrico. Esta sustancia, que se llama mielina, aísla los cables de tu circuito, pero no todos. Tu cuerpo es tan inteligente que solo aísla la parte de ellos que necesita llevar la información de una manera más rápida. Así, parte de tus cables llevarán información con más celeridad y otros lo harán más lentamente. Este descubrimiento tan fascinante fue descrito por los norteamericanos Joseph Erlanger y Herbert Spencer Gasser, que obtuvieron el Premio Nobel de Medicina en 1944. Hablando de premios nobel y de neuronas, no podemos continuar sin citar a nuestro científico más laureado de todos los tiempos: don Santiago Ramón y Cajal.

## UN NOBEL QUE DIBUJABA NEURONAS

A veces, es imperdonable que no conozcamos en profundidad a nuestros premios nobel. Siete españoles han obtenido tan extraordinario reconocimiento. Por orden cronológico: José Echegaray[12] (Premio Nobel de Literatura en 1904), Santiago Ramón y Cajal[13] (Premio Nobel de Medicina en 1906), Jacinto Benavente[14] (Premio Nobel de Literatura en 1922), Juan Ramón Jiménez[15] (Premio Nobel de Literatura en 1956), Severo Ochoa[16] (Premio Nobel de Medicina en 1959), Vicente Aleixandre[17] (Premio Nobel de Literatura en 1977) y Camilo José Cela[18] (Premio Nobel de Literatura en 1989). Don Santiago Ramón y Cajal, nacido en Petilla de Aragón en 1852, es considerado el padre de la neurociencia (la rama de la investigación y la clínica que estudia el sistema nervioso). Puedes consultar su biografía en cualquiera de las 1.430.000 páginas de Google dedicadas a él y te recomendamos encarecidamente leer alguno de sus textos más famosos, como *Reglas y consejos sobre investigación científica*, más conocido como *Los tónicos de la voluntad*, u otro ensayo como *Charlas de café*. El primero es un tratado que pretendía ser una guía para los jóvenes investigadores y, pese a haber sido escrito a finales del siglo XIX (hace más de cien años), sigue estando vigente hoy en día. El hecho más esclarecedor es que se recomienda su lectura en muchas facultades de nuestro país para motivar el trabajo investigador a los alumnos. En la segunda de las recomendaciones, el magnífico *Charlas de café*, nuestro laureado doctor relata anécdotas y confidencias personales regalándonos reflexiones que han quedado grabadas para la posteridad en el imaginario colectivo. En estos y otros escritos, Cajal deja entrever su agudo ingenio y magistral sabiduría, pero, para que entiendas la magnitud de los logros de este maestro, nos gustaría explicarte cómo consiguió llegar a describir la anatomía neuronal.

Cajal comenzó a investigar en una época donde los medios técnicos eran muy diferentes a los de hoy en día; de hecho, como no podía fotografiar las imágenes, gran parte de su tiempo en el laboratorio lo ocupaba con un ojo puesto en el microscopio y otro en la pluma y el papel que utilizaba para dibujar todo lo que veía. Esta tarea no le disgustaba, pues, a decir verdad, desde muy joven había sido muy aficionado a la pintura, ¡tanto que en un primer momento de su vida se había planteado ser pintor en vez de médico! Seguro que todos hubiésemos disfrutado de sus obras de arte, pero la ciencia habría perdido a un grandísimo genio. El asunto es que Cajal pasaba muchas horas en el laboratorio dibujando esa maraña de tejido neuronal con aspecto de ramificaciones de árbol, y con mucha astucia y siguiendo sus delicadas prolongaciones, cayó en la cuenta de que existían unos espacios que las separaban, el lugar donde se producen los intercambios químicos de sustancias que hacen que las neuronas se conecten entre ellas. Hasta ese momento, se creía que todo el tejido neuronal formaba una especie de red continua sin interrupciones, pero este sabio pudo comprobar que cada neurona era independiente y que estaba separada de las demás por pequeños espacios. Es como si hasta ese momento todo el mundo hablase de los bosques pero de repente apareciese una persona que describiese por primera vez el árbol como unidad única e independiente del resto. Esta idea de Cajal es la que nos permite decir que tu sistema nervioso no es un único circuito eléctrico, sino que cada neurona es como un microcircuito propio y que los millones de microcircuitos independientes son los que logran un sistema tan complejo pero fascinante, lleno de miles de millones de posibilidades de actuación, desde algo tan instintivo como oler hasta las más altas capacidades como pensar o imaginar. Seguiríamos hablándote de la obra de Santiago Ramón y Cajal durante muchas páginas ya que es uno de nuestros ídolos, pero el tiempo es limitado, de modo que, para despedirnos de nuestro querido maestro, te dejamos, antes de seguir, tres frases suyas que seguro te harán pensar:

*Las ideas no duran mucho. Hay que hacer algo con ellas.*

*Todo hombre puede ser, si se lo propone, escultor de su propio cerebro.*

*Las neuronas son células de formas delicadas y elegantes, las misteriosas mariposas del alma, cuyo batir de alas quién sabe si esclarecerá algún día el secreto de la vida mental.*

## PLANTA BAJA: UN PRIMITIVO TUBO DE RECEPCIÓN

Volvamos de nuevo a las partes de tu sistema nervioso. Como ya te indicamos, está formado por un sistema central (que está protegido por tu cráneo y por tu columna vertebral) y un sistema periférico de cables que te conectan con todas las partes del cuerpo para que las controles y recibas los estímulos del exterior. La parte más estrecha (aunque es muy larga) y sencilla de tu sistema nervioso central es la médula, que está protegida por tu columna vertebral. Tu médula espinal actúa como el piso más bajo de un edificio invertido, donde se encuentran neuronas que actuarían como el personal de recepción e información de una empresa. Cuando entras en un edificio de oficinas o llamas por teléfono, te atiende un personal muy amable que se encarga de informarte y pasarte con la persona o el departamento con el que quieres conectar, pero que también se ocupa de atender las llamadas de los distintos departamentos de los pisos superiores para ejecutar las órdenes que les indiquen: pedir mercancía, solicitar un taxi, reservar un restaurante o enviar un paquete a una dirección. La médula espinal[19] está constituida por una zona central de color grisáceo y forma de mariposa donde están las neuronas (sustancia gris) y que está rodeada por una zona periférica que es más blanquecina (sustancia blanca). Las neuronas de la médula espinal realizan actividades imprescindibles, pero más sencillas, como son, por un lado, recibir la información del cuerpo y del exterior del mismo para enviarla a las oficinas de los pisos superiores, y, por el otro, recoger la información de los pisos superiores y ejecutarlas hacia el cuerpo o el exterior. Es decir, que al igual que las personas de recepción, la médula recibe estímulos y envía órdenes.

Evolutivamente, la médula espinal es también la estructura más antigua. Se remonta casi al inicio de la vida animal, ya que consiste en una forma simple de responder a los estímulos externos.[20] Aunque los primeros animales con médula no podían pensar, sí que reaccionaban ante las características del medio que los rodeaba. Si las condiciones no eran las adecuadas para su supervivencia, entonces respondían alejándose, y si las condiciones eran las óptimas, se mantenían en su posición. Este sistema tan primitivo y elemental fue el motor inicial del éxito de la supervivencia de los animales. Un ejemplo de la memoria de este sistema primitivo lo tienes en las funciones actuales de tu médula espinal, que, de manera inconsciente, puede actuar ante los estímulos del exterior. Por ejemplo, si apoyas tu mano sobre una superficie muy caliente sin darte cuenta, de forma automática tu médula espinal recibe la información de calor y en milisegundos ordena a los músculos de tu mano que se separen del calor. Esto se llama arco reflejo, y es el modo más simple de acción nerviosa, que, como puedes apreciar, no necesita de tu consciencia para actuar.

Tu médula espinal no solo representa la parte más antigua del sistema nervioso del reino animal, sino que también ha sido la primera estructura que se ha formado en el sistema nervioso de tu cuerpo. A los diecisiete días de tu vida en el interior del útero de tu madre apareció un surco en la región que se corresponde ahora con tu espalda.[21] Ese surco fue modificándose poco a poco para, cuatro días después, el día veintidós de tu formación, plegarse hasta completar una estructura en forma de tubo. Ese tubo es el que ha constituido tu médula espinal y se ha creado mucho antes que la mayoría de estructuras de tu cuerpo.

A partir de tu tercera semana de desarrollo, tu tubo del sistema nervioso comienza a formar las dilataciones hacia tu cabeza. Estas dilataciones representan los pisos superiores del edificio invertido; cuanto más arriba esté el piso, más extensión y funciones más sofisticadas posee. Como ya te hemos indicado, primero aparecen tres dilataciones separadas por dos estrecheces, pero luego terminan siendo cinco dilataciones separadas por tres estrecheces. Es decir, tu edificio cerebral tiene la recepción e información, que es tu médula espinal, pero luego tiene cinco pisos superiores que te iremos describiendo, desde el primero que se llama mielencéfalo hasta el quinto piso que se denomina telencéfalo.

## TRES PRIMEROS PISOS:
## AQUÍ SE TRABAJA SIN DESCANSO

La distribución de los tres primeros pisos de tu edificio nervioso (las dilataciones inferiores) es un tanto curiosa, ya que tiene tres plantas con nombres muy raros (mielencéfalo, metencéfalo y mesencéfalo). La segunda planta (el metencéfalo) está dividida en dos viviendas, una anterior que se denomina protuberancia y otra posterior con un nombre que te resulta más familiar, tu cerebelo. La primera (mielencéfalo) y la tercera planta (mesencéfalo), junto con la vivienda de delante de la segunda (protuberancia), constituyen una unidad denominada tronco encefálico y ninguna información puede subir desde la planta baja o descender desde los pisos superiores sin pasar por su inspección. Estos tres pisos controlan todas las llamadas telefónicas, las escaleras y los ascensores de acceso hacia las plantas superiores y desde las plantas superiores hacia la recepción. Por tu tronco encefálico pasan todas las sensaciones que recibes y todos los movimientos que quieras realizar. En esos tres primeros pisos de tu sistema nervioso existe un pequeño ejército de profesionales (neuronas) que han sido adiestradas en el mantenimiento de todo tu edificio sin necesidad de recibir órdenes de ningún jefe de las plantas superiores. El pequeño ejército se llama «formación reticular»[22] y no solo regula el paso de información cuando el edificio trabaja en los días lectivos, sino que también están activos en los períodos de vacaciones y fines de semana, cuando los jefes y el resto del personal están disfrutando de sus merecidos descansos.

Las neuronas de tu «formación reticular» no tienen vacaciones, ya que su descanso provocaría tu muerte. Cuando tu organismo está despierto y cuando está dormido, no tienes que acordarte de mover los pulmones para respirar ni el corazón para que funcione. De esos movimientos se encarga ese pequeño ejército de neuronas (formación reticular), que le ordena continuamente a tus pulmones y a tu corazón que sigan funcionando. De esta manera tan inteligente, la formación reticular mantiene el oxígeno y la circulación de la sangre de nuestro organismo, aunque estemos inconscientes, durmiendo o realizando cualquier actividad. De algún modo, este ejército de neuronas fue el primero que entendió que, si nuestra respiración y nuestro latido cardíaco dependieran de nuestra voluntad, la vagancia nos llevaría a la muerte de las especies y no hubiera sido posible la evolución hacia los seres humanos. Para la función simple de recepción de estímulos, las neuronas de tu formación reticular se disponen en grupos (núcleos) para que cada uno coordine una de tus funciones vitales, como la respiración, la deglución, el sueño o tu latido cardíaco.

Con la planta baja de tu edificio nervioso y las tres primeras plantas ya tienes garantizadas las funciones más básicas del organismo: recibir sensaciones, realizar actividad muscular simple, respirar y mover tu corazón para impulsar la sangre. Pero, como te hemos dicho, la vivienda posterior de tu segundo piso es una estancia muy grande que se denomina cerebelo.[23] La estructura interna de este bonito órgano, situado en el interior de la parte más posterior e inferior de tu cráneo, tiene forma de árbol redondeado, por lo que se le conoce como «el árbol de la vida». Las neuronas que viven en esta estancia del edificio de tu sistema nervioso se encargan de coordinar los movimientos de tu cuerpo. En este órgano se recibe la información de tus músculos para que realices los movimientos con la intensidad y la precisión que desees. Es más, cuando estás en una postura determinada, se encarga de mantenerla, equilibrando todos tus músculos. Esto lo notas, por ejemplo, cuando estás quieto en posición erguida. Aunque no te des cuenta, los músculos están en equilibrio para mantener esa postura; de hecho, al estar de pie mucho tiempo, te das cuenta de que te molestan los músculos y de vez en cuando tienes que moverlos para que descansen. Las personas que presentan alguna alteración del cerebelo no tienen capacidad de coordinar los músculos y pierden el equilibrio como si acabaran de bajarse de una atracción giratoria en un parque temático. En definitiva, en la estancia del cerebelo están los habitantes de tu edificio del sistema nervioso (neuronas cerebelosas) encargados de la coordinación, y no hace falta que te expliquemos lo caótico que resulta en una empresa, un edificio o cualquier supermercado que la coordinadora o el coordinador no haga bien su trabajo.

## CUARTA PLANTA: DONDE SE EMPAQUETAN TUS SENSACIONES CON EMOCIÓN

Hasta ahora tenemos la planta de recepción o planta baja, los tres primeros pisos que regulan tu respiración y la contracción automática del corazón y que, en la vivienda posterior de la segunda planta, existe una estancia para el personal de la coordinación de todos tus movimientos para que no pierdas el equilibrio. Llegó la hora de visitar la cuarta planta de tu edificio invertido, tu diencéfalo.

En ella existen unas trabajadoras (neuronas diencefálicas) que se encargarán de funciones más sofisticadas que las de las plantas inferiores, y aunque no deciden, seleccionan la información que deben enviar a las jefas de la quinta planta, la más alta del edificio. Pero, además, estas funciones han sido adquiridas en un período evolutivo más cercano al origen del ser humano. Esta planta tiene tres oficinas situadas de delante atrás del edificio de tu sistema nervioso denominadas hipotálamo[24] (la anterior), tálamo[25] (la media) y glándula pineal[26] (la posterior).

En una de esas oficinas, concretamente en la del medio (tálamo), se encuentran unas profesionales (neuronas talámicas) que en su currículum han demostrado estar especializadas en cuatro funciones. En primer lugar, reciben la información desde todos tus sentidos (tu vista, tu oído, tu gusto y tu tacto), excepto de tu olfato. Estas neuronas se encargan de enviar la información hacia la quinta planta, en dirección a la oficina correcta para su interpretación por la jefa correspondiente. La segunda función es la de recoger la información de los sentidos que se relacionan con tus ciclos de vigilia y sueño. Poco a poco, las eficientes neuronas del tálamo recopilan información de luz, cansancio físico, temperatura corporal y otros parámetros de los pisos inferiores para seleccionarla y enviarla a otros pisos informando de si te debes despertar, te debes dormir, si hace poco que comenzaste a trabajar o si ya va siendo hora de que lo dejes y te vayas a descansar. La tercera función de las trabajadoras (neuronas) del tálamo es la de reunir todas las notificaciones de la atención y la consciencia. Ellas no deciden sobre estas dos cuestiones, pero seleccionan los datos que llegan sobre ellas para que las jefas superiores de la quinta planta determinen la atención que prestas en una tarea y si tienes consciencia sobre ella. La cuarta función es muy llamativa pero fundamental, ya que estas eficientes profesionales (neuronas talámicas) son especialistas en empaquetar lo que percibes con lo que sientes, es decir, de la misma forma que una empresa de envíos hace coincidir cada mercancía con cada etiqueta de dirección del destinatario, ellas se dedican a hacer pequeños paquetes de información para que cada sensación de tu cuerpo coincida con el sentimiento adecuado que genera. Esos paquetes de información, los debe enviar a las jefas de la planta superior para su interpretación. El tálamo recoge y empaca la información, pero sus trabajadoras no han estudiado el máster de interpretación y por eso deben remitir todos los datos que recogen hacia los pisos superiores, porque no los entienden. De este hecho podemos deducir la importancia que tienen nuestros sentidos y su íntima relación con las emociones, ya que las neuronas que transmiten esa información son las mismas.

## UNA ENTREPLANTA LLENA DE SUSTANCIAS QUÍMICAS

La oficina que está situada delante de la cuarta planta está un poco más baja que la oficina del tálamo, como si fuera un defecto de construcción del arquitecto del edificio de tu sistema nervioso, razón por la que se le llama despectivamente en el edificio «el hipotálamo», es decir, literalmente «por debajo del tálamo». En esta oficina, sus trabajadoras (neuronas hipotalámicas) tienen un curioso cometido, ya que están en una habitación llena de muchos botes de sustancias químicas, cada una de las cuales es capaz de provocar una función en tu cuerpo. Los botes están numerados y conectados a tus vasos sanguíneos. Solo tienen que abrir el bote correspondiente y enviar por las tuberías de tu edificio la sustancia que hace falta en ese momento. Tienen productos de todo tipo para regular muchísimas funciones del cuerpo que incluso llegan a zonas muy lejanas del sistema nervioso. Estos productos envasados con tanto celo son las hormonas hipotalámicas. Si aumenta tu temperatura corporal, el hipotálamo, mediante sus hormonas, hace que sudes y respires más rápido para controlar tu fiebre; regula tu apetito y tu sed; controla tu ciclo de vigilia y sueño; se ocupa de tu nivel de estrés; pero también interviene en muchas de tus emociones como el placer, el miedo, la ira, la excitación sexual y el dolor.

## TU TERCER OJO

Continuando la descripción de nuestro edificio neuronal, la oficina que está en la parte de atrás de la cuarta planta se llama glándula pineal. Esta estructura es muy pequeñita (en tu cerebro su tamaño es el de un grano de maíz) y en ella existen unos trabajadores altamente especializados denominados pinealocitos que se encargan de informar a las jefas supremas de la quinta planta de los horarios de descanso y vacaciones. En tu cuerpo, esta pequeña glándula pineal produce una sustancia que se llama melatonina que induce el sueño. A esta glándula se le ha llamado el tercer ojo, porque mediante la luz solar que llega por tus ojos controla tus ciclos de estar despierto y dormido. Es como si los trabajadores de esta oficina (los pinealocitos) tuvieran una ventana al exterior y te despertaran cuando amanece y te indujeran el sueño al anochecer. La información de estas neuronas es la que te va preparando para ajustarte a las cuatro estaciones del año y en el caso de muchos animales los prepara para hibernar.

Las cuatro primeras plantas del edificio invertido de tu sistema nervioso pueden funcionar de forma automática sin necesidad de ningún jefe que esté vigilando. Aunque es fantástico tener un cuerpo tan preciso como el tuyo, que sea capaz de realizar tantas funciones de forma automática para sobrevivir, es precisa la intervención de las jefas de la quinta y última planta de tu edificio para poder ejercer las funciones más increíbles de la naturaleza y las más enigmáticas del ser humano, como son la consciencia, la conciencia y la imaginación.

## QUINTA PLANTA: AQUÍ TODOS MANDAN

La quinta planta del edificio del sistema nervioso es la más alta y la más grande de todas. Se llama cerebro[27] y en él están, entre otras, todas las jefas del edificio (neuronas corticales). El problema es que no existe una única jefa, sino que están agrupadas según las funciones en varias zonas, y además, cada grupo está conectado con los demás. ¿Te imaginas un edificio de oficinas que no tuviera una única jefa o jefe y en el cual las órdenes de su organización dependieran de las normas de varios grupos de jefas o jefes? ¡Menudo caos! Pues es así, el cerebro es un caos y por eso es tan complicado de estudiar y entender, ya que la ciencia intenta buscar un orden lógico en un caos aparentemente ilógico. De todas formas, intentaremos ordenar algo (muy poco, porque no somos especialistas en neurociencia) el sistema de tu quinta planta, donde están las jefas del sistema nervioso. Lo haremos contestándote a varias preguntas, muchas aún sin respuesta: ¿por qué la evolución nos dotó de un sistema nervioso tan complicado? ¿Cómo ha sabido tu cuerpo que tenía que formar tu cerebro? ¿Qué modificación anatómica diferenció nuestro cerebro del de los demás animales? ¿Cómo se organiza la quinta planta del edificio de tu sistema nervioso?

## ¿Por qué la evolución nos dotó de un sistema nervioso tan complicado?

Se tiene evidencia de que el sistema nervioso de los primeros animales de la escala evolutiva estaba formado por unos receptores sensoriales que de lo único que se encargaban era de percibir su medio externo. Este sistema simple de información del medio que los rodeaba facilitaba el que unos diminutos animales llamados «eumetazoos»[28] pudiesen moverse hacia el medio más confortable para su vida y escapar de zonas con características perjudiciales para su supervivencia. Al moverse, los animales construyeron un sistema de más receptores que se conectaban a un pequeño cilindro que recorría todo su cuerpo y que se denominaba notocorda. Ese cilindro guiaba la formación de un tubo que es el que originó poco a poco dilataciones, que, a medida que avanzaba la evolución, iban siendo más grandes. Más tarde, hace unos 570 millones de años, ese tubo nervioso se protegió con una estructura dura, lo que ahora es tu cráneo y tu columna vertebral. Aparecieron unos peces con mandíbulas (gnatóstomos) que eran capaces de rodear sus nervios con una sustancia llamada mielina,[29] cuya característica más importante era que facilitaba la conducción de forma más rápida por sus nervios. Estos peces originaron tres dilataciones a partir de su tubo nervioso, con unos nombres un poco raros, prosencéfalo o cerebro anterior, mesencéfalo o cerebro medio y rombencéfalo o cerebro posterior. Luego, progresivamente, desarrollaron cinco dilataciones en su sistema nervioso que cada vez aumentaron su tamaño a medida que iba especializándose en más y más funciones.

## ¿Cómo ha sabido tu cuerpo que tenía que formar tu cerebro?

La brevísima explicación de la pregunta anterior es la clave para entender las instrucciones que tu cuerpo tenía para formar tu cerebro. En los nueve meses que has estado desarrollándote en el interior de tu madre, la información genética de la formación de tu sistema nervioso almacena y replica todo el sistema evolutivo desde los animales más primitivos que originaron nuestra especie. Primero se configura en tu cuerpo una cuerda cilíndrica (la notocorda), luego un tubo (el tubo neural), después se origina un tejido que se endurecerá para protegerlo (serán tu futuro cráneo y tu futura columna vertebral), se formarán varias dilataciones del tubo (primero tres y luego cinco) y se generará una sustancia (la mielina) para aumentar la velocidad de conducción de tus nervios. Así es como, en los nueve meses que has estado en gestación, tu sistema nervioso recreó todos los acontecimientos evolutivos desde el origen del reino animal. Pudiéramos decir que tu formación ha sido un compendio de todas las instrucciones que durante muchos millones de años tus antepasados han ido escribiendo en sus páginas.

## ¿Qué modificación anatómica diferenció nuestro cerebro del de los demás animales?

Si comparamos la anatomía del cerebro de un chimpancé con la de un ser humano, nos damos cuenta de que, aunque nuestro cerebro es más grande, la diferencia de tamaño por sí sola no justifica la extraordinaria diferencia de cualidades de su procesamiento mental. Es todavía más curioso si nos paramos a pensar que los mecanismos bioquímicos cerebrales son similares entre nuestra especie y el resto de los animales que nos han precedido en la escala evolutiva. Está claro, por lo tanto, que debemos buscar en el comportamiento grupal y la conducta el momento que nos ha situado en el vértice de la pirámide de la evolución. Sin duda, es la imaginación (planificación mediante las imágenes cerebrales) el proceso mental que nos ha proporcionado la ventaja adaptativa definitiva para dominar el mundo. Ningún animal puede construir un relato totalmente inventado de la escena de un dragón saliendo de una cueva y emprendiendo el vuelo con sus grandes alas que cualquier niño de tres años de nuestra especie puede recrear. Esto solo puede entenderse por una extrema interconexión de millones de neuronas que transmiten sus impulsos mediante fenómenos solo explicables por la metafísica (la física de las partículas subatómicas). Pero si tenemos que elegir una modificación corporal que facilitó nuestra diferencia mental, debemos buscar en una zona de la anatomía muy alejada del cerebro, ya que la gran diferencia empezó cuando nos pusimos de pie de forma permanente y nos convertimos en seres humanos. Aunque desconocemos el antepasado común entre nosotros y los chimpancés, actualmente podemos establecer que los primeros homínidos aparecieron hace entre cuatro y seis millones de años. Han sido bautizados por los descubridores de sus huesos fósiles con nombres como *Sahelanthropus tchadensis*,[30] *Orrorin tugenensis*[31] y *Ardipithecus kadabba*.[32] El equipo paleontológico dirigido por el francés Michel Brunet descubrió los restos del *Sahelanthropus tchadensis* en el Chad, una región que, a pesar de estar inmersa en una guerra, permitió al célebre paleontólogo explorar esa zona africana tan rica en fósiles. El *Orrorin tugenensis* se encontró en Kenia, gracias a la astucia de la pareja de paleoantropólogos Brigitte Senut y Martin Pickford. El *Ardipithecus kadabba* fue descubierto en el año 2001 en Etiopía por el paleoantropólogo Yohannes Haile-Selassie. Sin embargo, estos primeros humanos no tenían un cerebro mucho mayor que el de los chimpancés; se determinaron como humanos por su capacidad de locomoción bípeda, no por su destacada capacidad cerebral. Aun así, es lógico pensar que la capacidad de locomoción sobre las dos extremidades inferiores dejaba libres los brazos para poder manipular objetos que facilitarían el aumento de su inteligencia. Y esto es exactamente lo que ocurrió. La manipulación posibilitó la domesticación del fuego, el mejor procesamiento de los alimentos y una dieta más fácil de digerir. Los homínidos no necesitaban un aparato digestivo tan grande para descomponer alimentos menos correosos, y la reducción de la cantidad de sangre destinada a las vísceras de la digestión favoreció el aumento del volumen sanguíneo hacia el cerebro, que comenzó a desarrollarse de manera ininterrumpida hasta la actualidad. Si somos dueños del mejor cerebro de la evolución, si compartimos estructuras y funciones con el resto de los animales y si los procesos bioquímicos y fisiológicos son similares a otros seres biológicos, entonces lo más procedente para que entiendas nuestra «máquina de pensar» es describir el lugar más sofisticado de nuestro sistema nervioso, la quinta y última planta del metafórico edificio invertido donde se encuentra, entre otras estructuras, la corteza cerebral.

## ¿Cómo se organiza la quinta planta del edificio de tu sistema nervioso?

Volvemos a adentrarnos en la arquitectura de nuestro sistema nervioso para describir la parte más espectacular de tu cerebro, una capa que, con unos cuatro milímetros de espesor y más de dieciséis mil millones de neuronas, cubre toda la superficie de tu cerebro. Imagínate, tienes en tu corteza cerebral[33] un número de jefas (neuronas corticales) que es el doble del número de habitantes de nuestro planeta. Estas jefas reciben toda la información del cuerpo y ordenan todos los movimientos de tu voluntad. Pero no todas ordenan lo mismo, están organizadas en varias oficinas, cada una de las cuales se encarga de funciones específicas. Es algo así como si en un hospital, en vez de nombrar a un jefe de servicio por especialidad, de repente se decide nombrar a todo el personal jefe de servicio. Esta organización hospitalaria, que sería un caos, en la superficie cerebral funciona perfectamente gracias a que todas las jefas de servicio están atentas a la vez a la información que reciben y todas dan las órdenes al mismo tiempo. Es más, mientras en una de las oficinas se dedican laboriosamente a sus funciones, las otras están siempre preparadas, como si ninguna de las jefas descansara nunca. Trabajan «sin horario ni calendario».

Estas oficinas (áreas de tu corteza cerebral) se especializan en asuntos concretos, lo que hace que cada una tenga un nombre determinado. Para que lo puedas entender mejor, vamos a seguir un plano de la quinta planta de tu sistema nervioso. El alemán Korbinian Brodmann[34] fue el arquitecto que describió cómo se distribuía la quinta planta del sistema nervioso. Brodmann nació en la pequeña localidad de Liggersdorf en 1868, y luego estudió Medicina en Múnich, Wurzburgo, Berlín y Friburgo. Después de doctorarse en la Universidad de Leipzig, trabajó en la clínica psiquiátrica de la Universidad de Jena, donde conoció al genial Aloysius Alois Alzheimer,[35] quien dio nombre a una de las enfermedades cuyo tratamiento definitivo es una asignatura pendiente de la ciencia, la enfermedad de Alzheimer. El 25 de noviembre de 1901, coincidiendo los dos genios en el asilo mental municipal de Friburgo, el doctor Alzheimer atendió a la paciente Auguste Deter, de cincuenta y un años. En la entrevista clínica, el doctor comprobó que Auguste no recordaba sus apellidos y además había perdido la noción del espacio y del tiempo, ya que no sabía dónde estaba ni en qué año vivía. A la labor clínica de Aloysius Alois Alzheimer por la primera documentación clínica de la enfermedad, se le sumó la labor de maestro indiscutible que supo influir en el gran doctor Korbinian Brodmann, para que este dedicara toda su corta vida (murió a los cuarenta y ocho años) a describir y numerar las áreas de la corteza cerebral humana, que intentaremos precisar como si fueran las oficinas de la última planta de tu cerebro, la zona que recibe toda la información de tu cuerpo y ejecuta tus órdenes.

Para empezar, debes imaginarte una oficina alargada e inclinada de arriba abajo que se encuentra en la zona central de la quinta planta. Su nombre es un poco raro, «área sensitiva somática primaria». Las jefas de esta oficina (neuronas) reciben las sensaciones del tacto que nota tu piel, de tu temperatura corporal y de tu sensación de posición. Ellas saben, por la información que han recibido de tu cuerpo y que ha pasado por las plantas inferiores del edificio de tu sistema nervioso, si estás sentado, si notas el viento, el frío, una caricia, el tacto de una tela de seda, si tienes molestias en algún músculo o en alguna de tus articulaciones como el codo, el hombro o la rodilla. En definitiva, te da información de las sensaciones de tu propio cuerpo. Pero justo detrás de esta habitación existe otra («área de asociación sensitiva») con unas jefas (neuronas) que se encargan de relacionar lo que sientes con la información que tienes almacenada en tu cerebro. Imagínate que estás con un familiar y recibes una caricia; es evidente que la sensación de esa dulce caricia la asocias con el cariño que te tiene. Pero ahora imagínate que recibes una caricia y crees que estás solo en la habitación porque no has visto entrar a nadie; es también evidente que te asustarás mucho hasta que no veas a la persona. En este caso, la corteza de asociación no ha sido capaz de procesar como placentera la caricia que has recibido y entonces tu cerebro te pone en alerta, lo que te origina el susto que te has llevado.

Junto a estas dos oficinas que reciben y procesan la información de tu tacto, tu temperatura y tu posición, existen otras oficinas a las que les llega la información de lo que ves (corteza visual) y de lo que escuchas (corteza auditiva). Las dos, al igual que aquella que recibe tu información sensitiva, tienen asociadas dos oficinas, una para la visión y otra para la audición, que se ocupan de buscar en tus recuerdos la identificación de lo que ves y escuchas para darle sentido y que lo puedas interpretar. Por esta razón los niños se asustan tanto, porque no tienen recuerdos suficientes para descifrar muchas de las sensaciones que ven y escuchan. No podemos imaginar el tremendo recuerdo que debe de suponer en una niña o un niño la sensación que provocan los bombardeos de las guerras, que lejos de solucionar nada solo confirman la personalidad acomplejada de los que las inician. Algún neurocientífico tendrá que explicarnos algún día qué tipo de neuronas aberrantes tiene esa gente en la cabeza cuando declaran la guerra solo por la sencilla razón de que son incapaces de ganar con el diálogo, pero, en fin, aún siguen existiendo algunos gobernantes que son verdaderos *Australopithecus*.

Por delante de las oficinas que captan tu información sensitiva se encuentran las que atienden a mover tus músculos. Unas jefas (neuronas) controlan cada músculo, otras grupos musculares y otras se encargan de procesar la información del movimiento que quieres realizar. Pero cualquier actividad que quieras llevar a cabo recorre muchos caminos para que el movimiento sea preciso y puedas alcanzar la velocidad que desees o aplicar la fuerza que quieras. Quizás no tengas la fuerza ni la precisión de algunas máquinas, pero ellas tampoco tienen la capacidad de moverse como quieran, solo pueden hacerlo como han sido programadas por los seres humanos. Un Ferrari puede correr a 200 kilómetros por hora y una grúa puede levantar varias toneladas de peso, pero ninguna de estas máquinas puede bailar un vals si antes no ha sido programada. Bueno, donde hemos puesto bailar un vals, podríamos poner simplemente bailar, ya que cuando escribimos este párrafo nos miramos y decidimos que para bailar un vals también nosotros tendríamos que estar programados con unas clases previas.

Existen dos oficinas peculiares, que fueron descritas por primera vez por dos distinguidos investigadores, Carl Wernicke[36] y Paul Pierre Broca.[37] Estas dos oficinas son las que nos permiten algunas de las funciones más sublimes del ser humano, como dialogar, escribir y comprender las palabras habladas y escritas. Carl Wernicke (1848-1905) fue un neurólogo y psiquiatra alemán que pudo describir la oficina donde se interpreta y comprende el lenguaje. El mérito de Wernicke se basa en detallar esta zona gracias a alteraciones que sus pacientes tenían a la hora de interpretar lo que se les estaba diciendo. Para muchos estudiosos de la neurociencia, en esta pequeña oficina («área sensitiva del habla») es donde se encuentran las jefas (neuronas) que tienen la mejor formación intelectual de todas las jefas de la quinta planta de tu edificio neuronal. El otro investigador, Paul Pierre Broca (1824-1880), era anatómico y en 1861 pudo describir dónde estaba la lesión del cerebro en autopsias de personas que habían perdido la capacidad de hablar. Así, especificó esta oficina que tú tienes en tu cerebro y que te permite decir lo que quieras en cualquier momento.

En esta misma quinta planta de tu cerebro, pero un poco escondida, existe una oficina que tiene unas jefas (neuronas) que se encargan de tus emociones. Son algo así como una comisión de neuronas que se dedican a ordenarte cuál es tu estado de ánimo. Unas se ocupan de controlar tu ira, otras tu miedo, algunas son más divertidas y se responsabilizan de tu alegría, otras te avisan cuando debes sorprenderte por algo y otras te alertan para que te indignes con algún asunto que no te parece bien. Pero todas están mezcladas en una oficina alargada que en unas zonas tiene pasillos estrechos con forma de tubo que conectan con otras zonas, que se ensanchan ligeramente, ¡un verdadero laberinto! Esta oficina incluso tiene un área que parece un caballito de mar y que se llama hipocampo[38] (deriva del griego *hippos*, caballo, y *kampos*, monstruo marino). Esta oficina entera es la encargada de tu vida emocional y apareció hace muchos millones de años en los animales que nos han precedido en la escala evolutiva. Por decirlo así, en la quinta planta, la oficina de las emociones apareció antes de las oficinas que nos dicen cómo controlarlas.

Antes de terminar la descripción de las oficinas de la quinta planta del edificio de tu sistema nervioso, debemos explicarte algunas características de ella. Primero debes entender que existen muchas más oficinas y con funciones muy variadas, pero no es nuestra intención aburrirte con palabrejas raras, eso lo reservamos para las alumnas y los alumnos de las facultades de Medicina, que han de estudiarlas muy bien para luego acertar en los diagnósticos y los tratamientos de los pacientes en los hospitales y los centros de salud. En segundo lugar, nos gustaría que entendieras que todas las oficinas funcionan conectadas entre sí, es decir, cualquier información que se recibe o cualquier orden que se le da a tu cuerpo desde las oficinas de la quinta planta es automáticamente enviada a todas las demás oficinas de todas las plantas de tu edificio. Cuando se dice que solo utilizamos una porción pequeña del cerebro no es verdad, conocemos una pequeña porción del funcionamiento del cerebro, pero lo usamos todo. Esa forma tan imposible de entender, con muchísimas oficinas por planta lideradas por muchas jefas y todas conectadas a la vez, es lo que activa dos de los misterios mejor escondidos de tu cerebro: la memoria y la consciencia.

Hablemos en primer lugar de la memoria. Tú tienes dos tipos de memoria, una que dura poco para recordar lo que hiciste hace unos días, o muy poco cuando acabas de abrir la puerta de tu casa y no sabes dónde dejaste las llaves. Pero existe otra memoria, que se conserva a largo plazo y que te permite recordar un olor que te transporta a la rica cocina de tu abuela, un sonido que te hace vivir los recuerdos de tu infancia o una sensación que concentra tu mente en un amor de verano. La forma que tiene tu cerebro de recordar es mediante unos saquitos de sustancias químicas que se almacenan en las neuronas y que se vacían hacia las otras neuronas. Cuando los saquitos son muchos y se almacenan mucho tiempo, tienen provisiones suficientes para mantener el recuerdo, pero cuando los saquitos son pocos o no se almacenan, entonces no tienen sustancia química para conservar lo que has hecho o aprendido. Cuanto más estudies y más te concentres, más llenarás las neuronas de esos saquitos con sustancias químicas. Podríamos decir que es como si las jefas de las oficinas de la quinta planta de tu sistema nervioso tuvieran a su disposición diferentes perfumes y todas supieran por el olor qué es lo que tienen que hacer y qué información llevan las demás. Las sustancias químicas que hacen que tus deseos, emociones, miedos, acciones, sensibilidad o recuerdos funcionen correctamente tienen nombres propios y se llaman acetilcolina,[39] serotonina,[40] dopamina,[41] adrenalina[42] y muchísimas más, que, utilizando las vías de conexión de tus millones de neuronas, las activan y desactivan para que tengas conocimiento de lo que te está ocurriendo; y en esta extensa red de circuitos del interior de tu cabeza es donde se encuentran tus más misteriosas funciones, la consciencia y la conciencia. La consciencia es la capacidad que tienes de percibir la realidad y reconocerte en ella, mientras que la conciencia es tu capacidad de diferenciar lo que moralmente está bien y lo que está mal. Dos funciones de las que sabemos muy poco, lo cual nos deja la eterna pregunta de por qué somos los seres del universo conocido más capacitados en la consciencia y conciencia.

## EL COMPLEJO CABLEADO
## DE COMUNICACIÓN

Ya que te hemos descrito someramente, y en muchos momentos de forma algo metafórica, el edificio de tu sistema nervioso, no podemos terminar este capítulo sin explicarte que el edificio está conectado por cables al resto de tu cuerpo. Podemos describirlo como si el edificio con forma de pirámide invertida fuera el ayuntamiento de una ciudad y toda la información de los habitantes y los servicios de la misma se recibieran y se ordenaran a través de esos cables. Las líneas de teléfono, las redes de la comunicación por móviles y los ordenadores de un ayuntamiento están conectados por cables que llevan todos los datos necesarios para dirigir la ciudad. De la misma forma, tú tienes ochenta y seis nervios principales que salen de tu sistema nervioso central para llevar y recoger la información del resto de tu cuerpo. De tu médula espinal, que está protegida por tu columna vertebral, salen sesenta y dos nervios, treinta y uno en tu lado derecho y treinta y uno en tu lado izquierdo.[43] Estos nervios se encargan de recoger toda la información sensitiva de tu cuello, tu tronco, tus brazos y tus piernas. De la misma forma, por ellos van las órdenes de movimiento de los músculos de tu cuerpo desde el cuello hacia los pies. Los otros veinticuatro nervios, doce a cada lado, salen de tu sistema nervioso central por agujeros de tu cráneo y por eso se llaman «nervios craneales».[44] Uno (el nervio olfatorio) se dedica a informar sobre los olores que percibes y está justo en la parte más alta del interior de tu nariz; otro se ocupa de recibir la información de lo que ven tus ojos; tres de esos nervios tienen la función de mover tus ojos (nervios oculomotores); otro es el que se centra en mover tus músculos de la masticación y recibe la información sensorial de la piel de la cabeza y de tu boca; un nervio se denomina nervio facial y es el que te permite realizar los gestos con los músculos de tu cara, además de ser responsable de la producción de tus lágrimas, tu saliva y saborear los alimentos; un pequeño nervio envía la información de lo que escuchas; y los cuatro últimos nervios se encargan de las órdenes musculares para que tragues correctamente, mover tu cuello, recibir las molestias de los órganos de tu interior y mover sin tu permiso tu corazón, tus pulmones y el resto de tus vísceras, para que no tengas que ocuparte de ello.

Siguiendo con la comparación de tu cuerpo con tu localidad, donde el edificio del ayuntamiento es el que lo dirige todo como tu sistema nervioso te dirige a ti, en tu pueblo o ciudad también tiene que haber unos servicios de emergencia compuestos por ambulancias, bomberos y policías. Aunque estos servicios dependen del ayuntamiento, actúan solos, no tienen que pedirle permiso a la señora alcaldesa o al señor alcalde para funcionar cada vez que ocurre algo.

Pues en tu cuerpo también existe un sistema de emergencias, que interviene ante una situación de peligro, sin pedirte permiso. Se denomina sistema nervioso vegetativo,[45] también llamado el sistema de las tres «E», ya que actúa en situaciones de emergencia, estrés o escape. Con un ejemplo práctico quizá puedas entender mejor cómo funciona este genial sistema que nos salva la vida constantemente, como también lo hacen los bomberos, la policía o los sanitarios.

Imagínate que estás en una excursión y que en un descampado aparece un león paseando. Tus ojos ven al león y envían la información al sistema nervioso, que activa los sistemas de emergencia. Tu cuerpo, de forma involuntaria, dilata las pupilas de tus ojos para que veas mejor al peligroso animal. Tu corazón comienza a latir más deprisa para llenar tus músculos de sangre por si tienes que escapar corriendo. Tus vísceras digestivas se paran, para que el volumen de sangre que necesitan se reduzca y el corazón tenga más sangre para enviar a tus músculos. Todo esto lo hace tu cuerpo de forma involuntaria para protegerte de los peligros, por si al león se le ocurre acercarse y tienes que escapar. Este sistema involuntario es lo que llamamos sistema nervioso autónomo simpático. Por el contrario, una vez que ha pasado el peligro y ya puedes tranquilizarte, este sistema frena tu frecuencia cardíaca, relaja tus músculos y reactiva tus vísceras para que puedas digerir con calma los alimentos y así nutrir tu musculatura y el resto de aparatos de tu cuerpo; es el sistema «de descanso», técnicamente llamado sistema nervioso autónomo parasimpático.

Hay ocasiones en las que estos sistemas se desajustan un poco y es probable que tú mismo lo hayas sufrido más a menudo de lo que te imaginas. Nuestro sistema nervioso autónomo está diseñado para enfrentarnos a situaciones de estrés que son puntuales y pasajeras (uno no suele encontrarse con un león por la calle a cada rato), de forma que en el contexto de hace miles de años, en la sabana africana, este sistema funcionaba bastante bien. El problema llega cuando nosotros mismos nos autoimponemos esa situación estresante de forma más o menos crónica. Hoy en día no nos enfrentamos a bestias salvajes, pero sí nos tenemos que exponer a situaciones de estrés que pueden llegar a parecerse en cierta forma a lo que sufrían nuestros antepasados. Esto nos puede ocurrir a menudo cuando tenemos que hacer frente a una situación adversa de la vida, una tarea exigente o un examen. Nosotros no sabemos cómo de previsor eres, pero nuestra experiencia nos dice que los humanos solemos dejar la mayor parte del trabajo para las últimas semanas o el último momento antes de la fecha límite, ¡hasta le hemos puesto un nombre a esto! Lo denominamos «procrastinar». Lo cierto es que a menudo no nos ponemos a trabajar en algo que es importante hasta el último momento, y de repente, cuando ya falta poco para la fecha límite, el sistema autónomo nos avisa, nos estresamos y entonces ponemos toda nuestra maquinaria a trabajar en ese objetivo. Si bien es cierto que ese estrés de la cercanía de la fecha de entrega de un trabajo o de un examen nos ayuda a focalizar y concentrarnos, no es menos cierto que nos va a generar una fatiga mental y física para la cual nuestro cuerpo no está diseñado. Este es el motivo por el cual, después de hacer un examen y tras un atracón de estudio debajo del flexo los últimos días o semanas, tu cuerpo protesta con molestias musculares y cansancio tras haber mantenido a pleno rendimiento tu sistema simpático durante demasiado tiempo seguido. Por eso es muy importante dosificar ese estrés y entender que, aunque tenemos un magnífico director de orquesta que dirige cada uno de nuestros instrumentos, nuestro cuerpo siempre suele tener algo que decir (y casi siempre la razón), de modo que debemos tomarlo en cuenta y escuchar lo que nos quiere transmitir. Como bien dice el magnífico divulgador Mario Alonso Puig, al que admiramos y os animamos a seguir en redes sociales: «El cuerpo es capaz de resolver lo que la cabeza, por más que lo intente, no puede».

# Epílogo
# EL CUERPO INFINITO

Llegamos al final de este viaje donde hemos imaginado cómo te has formado, dividido y plegado, hemos investigado los mecanismos que han permitido que la naturaleza te construyera mediante intrincados cilindros, potentes bombas, infinitos tubos y fuertes palancas. La evolución sigue siendo la mayor inventora del universo y ha ocupado mucho de su tiempo en patentar todos estos ingeniosos sistemas que, juntos, trabajan en armonía para dar forma y vida a tu cuerpo. Esa increíble maquinaria se ha ido ensamblando de forma perfecta en el vientre de tu madre y ahora mismo se encuentra funcionando a pleno rendimiento mientras lees estos últimos párrafos alimentando un poco más tu curiosidad.

La curiosidad es una característica lógica de los seres humanos. Nos gusta saber lo que ocurre a nuestro alrededor, entender cómo funciona la vida, el engranaje de las máquinas o las noticias impactantes que nos sorprenden en nuestra rutina cotidiana. Sin embargo, cuando nos cuentan una noticia o un hecho extraordinario que nos llama la atención, a veces damos crédito a cosas que no tienen fundamento y otras cuestionamos verdades científicamente comprobadas. Es decir, por explicarlo de una forma vulgar, admiramos la cultura y la ciencia, pero nos creemos muchos cotilleos.

Nuestro límite de lo que es demostrable es diferente cuando se trata de astronomía, metafísica, biología o religión. Los científicos de la astronomía nos han llevado a los límites del universo conocido, es decir, han podido demostrar desde el inicio del mismo o *big bang* hasta fenómenos observables situados a miles de años luz de distancia desde nuestro planeta, dejando en nosotros la magnífica evidencia de que, por ejemplo, cuando vemos un objeto situado a una distancia de un año luz, en realidad estamos observando en directo cómo era hace un año y, por lo tanto, que somos capaces de «ver el pasado». Por su parte, la metafísica se encarga de demostrar el mundo más pequeño que existe, el de las partículas que componen el átomo. Fórmulas físicas de base científica incontestable como la ley de la gravedad, el electromagnetismo o la relatividad nos permiten hipotetizar sobre los agujeros negros y los universos paralelos, pero se quedan limitadas en la demostración de sí mismas. La religión, por su parte, intenta ser el soporte del consuelo necesario para darnos una explicación de la transcendencia basándose en que es inconcebible entender los billones de sucesos casuales que tienen que ocurrir para que seamos la única vida inteligente del universo y que, por lo tanto, debe haber una fuerza superior que así lo ha diseñado.

En estos límites del conocimiento, el estudio de la biología también nos proporciona fuentes fiables de los complejos mecanismos celulares de los seres vivos. Como seres humanos nos enfrentamos a las eternas preguntas: ¿de dónde venimos? ¿hacia dónde vamos? Nuestro pasado nos lo proporcionan los fósiles, que nos dan la información de nuestra evolución, desde los seres más simples hasta los sofisticados mamíferos que actualmente poblamos el Planeta Azul. Nuestro futuro lo conocemos por las leyes físicas y los investigadores del universo nos aseguran que nuestro planeta desaparecerá en una gigantesca explosión dentro de muchos millones de años.

Abusando un poco del egoísmo de nuestra pasajera existencia, es lógico que pienses muchas veces sobre tu inicio y tu final como ser humano individual. Este motivo nos ha inspirado para escribir este ensayo. Tú has comenzado como una simple célula y te hemos intentado explicar cómo, a partir de ella, se han formado billones y billones que se distribuyen en coordinados sistemas que dan consistencia a la máquina de tu cuerpo, cada uno de los cuales tiene órganos independientes compuestos por tejidos propios. Es algo parecido al universo; desde un punto inicial, se forman billones de galaxias que a su vez están constituidas por estrellas y planetas. En cuanto a tu final, nosotros no podemos conocerlo y por lo tanto no podemos escribir sobre él, pero queremos compartir contigo una reflexión que ronda también en nuestra cabeza: si el universo, aunque sea finito, se nos muestra tan infinito con los conocimientos actuales, entonces, ¿por qué no hablamos mientras tanto del infinito de nuestro cuerpo? Es decir, los astrónomos dependen de los aumentos de sus telescopios para informarnos del misterioso cosmos, pero los investigadores del cuerpo humano dependen también de los aumentos de sus microscopios porque aún no conocemos los límites interiores de nuestra biología, que, de momento, se nos muestra tan infinita como el mismísimo cosmos.

Nadie te ha pedido permiso para existir, debes aprender a vivir en el período temporal que te ha tocado y, por supuesto, no quieres morir. Nuestro egoísmo nos hace pensar que somos seres excepcionalmente inteligentes, que muchas veces hemos tenido mala suerte porque siempre nos comparamos con otras personas y que se nos niega la eterna juventud. Si analizamos nuestra existencia con detenimiento, nos damos cuenta de que, efectivamente, somos la especie más inteligente de nuestro planeta, pero eso no significa que nuestro cerebro sea el más capacitado posible, ya que si entre el chimpancé y el ser humano existe una diferencia pequeña en sus genes, dentro de cientos de años con gran probabilidad existirán unos humanos que serán más inteligentes que nosotros y esa diferencia evolutiva es mayor que la que existe entre los simios y los humanos. La sensación de mala suerte que a cada uno de nosotros nos toca en determinados momentos de nuestra existencia se ve aminorada si pensamos que debemos esforzarnos en hacer más confortable nuestra vida sin perder de vista que «lo que tenga remedio, arréglalo, y si algo no lo tiene, no te martirices por la culpa». Si lo que te enfada es no poder vivir eternamente, debes ser un poco más solidario, ya que si tus antepasados hubieran descubierto el elixir de la eterna juventud, la superpoblación del planeta nos habría extinguido hace muchos millones de años y tú no podrías estar aquí leyendo este libro.

Tienes un magnífico cuerpo, estás en el único planeta biológico conocido y naciste en una época mejor que ninguna de las anteriores. Tras leer este libro esperamos que conozcas un poquito mejor cómo se ha formado y cómo funciona tu anatomía. Ahora te toca a ti: cuídate, cuida a los tuyos y sobre todo, protege tu hogar, la Tierra. Haz ejercicio físico, no tengas hábitos tóxicos, recicla la basura, no contamines y practica la solidaridad. En definitiva, cuida esa célula infinita que tus padres han lanzado al cosmos en *tu primer pasado* y que se ha convertido en una persona extraordinaria, única e irrepetible que eres TÚ.

# Notas

## 1. Tu inicio

1. *https://en.wikipedia.org/wiki/History_of_Formula_One*
2. J. A. Mossman; J. Slate; T. R. Birkhead; H. D. Moore y A. A. Pacey, «Sperm Speed is Associated with Sex Bias of Siblings in a Human Population», *Asian J Androl.* 15 (1), 2013, pp. 152-154.
3. *https://www.buscabiografias.com/biografia/verDetalle/266/Miguel%20Indurain*
4. *https://www.santiagoturismo.com/miradoiros/parque-da-alameda-paseo-da-ferradura*
5. G. Bellastella; T. G. Cooper; M. Battaglia; A. Ströse; I. Torres; B. Hellenkemper; C. Soler y A. A. Sinisi, «Dimensions of Human Ejaculated Spermatozoa in Papanicolaou-Stained Seminal and Swim-Up Smears Obtained from the Integrated Semen Analysis System (ISAS(®))», *Asian J Androl.*, 12 (6), 2010, pp. 871-879.
6. M. Nicholls, «Fritz Albert Lipmann», *Eur Heart J.* 41 (28), 2020, pp. 2608-2609.
7. F. W. Leigh, «Sir Hans Adolf Krebs (1900-81), Pioneer of Modern Medicine, Architect of Intermediary Metabolism», *J Med Biogr.* 17 (3), 2009, pp. 149-54.
8. M. Bonora; S. Patergnani; A. Rimessi; E. de Marchi; J. M. Suski; A. Bononi; C. Giorgi; S. Marchi; S. Missiroli; F. Poletti; M. R. Wieckowski y

P. Pinton, «ATP Synthesis and Storage», *Purinergic Signal.* 8 (3), 2012, pp. 343-57.

9.  Y. S. Khan y A. Farhana, «Histology, Cell», *StatPearls* [Internet], 8 de mayo de 2022. StatPearls Publishing, Treasure Island (FL), 2022 Jan. PMID: 32119269.

10. R. Oliver y H. Basit, «Embryology, Fertilization», *StatPearls* [Internet], 27 de abril de 2022, StatPearls Publishing, Treasure Island (FL), 2022 Jan. PMID: 31194343.

11. *https://olympics.com/es/atletas/sara-renner*

12. B. Bryson, *El cuerpo humano. Guía para ocupantes*, RBA, Barcelona, 2020.

13. M. A., Molè; A. Weberling y M. Zernicka-Goetz, «Comparative Analysis of Human and Mouse Development: From Zygote to Pre-Gastrulation», *Curr Top Dev Biol.* 136, 2020, pp. 113-138.

14. B. Bryson, *El cuerpo humano...*, *op. cit.*

15. F. G., Petit; S. P. Jamin; P. Y. Kernanec; E. Becker; G. Halet y M. Primig, «EXOSC10/Rrp6 is Essential for the Eight-Cell Embryo/Morula Transition», *Dev Biol.* 483, 2022, pp. 58-65.

16. *https://www.youtube.com/watch?v=Sjtvj3efBk4*

17. H. Kagawa; A. Javali; H. H. Khoei; T. M. Sommer; G. Sestini; M. Novatchkova; Y. Scholte Op Reimer; G. Castel; A. Bruneau; N. Maenhoudt; J. Lammers; S. Loubersac; T. Freour; H. Vankelecom; L. David y N. Rivron, «Human Blastoids Model Blastocyst Development and Implantation», *Nature* 601(7894), 2022, pp. 600-605.

18. *https://ejercito.defensa.gob.es/misiones/europa/bosnia/01_UNPROFOR.html*

19. T. Pederson, «Remembering Sydney Brenner, in situ», *FASEB J.* 36 (6), 2022; e22352. doi: 10.1096/fj.202200697.

20. U. Lendahl y S. Orrenius, «Sydney Brenner, Robert Horvitz och John Sulston Nobelpristagare i fysiologi eller medicin år 2002. Genetisk reglering av organutveckling och programmerad celldöd gav priset» [«Sydney Brenner, Robert Horvitz and John Sulston. Winners of the 2002 Nobel Prize in Medicine or Physiology. Genetic Regulation of Organ Development and Programmed Cell Death»], *Lakartidningen* 99 (41), 2002, pp. 4.026-4.032.

21. *https://recreacionhistoria.com/el-origen-de-la-moneda-2/* *https://www.labrujulaverde.com/2022/01/moneta-la-diosa-romana-de-confusonombre-que-origino-la-palabra-moneda*

22. T. Kobayashi; H. Zhang; W. W. C. Tang; N. Irie; S. Withey; D. Klisch; A. Sybirna; S. Dietmann; D. A. Contreras; R. Webb; C. Allegrucci;

R. Alberio y M. A. Surani, «Principles of Early Human Development and Germ Cell Program from Conserved Model Systems», *Nature* 546 (7658), 2017, pp. 416-420.

23. *https://biblioteca.org.ar/libros-educar/10116.htm*
24. *https://www.dcere.es/es/nuestra-compañ%C3%ADa/nuestra-historia/*
25. E. Ferretti y A. K. Hadjantonakis, «Mesoderm Specification and Diversification: From Single Cells to Emergent Tissues», *Curr Opin Cell Biol.* 61, 2019, pp. 110-116.
26. A. Sobhani; N. Khanlarkhani, M. Baazm, F. Mohammadzadeh; A. Najafi; S. Mehdinejadiani y F. Sargolzaei Aval, «Multipotent Stem Cell and Current Application», *Acta Med Iran.* 55 (1), 2017, pp. 6-23.
27. J. J. Azkue, «External Surface Anatomy of the Postfolding Human Embryo: Computer-Aided, Three-Dimensional Reconstruction of Printable Digital Specimens», *J Anat.* 239 (6), 2021, pp. 1.438-1.451.

## 2. Tu armazón

1. N. Salari; H. Ghasemi; L. Mohammadi; M. H. Behzadi; E. Rabieenia; S. Shohaimi y M. Mohammadi, «The Global Prevalence of Osteoporosis in the World: A Comprehensive Systematic Review and Meta-Analysis», *J Orthop Surg Res.* 16 (1), 2021, p. 609. doi: 10.1186/s13018-021-02772-0. PMID: 34657598; PMCID: PMC8522202.
2. A. Chang; G. Breeland y J. B. Hubbard, «Anatomy, Bony Pelvis and Lower Limb: Femur», *StatPearls* [Internet], 25 de julio de 2022. StatPearls Publishing, Treasure Island (FL), 2022 Jan. PMID. 30422577.
3. G. H. AlJulaih y R. G. Menezes, «Anatomy, Head and Neck, Hyoid Bone», *StatPearls* [Internet], 8 de agosto de 2022, StatPearls Publishing, Treasure Island (FL), 2022 Jan. PMID: 30969548.
4. C. F. Cox; M. A. Sinkler y J. B. Hubbard, «Anatomy, Bony Pelvis and Lower Limb, Knee Patella», *StatPearls* [Internet], 8 de agosto de 2022, StatPearls Publishing, Treasure Island (FL), 2022 Jan. PMID: 30137819.
5. A. K. Geim, «Graphene: Status and Prospects», *Science* 324(5934), 2009, pp. 1.530-1.534.
6. *https://www.pucv.cl/pucv/noticias/destacadas/las-propiedades-que-convierten-al-grafeno-en-el-material-del-futuro*
7. R. Müller, «Hierarchical Microimaging of Bone Structure and Function», *Nature Reviews Rheumatology* 5 (7), 2009, pp. 373-381.

8. J. E. Compston; M. R. McClung y W. D. Leslie, «Osteoporosis», *Lancet* 393 (10169), 2019, pp. 364-376.
9. M. Askari; M. H. Lotfi; M. B. Owlia; H. Fallahzadeh y M. Mohammadi, «Survey of Osteoporosis Risk Factors (Review Article)», *J Sabzevar Univ Med Sci.* 25 (6), 2019, pp. 854-63.
10. N. Salari; H. Ghasemi; L. Mohammadi; M. H. Behzadi; E. Rabieenia; S. Shohaimi y S. Mohammadi, «The Global Prevalence of Osteoporosis in the World...», *op. cit.*
11. *Ibid.*
12. *Ibid.*
13. N. Salari; N. Darvishi; Y. Bartina; M. Larti; A. Kiaei; M. Hemmati; S. Shohaimi y M. Mohammadi, «Global Prevalence of Osteoporosis Among the World Older Adults: A Comprehensive Systematic Review and Meta-Analysis», *J Orthop Surg Res.* 16 (1), 2021, p. 669. doi: 10.1186/s13018-021-02821-8. PMID: 34774085; PMCID: PMC8590304.
14. N. H. Shubin; E. B. Daeschler y F. A. Jenkins Jr., «The Pectoral Fin of Tiktaalik Roseae and the Origin of the Tetrapod Limb», *Nature* 440 (7085), 2006, pp. 764-71.
15. K. M. Kato, E. A. Rega; C. A. Sidor y A. K. Huttenlocker, «Investigation of A Bone Lesion in a Gorgonopsian (Synapsida) from the Permian of Zambia and Periosteal Reactions in Fossil Non-Mammalian Tetrapods», *Philos Trans R Soc Lond B Biol Sci.* 375 (1793), 2020, 20190144. doi: 10.1098/rstb.2019.0144. Epub 2020 Jan 13. PMID: 31928188; PMCID: PMC7017433.
16. M. Buckingham; L. Bajard; T. Chang, P. Daubas; J. Hadchouel; S. Meilhac; D. Montarras; D. Rocancourt y F. Relaix, «The Formation of Skeletal Muscle: from Somite to Limb», *J Anat.* 202 (1), 2003, pp. 59-68.
17. P. P. Raj, «Intervertebral Disc: Anatomy-Physiology-Pathophysiology-Treatment», *Pain Pract.* 8 (1), 2008, pp. 18-44.
18. *https://www.muyinteresante.es/historia/31128.html*
19. O. A. Safarini y B. Bordoni, «Anatomy, Thorax, Ribs», *StatPearls* [Internet], 11 de julio de 2022, StatPearls Publishing, Treasure Island (FL), 2022 Jan. PMID: 30855912.
20. R. J. Sanders y S. L. Hammond, «Management of Cervical Ribs and Anomalous First Ribs Causing Neurogenic Thoracic Outlet Syndrome», *Journal of Vascular Surgery* 36 (1), 2002, pp. 51-56.

21. B. W. Anderson; M. W. Kortz y K. A. Al Kharazi, «Anatomy, Head and Neck, Skull», *StatPearls* [Internet], 25 de julio de 2022, StatPearls Publishing, Treasure Island (FL), 2022 Jan. *https://www.ncbi.nlm.nih.gov/books/NBK499834/*

22. S. Vettori; D. Romoli; T. Salvatici; V. Rimondi *et. al.*, «Non-Invasive SWIR Monitoring of White Marble Surface of the Cathedral of Santa Maria del Fiore (Florence, Italy)», *Sustainability* 15 (2), 2023, p. 1.421.

23. B. J. Lipsett; V. Reddy y K. Steanson, «Anatomy, Head and Neck, Fontanelles», *StatPearls* [Internet], 25 de julio de 2022, StatPearls Publishing, Treasure Island (FL), 2022 Jan. PMID: 31194354.

24. S. Baah y L. Bohaker, «The Coca-Cola Company», *Culture* 16, 2015, p. 17.

25. A. Bernat; T. Huysmans; F. Van Glabbeek; J. Sijbers; J. Gielen y A. van Tongel, «The Anatomy of the Clavicle: A Three-Dimensional Cadaveric Study», *Clinical Anatomy* 27 (5), 2014, pp. 712-723.

26. C. F. Ibáñez, «Sistemas mecánicos y otros ingenios de seguridad: llaves y cerraduras», *Sautuola. Revista del Instituto de Prehistoria y Arqueología Sautuola* 13, 2007, pp. 217-236.

27. P. Juneja; A. Munjal y J. B. Hubbard, «Anatomy, Joints», *StatPearls* [Internet], 22 de julio de 2022, StatPearls Publishing, Treasure Island (FL), 2022 Jan. PMID: 29939670.

28. D. Yu; T. D. Turmezei y R. W. Kerslake, «FIESTA: An MR Arthrography Celebration of Shoulder Joint Anatomy, Variants, and Their Mimics», *Clin Anat.* 26 (2), 2013, pp. 213-27.

29. M. Gold; A. Munjal y M. Varacallo, «Anatomy, Bony Pelvis and Lower Limb, Hip Joint», *StatPearls* [Internet], 25 de julio de 2022, StatPearls Publishing, Treasure Island (FL), 2022 Jan. PMID: 29262200.

30. L. Okafor; M. A. Sinkler y M. Varacallo, «Anatomy, Shoulder and Upper Limb, Hand Metacarpal Phalangeal Joint», *StatPearls* [Internet], 8 de agosto de 2022, StatPearls Publishing, Treasure Island (FL), 2022 Jan. PMID: 30855927.

31. M. Gupton; O. Imonugo y R. R. Terreberry, «Anatomy, Bony Pelvis and Lower Limb, Knee», *StatPearls* [Internet], 15 de noviembre de 2022, StatPearls Publishing, Treasure Island (FL), 2022 Jan. PMID: 29763193.

32. *https://www.letras.com/joaquin-sabina/330188/*

33. M. Gupton; M. Özdemir y R. R. Terreberry, «Anatomy, Bony Pelvis and Lower Limb, Calcaneus», *StatPearls* [Internet], 29 de mayo de 2022, StatPearls Publishing, Treasure Island (FL), 2022 Jan. PMID: 30137829.

## 3. Tus palancas

1. E. Ferretti y A. K. Hadjantonakis, «Mesoderm Specification...», *op. cit.*
2. D. Fraidenraich; A. Iwahori; M. Rudnicki y C. Basilico, «Activation of Fgf4 Gene Expression in the Myotomes Is Regulated by Myogenic bHLH Factors and by Sonic Hedgehog», *Dev Biol.* 225 (2), 2000, pp. 392-406.
3. M. S. Tiwana; M. Charlick y M. Varacallo, «Anatomy, Shoulder and Upper Limb, Biceps Muscle», *StatPearls* [Internet], 30 de agosto de 2022, StatPearls Publishing, Treasure Island (FL), 2022 Jan. PMID: 30137823.
4. M. S. Tiwana; M. A. Sinkler y B. Bordoni, «Anatomy, Shoulder and Upper Limb, Triceps Muscle», *StatPearls* [Internet], 30 de agosto de 2022, StatPearls Publishing, Treasure Island (FL), 2022 Jan., 30725681.
5. R. D. Launius, «Neil Armstrong (1930-2012)», *Nature* 489 (7416), 2012, pp. 368-368.
6. D. West, «Buzz Aldrin: Astronaut and Innovator», *Owlcation*, 16 de diciembre de 2023.
7. R. Menger; M. Wolf; J. D. Thakur; A. Nanda y A. Martino, «Astronaut Michael Collins, Apollo 8, and the Anterior Cervical Fusion That Changed the History Of Human Spaceflight», *J Neurosurg Spine* 31 (1), 2019, pp. 87-92. doi: 10.3171/2018.11.SPINE18629. PMID: 30797203.
8. W. J. Rowe, «Neil Armstrong Syndrome», *Int J Cardiol.* 209, 2016, pp. 221-2.
9. M. Nicholls, «Fritz Albert Lipmann», *Eur Heart J.* 41 (28), 2020, pp. 2.608-2.609.
10. S. Chen; M. Chen; X. Wu; S. Lin; C. Tao; H. Cao; Z. Shao y G. Xiao, «Global, Regional and National Burden of Low Back Pain 1990-2019: A Systematic Analysis of The Global Burden of Disease Study 2019», *J Orthop Translat* 32, 2021, pp. 49-58.
11. *Ibid.*
12. P. Geetha-Loganathan; S. Nimmagadda; R. Huang; M. Scaal y B. Christ, «Role of Wnt-6 in Limb Myogenesis», *Anat Embryol (Berl)*, 211 (3), 2006, pp. 183-8.
13. F. Akhtar y S. R. A. Bokhari, «Apoptosis», *StatPearls* [Internet], 15 de mayo de 2022, StatPearls Publishing, Treasure Island (FL), 2022 Jan. PMID: 29762996.
14. H. Gee, *Una muy breve historia de la vida en la Tierra*, Indicios, Barcelona, 2022.
15. D. Lieberman, *La historia del cuerpo humano*, Pasado & Presente, Barcelona, 2021.

16. A. Huftier, «Pierre Boulle: présentation», *ReS Futurae. Revue d'études sur la science-fiction* 6, 2015.

17. Un listado de todos los libros de Edgar Rice Burroughs aparece en *https://www.libros-antiguos-alcana.com/edgar-rice-burroughs/autor*

18. C. N. Vannatta y T. W. Kernozek, «Sex Differences in Gluteal Muscle Forces During Running», *Sports Biomech.* 20 (3), 2021, pp. 319-329.

19. M. Besomi; L. Maclachlan; R. Mellor; B. Vicenzino y P. W. Hodges, «Tensor Fascia Latae Muscle Structure and Activation in Individuals with Lower Limb Musculoskeletal Conditions: A Systematic Review and Meta-Analysis», *Sports Med.* 50 (5), 2002, pp. 965-985.

20. Ch. Chaplin, *Interviews*, Kevin J. Hayes, 2005.

21. P. Jariyapong; C. Punsawad; S. Bunratsami y P. Kongthong, «Body Painting to Promote Self-Active Learning of Hand Anatomy for Preclinical Medical Students», *Med Educ Online.* 21, 2016, 30833. doi: 10.3402/meo.v21.30833. PMID: 26945229; PMCID: PMC4779329.

22. J. P. Charles; B. Grant; K. D'Août y K. T. Bates, «Foot Anatomy, Walking Energetics, and the Evolution of Human Bipedalism», *J Hum Evol.* 156, 2021, 103014. doi: 10.1016/j.jhevol.2021.103014. Epub 2021 May 21. PMID: 34023575.

23. D. Lieberman, *La historia del cuerpo humano...*, *op. cit.*

24. E. Mostafa; O. Imonugo y M. Varacallo, «Anatomy, Shoulder and Upper Limb, Humerus», *StatPearls* [Internet], StatPearls Publishing, Treasure Island (FL), 2022 Jan. PMID: 30521242.

25. *https://www.tiendanimal.es/articulos/animales-mas-rapidos/*

26. *https://www.petitfute.es/v55074-llanwrtyd-wells/c1170-manifestation-evenement/c1051-manifestation-sportive/c260-course-a-pied/507531-man-vs-horse-marathon.html*

27. *https://www.badwater.com/event/badwater-135/*

28. D. Lieberman, *La historia del cuerpo humano...*, *op. cit.*

29. C. N. Vannatta y T. W. Kernozek, «Sex Differences in Gluteal Muscle...», *op. cit.*

30. J. P. Charles; B. Grant; K. D'Août y K. T. Bates, «Foot Anatomy, Walking Energetics...», *op. cit.*

31. J. Kayce, «Gross Anatomy: Achilles Tendon», *Clin Podiatr Med Surg.* 39 (3), 2022, pp. 405-410.

32. S. Marco, *Aquiles y la guerra de Troya*, Imaginador, Buenos Aires, 2004. *https://books.google.es/books?hl=es&lr=&id=kgmu7QZYnzcC&oi=fnd&pg*

*=PA3&dq=griego+aquiles&ots=38CHx_LTub&sig=13PMA6I4F2W4CB*
*L_2gJzdWapF_Y#v=onepage&q=griego%20aquiles&f=false*

33.  D. Lieberman, *La historia del cuerpo humano...*, *op. cit.*

## 4.  Tus cañerías y tu bomba

1.  E. Ferretti y A. K. Hadjantonakis, «Mesoderm Specification ...», *op. cit.*
2.  V. Acuna y M. Tironi, «Extractivist Droughts: Indigenous Hydrosocial Endurance in Quillagua, Chile», *The Extractive Industries and Society* 9, 2022, 101027.
3.  E. Gil-Meseguer; R. Martínez-Medina y J. M. Gómez-Espín, «El trasvase Tajo-Segura (1979-2017). Actuaciones para su futuro en España», *Tecnología y ciencias del agua* 9 (2), 2018, pp. 192-209.
4.  C. M. J. Tan y A. J. Lewandowski, «The Transitional Heart: From Early Embryonic and Fetal Development to Neonatal Life», *Fetal Diagn Ther.* 47(5), 2020, pp. 373-386.
5.  B. Bryson, *El cuerpo humano...*, *op. cit.*
6.  D. Matienzo y B. Bordoni, «Anatomy, Blood Flow», *StatPearls* [Internet], 25 de julio de 2022, StatPearls Publishing, Treasure Island (FL), 2022 Jan. PMID: 32119344.
7.  *https://www.abc.es/cultura/20150716/abci-tres-fugas-historia-chapo-201507161501.html?ref=https%3A%2F%2Fwww.google.com%2F*
8.  L. Miao; J. Li; J. Li; Y. Lu; D. Shieh; J. E. Mazurkiewicz; M. Barroso; J. J. Schwarz; H. B. Xin; H. A. Singer; P. A. Vincent; W. Zhong; G. L. Radice; L. Q. Wan; Z. C. Fan; G. Huang y M. Wu, «Cardiomyocyte Orientation Modulated by the Numb Family Proteins-N-Cadherin Axis is Essential for Ventricular Wall Morphogenesis», *Proc Natl Acad Sci U S A* 116 (31), 2019, pp. 15.560-15.569.
9.  R. Duelen; G. Gilbert; A. Patel; N. de Schaetzen; L. de Waele; L. Roderick; K. R. Sipido; C. M. Verfaillie; G. M. Buyse; L. Thorrez y M. Sampaolesi, «Activin a Modulates CRIPTO-1/HNF4α+ Cells to Guide Cardiac Differentiation from Human Embryonic Stem Cells», *Stem Cells Int.* 2017, 4651238. doi: 10.1155/2017/4651238. *Epub 2017 Jan 9. PMID: 28163723; PMCID: PMC5253508.*
10.  S. A. Rankin; J. D. Steimle; X. H. Yang; A. B. Rydeen; K. Agarwal; P. Chaturvedi; K. Ikegami; M. J. Herriges; I. P. Moskowitz y A. M. Zorn, «Tbx5 drives Aldh1a2 Expression to Regulate a RA-Hedgehog-

Wnt Gene Regulatory Network Coordinating Cardiopulmonary Development», *eLife* 10, 2021, 10:e69288. doi: 10.7554/eLife.69288. *PMID: 34643182; PMCID: PMC8555986.*

11. L. Guo; T. Beck; D. Fulmer; S. Ramos-Ortiz; J. Glover; C. Wang; K. Moore; C. Gensemer; J. Morningstar, R. Moore; J. J. Schott; T. Le Tourneau; N. Koren y R. A. Norris, «DZIP1 Regulates Mammalian Cardiac Valve Development through a Cby1-B-Catenin Mechanism», *Dev Dyn.* 250 (10), 2021, pp. 1.432-1.449.

12. S. Artap; L. J. Manderfield; C. L. Smith; A. Poleshko; H. Aghajanian; K. See; L. Li; R. Jain y J. A. Epstein, «Endocardial Hippo Signaling Regulates Myocardial Growth and Cardiogenesis», *Dev Biol.* 440 (1), 2018, pp. 22-30.

13. A. H. Monsoro-Burq, «PAX Transcription Factors in Neural Crest Development», *Semin Cell Dev Biol.* 44, 2015, pp. 87-96.

14. A. M. Taylor y B. Bordoni, «Histology, Blood Vascular System», *StatPearls* [Internet], 8 de mayo de 2022, StatPearls Publishing, Treasure Island (FL), 2022 Jan. PMID: 31985998.

15. J. D. Pollock y A. N. Makaryus, «Physiology, Cardiac Cycle», *StatPearls* [Internet], 3 de octubre de 2022, StatPearls Publishing, Treasure Island (FL), 2022 Jan. PMID: 29083687.

16. B. Bryson, *El cuerpo humano...*, *op. cit.*

17. K. Patton, *Estructura y función del cuerpo humano*, Elsevier, Barcelona, 2021.

18. A. Sampietro y R. Morant Marco, «Is in the air: la expansión de la imagen del corazón en el paisaje urbano y digital contemporáneo», *Repositori Universitat Jaume I*, 2022, *https://repositori.uji.es/xmlui/bitstream/handle/10234/196840/2021_Sampietro_Corazon.pdf?sequence=1&isAllowed=y*

## 5. Tu combustible

1. *https://www.radioreloj.cu/efemeride-ciencia/nace-el-quimico-aleman-andreas-sigismund-marggraf-2/*

2. F. Miller, A. Vandome y J. McBrewster, *Jean-Baptiste Dumas*, Alphascript Publishing, 2010.

3. R. Franzén y J. Tois, «Purine and Sugar Chemistry on Solid Phase-100 Years after the Emil Fischer's Chemistry Nobel Prize 1902», *Comb Chem High Throughput Screen.* 6 (5), 2003, pp. 433-44.

4. J. L. Bada, «New Insights into Prebiotic Chemistry from Stanley Miller's Spark Discharge Experiments», *Chem Soc Rev.* 42 (5), 2013, pp. 2.186-2.196.

5. S. A. Kauffman; D. P. Jelenfi y G. Vattay, «Theory of Chemical Evolution of Molecule Compositions in the Universe, in the Miller-Urey Experiment and the Mass Distribution of Interstellar and Intergalactic Molecules», *J Theor Biol.* 486, 2020, p. 10097. doi: 10.1016/j.jtbi. 2019.110097. Epub 2019 Nov 30. PMID: 31790680.

6. K. Pietrzak, «Christiaan Eijkman (1856-1930)», *J Neurol.* 266 (11), 2019, pp. 2.893-2.895.

7. H. Ellis, «Sir Frederick Gowland Hopkins: Nobel Laureate and Pioneer British Biochemist», *Br J Hosp Med (Lond).* 72 (7), 2011, p. 414. doi: 10.12968/hmed.2011.72.7.414. PMID: 21841619.

8. J. V. Pai-Dhungat, «Albert Szent-Györgyi: Discoverer of Vitamin C», *J Assoc Physicians India* 63 (6), 2015, p. 93. PMID: 26713342.

9. J. Ozkan, «Carl Peter Henrik Dam and Edward Adelbert Doisy», *Eur Heart J.* 41 (33), 2020, pp. 3.127-3.129.

10. R. B. Gunderman, «Advocating for Children: Charles Dickens», *Pediatr Radiol.* 50 (4), 2020, pp. 467-469.

11. B. J. Hawgood «Sir Edward Mellanby (1884-1955) GBE KCB FRCP FRS: Nutrition Scientist and Medical Research Mandarin», *J Med Biogr.* 18 (3), 2010, pp. 150-7.

12. M. Nicholls, «Adolf Otto Reinhold Windaus», *Eur Heart J.* 40 (32), 2019, pp. 2.659-2.660.

13. *https://www.museodelprado.es/coleccion/obra-de-arte/chicos-en-la-playa/edd7a202-c069-49f1-a3f4-eacf9b4022c2*

14. K. Patton, *Estructura y función…, op. cit.*

15. *https://www.santiagoturismo.com/monumentos/mercado-de-abastos*

16. *https://retailnewstrends.me/el-hombre-que-cambio-la-historia-del-retail-2/*

## 6.  Tu canal de alimentación

1. B. Li; P. Ying; Y. Gao; W. Hu; L. Wang; Y. Zhang; Z. Zhao; D. Yu; J. He; J. Chen; B. Xu y Y. Tian, «Heterogeneous Diamond-cBN Composites with Superb Toughness and Hardness», *Nano Lett.* 22 (12), 2022, pp. 4.979-4.984.

2. A. S. Kim y A. McNutt, «Goethe and Candolle: National Forms of Scientific Writing?», *Theory Biosci.* 141 (3), 2022, pp. 321-338.

3. O. Borrero-López; P. J. Constantino; M. B. Bush y B. R. Lawn, «On the Vital Role of Enamel Prism Interfaces and Graded Properties in Human Tooth Survival», *Biol Lett.* 16 (8), 2020, 20200498. doi: 10.1098/rsbl.2020.0498. Epub 2020 Aug 26. PMID: 32842897; PMCID: PMC7480149

4. K. Kawasaki; I. Sasagawa; M. Mikami; M. Nakatomi y M. Ishiyama, «Ganoin and Acrodin Formation on Scales and Teeth in Spotted Gar: A Vital Role of Enamelin in the Unique Process of Enamel Mineralization». *J Exp Zool B Mol Dev Evol.* 2022. doi: 10.1002/jez.b.23183. Epub ahead of print. PMID: 36464775.

5. J. Sans; M. Arnau; J. J. Roa; P. Turon y C. Alemán, «Tailorable Nanoporous Hydroxyapatite Scaffolds for Electrothermal Catalysis», *ACS Appl Nano Mater.* 5 (6), 2022, pp. 8.526-8.536.

6. *http://www.livingwarbirds.com/anthony-fokker-1.php*

7. D. S. Koussoulakou; L. H. Margaritis y S. L. Koussoulakos, «A curriculum Vitae of Teeth: Evolution, Generation, Regeneration», *Int J Biol Sci.* 5 (3), 2009, pp. 226-243.

8. E. G. Emonet; L. Andossa; H. Taïsso Mackaye y M. Brunet, «Subocclusal Dental Morphology of *Sahelanthropus tchadensis* and the Evolution of Teeth in Hominins», *Am J Phys Anthropol.* 153 (1), 2014, pp. 116-123.

9. S. Berger y K. Rejman, «Food Digestion in Ivan Petrovich Pavlov Studies on 115 Anniversary of his Nobel Prize and Present Avenues», *Rocz Panstw Zakl Hig.* 70 (1), 2019, pp. 97-102.

10. J. G. O. Santos; D. P. Migueis; J. D. B. Amaral; A. L. L. Bachi; A. C. Boggi; A. Thamboo; R. L. Voegels y R. Pezato, «Impact of SARS-CoV-2 on Saliva: TNF-α, IL-6, IL-10, Lactoferrin, Lysozyme, IgG, IgA, and IgM», *J Oral Biosci.* 64 (1), 2022, pp. 108-113.

11. F. Accioni; D. García-Gómez y S. Rubio, «Exploring Polar Hydrophobicity in Organized Media for Extracting Oligopeptides: Application to the Extraction of Opiorphin in Human Saliva», *J Chromatogr A.* 1635, 2021, 461777. doi: 10.1016/j.chroma.2020.461777. Epub 2020 Dec 1. PMID: 33302140.

12. R. Jonsson, «Henrik Sjögren (1899-1986): the Syndrome and his Legacy», *Ann Rheum Dis.* 80 (9), 2021, pp. 1.108-1.109.

13. A. K. Dotiwala y N. S. Samra, «Anatomy, Head and Neck, Tongue», *StatPearls* [Internet], 22 de agosto de 2022, StatPearls Publishing, Treasure Island (FL), 2022 Jan. PMID: 29939559.

14. E. Nakamura, «One Hundred Years since the Discovery of the "Umami" Taste from Seaweed Broth by Kikunae Ikeda, Who Transcended His Time», *Chem Asian J.* 6 (7), 2011, pp. 1.659-1.663.

15. *https://www.infobae.com/economia/2021/04/24/michel-rolland-el-mejor-enologo-del-mundo-la-argentina-es-demasiado-complicada-para-los-inversores-extranjeros/*

16. J. van Wyhe, «Charles Darwin 1809-2009», *The International Journal of Biochemistry & Cell Biology* 41 (2), 2009, pp. 251-253.

17. A. Bhatia; R. A. Shatanof y B. Bordoni, «Embryology, Gastrointestinal», *StatPearls* [Internet], 8 de mayo de 2022, StatPearls Publishing, Treasure Island (FL), 2022 Jan. PMID: 30725857.

18. S. Carrera; M. Stefan, N. C. Luk y L. Vosyliūtė, *The Future of the Schengen Area: Latest Developments and Challenges in the Schengen Governance Framework since 2016*, Parlamento Europeo, 2018 www.europarl.europa.eu/RegData/etudes/STUD/2018/604943/IPOL_STU(2018)604943_EN.pdf

19. S. R. Chaudhry; M. N. P. Liman y D. C. Peterson, «Anatomy, Abdomen and Pelvis, Stomach», *StatPearls* [Internet], 10 de octubre de 2022, Stat-Pearls Publishing, Treasure Island (FL), 2022 Jan. PMID: 29493959.

20. I. Ogobuiro; J. Gonzales y F. Tuma, «Physiology, Gastrointestinal», *Stat-Pearls* [Internet], 21 de abril de 2022, StatPearls Publishing, Treasure Island (FL), 2022 Jan. PMID: 30725788.

21. A. Bhatia; R. A. Shatanof y B. Bordoni, «Embryology, Gastrointestinal», *StatPearls* [Internet], 8 de mayo de 2022, StatPearls Publishing, Treasure Island (FL), 2022 Jan. PMID: 30725857.

22. X. Wu; R. Niu y Y. Wu, «The "Hand as Foot" teaching Method in Pancreas-Duodenum Anatomy», *Asian J Surg.* 46 (3), 2023, pp. 1.448-1.449.

23. J. T. Collins; A. Nguyen y M. Badireddy, «Anatomy, Abdomen and Pelvis, Small Intestine», *StatPearls* [Internet], 8 de agosto de 2022, Stat-Pearls Publishing, Treasure Island (FL), 2022 Jan. PMID: 29083773.

24. R. Gomory, «Benoît Mandelbrot (1924-2010)», *Nature* 468 (7322), 2010, p. 378. doi: 10.1038/468378a. PMID: 21085164.

25. P. Kahai; P. Mandiga; C. J. Wehrle y S. Lobo, «Anatomy, Abdomen and Pelvis, Large Intestine», *StatPearls* [Internet], 8 de agosto de 2022, Stat-Pearls Publishing, Treasure Island (FL), 2022 Jan. PMID: 29261962.

## 7.   Tu aparato de ventilación

1. M. Ball; M. Hossain y D. Padalia, «Anatomy, Airway», *StatPearls* [Internet], 25 de julio de 2022, StatPearls Publishing, Treasure Island (FL), 2022 Jan. PMID: 29083624.

2. E. J. Berg y R. J. Robinson, «Stereoscopic Particle Image Velocimetry Analysis of Healthy and Emphysemic Alveolar Sac Models», *J Biomech Eng.* 133 (6), 2011, 061004. doi: 10.1115/1.4004251. PMID: 21744924.

3. R. Jankowski, «Revisiting Human Nose Anatomy: Phylogenic and Ontogenic Perspectives», *Laryngoscope* 121(11), 2011, pp. 2.461-2.467.

4. A. S. Malik; C. L. Porter y S. R. Feldman, «Bromhidrosis Treatment Modalities: A Literature Review», *J Am Acad Dermatol.* 89 (1), 2023, pp. 81-89. doi: 10.1016/j.jaad.2021.01.030. PMID: 33482257.

5. M. Elbaz; A. Callado; A. Pérez; M. Demers; S. Zhao; C. Foo; D. Kleinfeld y M. Deschenes, «A Vibrissa Pathway that Activates the Limbic System», *eLife.* 10 de febrero de 2022, 11:e72096. doi: 10.7554/eLife.72096. PMID: 35142608; PMCID: PMC8830883.

6. A. Perciaccante y A. Coralli, «Marcel Proust: Genius and Insomnia», *Sleep Med.* 20, 2016, pp. 167-169.

7. A. Akgoz Karaosmanoglu y B. Ozgen, «Anatomy of the Pharynx and Cervical Esophagus», *Neuroimaging Clin N Am.* 32 (4), 2022, pp. 791-807.

8. S. L. L. Maoz y R. F. Canalis, «From Galen to Eustachio: Discovering the Anatomy of the Facial Nerve», *Otol Neurotol.* 42 (9), 2021, pp. 1.434-1.441.

9. J. B. West, «Torricelli and the Ocean of Air: The First Measurement of Barometric Pressure», *Physiology (Bethesda)* 28 (2), 2013, pp. 66-73.

10. H. Scheuerlein; C. Pape-Köhler y F. Köckerling, «Wilhelm Waldeyer-An Important Scientific Researcher of the 19th Century in the Context of His Memoirs and Major Monographies», *Front Surg.* 8, 2021, 752709. doi: 10.3389/fsurg.2021.752709. PMID: 34790695; PMCID: PMC8591077.

11. P. Nogal; M. Buchwald; M. Staśkiewicz; S. Kupiński; J. Pukacki, C. Mazurek; J. Jackowska y M. Wierzbicka, «Endoluminal Larynx Anatomy Model: Towards Facilitating Deep Learning and Defining Standards for Medical Images Evaluation with Artificial Intelligence Algorithms», *Otolaryngol Pol.* 76 (5), 2022, pp. 1-9.

12. *https://mana.museum/inicio/exposiciones/ano-internacional-de-la-traduccion-biblica/1600-aniversario-jeronimo-de-estridon/*

13. K. Laios; E. Lagiou; V. Konofaou; M. Piagkou y M. Karamanou, «From Thyroid Cartilage to Thyroid Gland», *Folia Morphol (Warsz).* 78 (1), 2019, pp. 171-173.

14. S. Mathews y S. Jain, «Anatomy, Head and Neck, Cricoid Cartilage», *StatPearls* [Internet], 8 de agosto de 2022, StatPearls Publishing, Treasure Island (FL), 2022 Jan. PMID: 30969643.

15. N. Romano y A. Castaldi, «Calcification of the Epiglottis: An Unusual Image», *Eur Ann Otorhinolaryngol Head Neck Dis.* 139 (1), 2022, pp. 53-54.

16. B. Pinilla, «*El planeta de los simios* (1968), de Franklin J. Schaffner, cuarenta años después», *Filmhistoria online* 19 (2-3), 2009.

17. M. Saran; B. Georgakopoulos y B. Bordoni, «Anatomy, Head and Neck, Larynx Vocal Cords», *StatPearls* [Internet], 8 de agosto de 2022, StatPearls Publishing, Treasure Island (FL), 2022 Jan. PMID: 30570963.

18. B. E. M. Brand-Saberi y T. Schäfer, «Trachea: anatomy and physiology», *Thorac Surg Clin.* 24 (1), 2014, pp. 1-5.

19. R. Chaudhry y B. Bordoni, «Anatomy, Thorax, Lungs», *StatPearls* [Internet], 25 de julio de 2022, StatPearls Publishing, Treasure Island (FL), 2023 Jan. PMID: 29262068.

20. S. Rehman y D. Bacha, «Embryology, Pulmonary», *StatPearls* [Internet], 8 de agosto de 2022, StatPearls Publishing, Treasure Island (FL), 2023 Jan. PMID: 31335092.

21. D. J. Minnich y D. J. Mathisen, «Anatomy of the Trachea, Carina, and Bronchi», *Thorac Surg Clin.* 17 (4), 2007, pp. 571-85.

## 8.  Tu depuradora de líquidos

1. R. M. Soriano; D. Penfold y S. W. Leslie, «Anatomy, Abdomen and Pelvis: Kidneys», *StatPearls* [Internet], 25 de julio de 2022, StatPearls Publishing, Treasure Island (FL), 2023 Jan. PMID: 29494007.

2. H. A. Lescay; J. Jiang y F. Tuma, «Anatomy, Abdomen and Pelvis Ureter», *StatPearls* [Internet], 22 de septiembre de 2022, StatPearls Publishing, Treasure Island (FL), 2023 Jan. PMID: 30422575.

3. E. S. Shermadou; S. Rahman y S. W. Leslie, «Anatomy, Abdomen and Pelvis: Bladder», *StatPearls* [Internet], 25 de julio de 2022, StatPearls Publishing, Treasure Island (FL), 2023 Jan. PMID: 30285360.

4. W. C. de Groat y N. Yoshimura, «Anatomy and Physiology of the Lower Urinary Tract», *Handb Clin Neurol.* 130, 2015, pp. 61-108.

5. S. Rehman y D. Ahmed, «Embryology, Kidney, Bladder, and Ureter», *StatPearls* [Internet], 8 de agosto de 2022, StatPearls Publishing, Treasure Island (FL), 2023 Jan. PMID: 31613527.

6. A. Madrazo-Ibarra y P. Vaitla, «Histology, Nephron», *StatPearls* [Internet], 17 de febrero de 2023, StatPearls Publishing, Treasure Island (FL), 2023 Jan. PMID: 32119298.

7. H. Mathiasen y C. Mag, «Vile Bodies: the Anatomy Lesson of Dr. Tulp», *Am J Med*. 123 (5), 2010, pp. 476-477.
8. M. J. Madison, «The Football as Intellectual Property Object», en D. Hunter y C. Op. Den Kamp (eds.), *A History of Intellectual Property in 50 Objects*, Cambridge University Press, Cambridge, 2017, pp. 313-320.
9. P. Sam; J. Jiang y C. A. LaGrange, «Anatomy, Abdomen and Pelvis, Sphincter Urethrae», *StatPearls* [Internet], 31 de octubre de 2022, Stat-Pearls Publishing, Treasure Island (FL), 2023 Jan. PMID: 29494045.
10. O. Singh y S. R. Bolla, «Anatomy, Abdomen and Pelvis, Prostate», *Stat-Pearls* [Internet], 25 de julio de 2022, StatPearls Publishing, Treasure Island (FL), 2023 Jan. PMID: 31082031.
11. R. A. Walker, «Nocturnal Enuresis», *Prim Care*. 46 (2), 2019, pp. 243-248.
12. *https://www.escritores.org/biografias/9782-jodorowsky-alejandro*
13. *https://www.alohacriticon.com/cine/actores-y-directores/michael-landon/*
14. *https://www.cronica.com.mx/notas-psst_historias_de_las_enfermedades_secretas-1160305-2020.html*

## 9. Tu continuidad

1. P. A. Aatsha; T. C. Arbor y K. Krishan, «Embryology, Sexual Development», *StatPearls* [Internet], 8 de septiembre de 2022, StatPearls Publishing, Treasure Island (FL), 2023 Jan. PMID: 32491533.
2. G. M. Wessel, «The Most Famous (or Important) Plumber of All! Caspar Friedrich Wolff (January 18, 1735-February 22, 1794)», *Mol Reprod Dev*. 82 (2), 2015, Fmi. doi: 10.1002/mrd.22460. PMID: 25663316.
3. F. Zhao; S. A. Grimm; S. Jia y H. H. Yao, «Contribution of the Wolffian Duct Mesenchyme to the Formation of the Female Reproductive Tract», *PNAS Nexus* 1 (4), 2022, pgac182. doi: 10.1093/pnasnexus/pgac182. PMID: 36204418; PMCID: PMC9523451.
4. H. G. Zimmer, «Johannes Müller», *Clin Cardiol*. 29 (7), 2006, pp. 327-8
5. *http://www.circopedia.org/The_Panteleenko_Brothers*
6. N. Das y T. R. Kumar, «Molecular Regulation of Follicle-Stimulating Hormone Synthesis, Secretion and Action», *J Mol Endocrinol*. 60 (3), 2018, R131-R155. doi: 10.1530/JME-17-0308. Epub 2018 Feb 7. PMID: 29437880; PMCID: PMC5851872.
7. B. C. Zulueta, «Master of the Master Gland: Choh Hao Li, the University of California, and Science, Migration, and Race», *Hist Stud Nat Sci*. 39 (2), 2009, pp. 129-70.

8. B. P. Setchell, «The Contributions of Regnier de Graaf to Reproductive Biology», *Eur J Obstet Gynecol Reprod Biol.* 4 (1), 1974, pp. 1-13.

9. H. Ellis, «Gabriele Fallopio (Fallopius): A Father of Modern Anatomy», *Br J Hosp Med (Lond).* 73 (12), 2012, p. 709. doi: 10.12968/hmed.2012.73.12.709. PMID: 23502202.

10. *https://actualidad.tuamc.tv/archivo-canal-historia/el-origen-del-preservativo/*

11. *https://www.teatrocircoprice.es/blog/pinito-del-oro-la-reina-del-trapecio*

12. J. R. McIntosh, «Mitosis», *Cold Spring Harb Perspect Biol.* 8 (9), 2016, a023218. doi: 10.1101/cshperspect.a023218. PMID: 27587616; PMCID: PMC5008068.

13. R. S. Hawley, «Human Meiosis: Model Organisms Address the Maternal Age Effect», *Curr Biol.* 13 (8), 2003, R305-7. doi: 10.1016/s0960-9822(03)00232-x. PMID: 12699640.

14. M. Moncada-Madrazo y C. Rodríguez Valero, «Embryology, Uterus», *StatPearls* [Internet], 25 de julio de 2022, StatPearls Publishing, Treasure Island (FL), 2023 Jan. PMID: 31613528.

15. P. S. Cooke; M. K. Nanjappa; C. Ko; G. S. Prins y R. A. Hess, «Estrogens in Male Physiology», *Physiol Rev.* 97 (3), 2017, pp. 995-1043.

16. R. Arencibia Jorge, «Operación cesárea: recuento histórico», *Rev. Salud pública* [online], 4 (2), 2002, pp. 170-185.

17. B. T. Haylen; D. Vu y A. Wong, «Surgical Anatomy of the Vaginal Introitus», *Neurourol Urodyn.* 41 (6), 2022, pp. 1240-1247.

18. M. S. Tiwana y S. W. Leslie, «Anatomy, Abdomen and Pelvis: Testicle», *StatPearls* [Internet], 25 de julio de 2022, StatPearls Publishing, Treasure Island (FL), 2023 Jan. PMID: 29261881.

19. G. N. Nassar y S. W. Leslie, «Physiology, Testosterone», *StatPearls* [Internet], 2 de enero de 2023, StatPearls Publishing, Treasure Island (FL), 2023 Jan. PMID: 30252384.

20. *https://www.plateamagazine.com/articulos/248-carlo-broschi-un-dios-un-farinelli*

21. A. Sansone; M. Sansone; D. Vaamonde; P. Sgrò; C. Salzano; F. Romanelli; A. Lenzi y L. Di Luigi, «Sport, Doping and Male Fertility», *Reprod Biol Endocrinol.* 16 (1), 2018, p. 114. doi: 10.1186/s12958-018-0435-x. PMID: 30415644; PMCID: PMC6231265

22. C. Giménez Pardo y A. Giménez, Alfonso, «¿Qué?... ¿Dopaje en la Antigüedad clásica?», *Revista de Investigación y Educación en Ciencias de la Salud (RIECS)* 7, 2022, pp. 101-103. 10.37536/RIECS.2022.7.1.311

23. H. W. Herr, «Percivall Pott, the Environment and Cancer», *BJU Int.* 108 (4), 2011, pp. 479-81.

24. «1999 Andrea Prader Award», *Horm Res.* 53 (2), 2000, pp. 104-5.

25. *https://resolviendolaincognita.blogspot.com/2020/07/tribu-africana-testiculos-gigantes.html*

26. R. Sullivan; C. Légaré; J. Lamontagne-Proulx; S. Breton y D. Soulet, «Revisiting Structure/Functions of the Human Epididymis», *Andrology* 7 (5), 2019, pp. 748-757

27. D. P. Gatley, «Grosvenor humidity chart», *Ashrae Journal* 50(10), 2008, pp. 60-65.

28. E. H. Wu y F. L. De Cicco, «Anatomy, Abdomen and Pelvis, Male Genitourinary Tract», *StatPearls* [Internet], 12 de septiembre de 2022, Stat-Pearls Publishing, Treasure Island (FL), 2023 Jan. PMID: 32965962.

29. R. A. Jesinger, «Breast anatomy for the interventionalist», *Tech Vasc Interv Radiol.* 17 (1), 2014, pp. 3-9.

30. E. Doganay, «Sir Astley Paston Cooper (1768-1841): The Man and His Personality», *J Med Biogr.* 23 (4), 2015, pp. 209-16.

31. P. A. Aatsha; T. C. Arbor y K. Krishan, «Embryology, Sexual Development»…, *op. cit.*

32. C. M. Lindquist; P. Nikolaidis; P. K. Mittal y F. H. Miller, «MRI of the Penis», *Abdom Radiol (NY).* 45 (7), 2020, pp. 2001-2017.

33. L. A. Jackson; A. M. Hare; K. S. Carrick; D. M. O. Ramírez; J. J. Hamner y M. M. Corton, «Anatomy, Histology, and Nerve Density of Clitoris and Associated Structures: Clinical Applications to Vulvar Surgery», *Am J Obstet Gynecol.* 221 (5), 2019, 519.e1-519.e9. doi: 10.1016/j.ajog.2019.06.048. Epub 2019 Jun 27. PMID: 31254525.

34. E. Hobby, «"Secrets of the female sex": Jane Sharp, the Reproductive Female Body, and Early Modern Midwifery Manuals», *Womens Writ.* 8 (2), 2001, pp. 201-12.

## 10. Tu observatorio

1. N. A. Bahcall, «Vera Rubin (1928-2016)», *Nature* 542 (7639), 2017, p. 32. doi: 10.1038/542032a. PMID: 28150763.

2. P. Kubánek; D. Neill; T. W. Tsai; D. Mills; T. Ribeiro; F. Daruich y O. Wiecha, «Simonyi Survey Telescope M1M3 Control System», en *Software and Cyberinfrastructure for Astronomy VII*, 12189, 2022, pp. 199-211.

3. N. Picciani; J. R. Kerlin; K. Jindrich; N. M. Hensley; D. A. Gold y T. H. Oakley, «Light Modulated Cnidocyte Discharge Predates the Origins of Eyes in Cnidaria», *Ecol Evol.* 11 (9), 2021, pp. 3933-3940.

4. J. B. Miesfeld y N. L. Brown, «Eye Organogenesis: A Hierarchical View of Ocular Development», *Curr Top Dev Biol.* 132, 2019, pp. 351-393.

5. J. F. Hejtmancik y A. Shiels, «Overview of the Lens», *Prog Mol Biol Transl Sci.* 134, 2015, pp. 119-27.

6. T. R. Bales; M. J. López y J. Clark, «Embryology, Eye», *StatPearls* [Internet], 30 de marzo de 2022, StatPearls Publishing, Treasure Island (FL), 2023 Jan. PMID: 30860715.

7. *https://dle.rae.es/pupilo*

8. T. Pradeep; D. Mehra y P. H. Le, «Histology, Eye», *StatPearls* [Internet], 8 de mayo de 2022, StatPearls Publishing, Treasure Island (FL), 2023 Jan. PMID: 31335063.

9. O. Arrigoni y M. C. De Tullio, «Ascorbic Acid: Much More Than Just an Antioxidant», *Biochim Biophys Acta.* 1569 (1-3), 2002, pp. 1-9. doi: 10.1016/s0304-4165(01)00235-5. PMID: 11853951.

10. *https://www.biblia.work/diccionarios/shekinah/*

11. B. Gurnani y K. Kaur, «Meibomian Gland Disease», *StatPearls* [Internet], 6 de diciembre de 2022, StatPearls Publishing, Treasure Island (FL), 2023 Jan. PMID: 35593799.

12. J. Bloom; M. Motlagh y C. N. Czyz, «Anatomy, Head and Neck: Eye Iris Sphincter Muscle», *StatPearls* [Internet], 19 de julio de 2022, StatPearls Publishing, Treasure Island (FL), 2023 Jan. PMID: 30335285.

13. R. Navarro; V. Lockett-Ruiz y J. L. López, «Analytical Ray Transfer Matrix for The Crystalline Lens», *Biomed Opt Express.* 13 (11), 2022, pp. 5.836-5.848.

14. E. Keeling; D. S. Chatelet; N. Y. T. Tan; F. Khan; R. Richards; T. Thisainathan; P. Goggin; A. Page; D. A. Tumbarello; A. J. Lotery y J. A. Ratnayaka, «3D-Reconstructed Retinal Pigment Epithelial Cells Provide Insights into the Anatomy of the Outer Retina», *Int J Mol Sci.* 21 (21), 2020, p. 8408. doi: 10.3390/ijms21218408. PMID: 33182490; PMCID: PMC7672636.

15. M. K. Walker; M. M. Schornack y S. J. Vincent, «Anatomical and Physiological Considerations in Scleral Lens Wear: Eyelids and Tear Film», *Cont Lens Anterior Eye.* 44 (5), 2021, p. 101.407. doi: 10.1016/j.clae.2021.01.002. Epub 2021 Jan 16. PMID: 33468392.

16. R. Haidar, «Joseph Nicéphore Niépce», *Photoniques* 64, 2013, pp. 21-22.

## 11. Tu oído, un melómano equilibrista

1. M. Helwany; T. C. Arbor y P. Tadi, «Embryology, Ear», *StatPearls* [Internet], 14 de agosto de 2022, StatPearls Publishing, Treasure Island (FL), 2023 Jan. PMID: 32491520.

2. «David Julius», *Neuron*. 110 (4), 2022, pp. 571-573. doi: 10.1016/j.neuron.2022.01.031. PMID: 35176242.

3. «Ardem Patapoutian», *Neuron*. 110 (4), 2022, pp. 574-575. doi: 10.1016/j.neuron.2022.01.030. PMID: 35176243.

4. J. C. Benson y J. I. Lane, «Temporal Bone Anatomy», *Neuroimaging Clin N Am*. 32 (4), 2022, pp. 763-775.

5. K. I. Kellermann, «Obituary: Grote Reber (1911-2002)», *Nature* 421 (6923), 2003, p. 596. doi: 10.1038/421596a. PMID: 12571584.

6. S. Erdem; Z. Fazliogullari; A. Ural; A. K. Karabulut y N. Unver Dogan, «External Ear Anatomy and Variations in Neonates», *Congenit Anom (Kyoto)*. 62 (5), 2022, pp. 208-216.

7. A. G. Hunter y T. Yotsuyanagi, «The External Ear: More Attention to Detail May Aid Syndrome Diagnosis and Contribute Answers to Embryological Questions», *Am J Med Genet A*. 135 (3), 2005, pp. 237-50.

8. P. D. Welsby y D. Bannister, «Vincent van Gogh's Ear Put to Rights», *Postgrad Med J*. 96 (1138), 2020, p. 502. doi: 10.1136/postgradmedj-2020-137582. Epub 2020 Mar 5. PMID: 32139469.

9. *https://www.franciscanos.org/santoral/jduns.htm*

10. G. Volandri; F. Di Puccio; P. Forte y C. Carmignani, «Biomechanics of the Tympanic Membrane», *J Biomech*. 44 (7), 2011, pp. 1.219-1.236.

11. D. Marchioni; A. Rubini y D. Soloperto, «Endoscopic Ear Surgery: Redefining Middle Ear Anatomy and Physiology», *Otolaryngol Clin North Am*. 54 (1), 2021, pp. 25-43.

12. T. George y B. Bordoni, «Anatomy, Head and Neck, Ear Ossicles», *StatPearls* [Internet], 9 de abril de 2022, StatPearls Publishing, Treasure Island (FL), 2023 Jan. PMID: 34033311.

13. *https://www.culturagenial.com/es/hamlet/*

14. A. Dario; G. O. Armocida y D. Locatelli, «An Ancestor of the Stereotactic Atlases: the Tabulae Anatomicae of Bartolomeo Eustachio», *Neurosurg Focus*. 47 (3), 2019, E11. doi: 10.3171/2019.6.FOCUS19339. PMID: 31473670.

15. J. A. Schultz; U. Zeller y Z. X. Luo, «Inner Ear Labyrinth Anatomy of Monotremes and Implications for Mammalian Inner Ear Evolution», *J Morphol.* 278 (2), 2017, pp. 236-263.

16. S. Ohira; M. Komori; M. Nakamura; K. Matsuura; H. Osafune, R. Kajiwara y K. Wada, «Morphological Relationships Between External Auditory Canal and Vital Structures of Tympanic Cavity», *Head Face Med.* 18 (1), 2022, pp. 35. doi: 10.1186/s13005-022-00341-2. PMID: 36401294; PMCID: PMC9675265.

17. J. C. Benson; M. L. Carlson y J. I. Lane, «MRI of the Internal Auditory Canal, Labyrinth, and Middle Ear: How We Do It», *Radiology* 297 (2), 2020, pp. 252-265.

18. J. F. Wagner y A. Trierenberg, «The machine of Bohnenberger», en E. Stein (ed.), *The History of Theoretical, Material and Computational Mechanics-Mathematics Meets Mechanics and Engineering*, Springer, Heidelberg, 2014, pp. 81-100.

19. S. Khan y R. Chang, «Anatomy of the Vestibular System: A Review», *NeuroRehabilitation* 32 (3), 2013, pp.437-43.

## 12. Tu blanda cámara acorazada

1. W. Lopez-Ojeda; A. Pandey; M. Alhajj y A. M. Oakley, «Anatomy, Skin (Integument)», *StatPearls* [Internet], 17 de octubre de 2022, StatPearls Publishing, Treasure Island (FL), 2023 Jan. PMID: 28723009.

2. E. Proksch; J. M. Brandner y J. M. Jensen, «The Skin: An Indispensable Barrier», *Exp Dermatol.* 17 (12), 2008, pp. 1063-72.

3. K. Nishijima; M. Yoneda; T. Hirai; K. Takakuwa y T. Enomoto, «Biology of the Vernix Caseosa: A Review», *J Obstet Gynaecol Res.* 45 (11), 2019, pp. 2.145-2.149.

4. W. Buchwald y B. Grubska, «A Complex Evaluation of the Asymmetry of Dermatoglyphs», *Homo* 63 (5), 2012, pp. 385-95.

5. P. Fughelli; A. Stella y A. V. Sterpetti, «Marcello Malpighi (1628-1694)», *Circ Res.* 124 (10), 2019, pp. 1.430-1.432.

6. *https://www.alamy.es/hermann-welcker-1822-1897-anatomista-y-antropologo-aleman-image340397914.html*

7. M. E. McNamara; V. Rossi; T. S. Slater; C. S. Rogers; A. L. Ducrest; S. Dubey y A. Roulin, «Decoding the Evolution of Melanin in Vertebrates», *Trends Ecol Evol.* 36 (5), 2021, pp. 430-443.

8. M. C. Brindise; K. Buno; L. Solorio y P. P. Vlachos, «Automated Layer Identification Method for Skin Tissue Histology Images», *Ann Biomed Eng.* 51 (2), 2023, pp. 443-455.

9. I. R. Kelly; N. Doytch y D. Dave, «How Does Body Mass Index Affect Economic Growth? A Comparative Analysis of Countries by Levels of Economic Development», *Econ Hum Biol.* 34, 2019, pp. 58-73.

10. L. López-Hernández; P. Pérez-Ros; M. Fargueta; L. Elvira; J. López-Soler y A. Pablos, «Identifying Predictors of the Visceral Fat Index in the Obese and Overweight Population to Manage Obesity: A Randomized Intervention Study», *Obes Facts.* 13 (3), 2020, pp. 403-414.

11. J. Al-Ahmadi; S. Enani; S. Bahijri; R. Al-Raddadi; H. Jambi; B. Eldakhakhny, A. Borai; G. Ajabnoor y J. Tuomilehto, «Association Between Anthropometric Indices and Nonanthropometric Components of Metabolic Syndrome in Saudi Adults», *J Endocr Soc.* 6 (6), 2022, bvac055. doi: 10.1210/jendso/bvac055. PMID: 35592514; PMCID: PMC9113350.

12. A. Bellisari, «Evolutionary Origins of Obesity», *Obes Rev.* 9 (2), 2008, pp. 165-80.

13. M. Blüher, «Obesity: Global Epidemiology and Pathogenesis», *Nat Rev Endocrinol.* 15 (5), 2019, pp. 288-298.

14. S. Agarwal y K. Krishnamurthy, «Histology, Skin», *StatPearls* [Internet], 8 de mayo de 2022, StatPearls Publishing, Treasure Island (FL), 2023 Jan. PMID: 30726010.

15. L. B. Baker, «Physiology of Sweat Gland Function: The Roles of Sweating and Sweat Composition In Human Health», *Temperature (Austin)*, 6 (3), 2019, pp. 211-259.

## 13. Tu director de orquesta

1. C. Watson, «Carlos Kleiber and Strauss' Die Fledermaus: A Lifelong Obsession», *CODA Journal. The Online Journal of the College Orchestra Directors Association* 12, 2019, pp. 20-36.

2. B. Seldes, *Leonard Bernstein: the political life of an American musician*, Univ of California Press, Berkeley, 2009.

3. J. A. V. del Campo, «Claudio Abbado: inteligencia y sencillez», *Minerva. Revista del Círculo de Bellas Artes* 17, 2011, pp. 86-88.

4.  M. P. Fernández; B. M. Arisi y A. P. Caramori, «La primera mujer directora de la Orquesta Filarmónica de Montevideo: entrevista con Ligia Amadio», *Revista Estudos Feministas*, 28 (2), 2020.

5.  B. Pollack, «Interview with a Music Director: Marin Alsop», *Harmony* 2, 1996, pp. 44-49.

6.  M. M. Hénonin, «Género, clase y dirección de orquesta. El caso de Alondra de la Parra», en L. Alegre y J. David (coords.), *Sonido, escucha y poder*, Universidad Nacional Autónoma de México, México, 2021, pp. 117-145.

7.  *https://www.economiadigital.es/tendenciashoy/cultura/adrian-rincon-la-musica-en-sus-manos.html*

8.  R. A. Moreno y A. I. Holodny, «Functional Brain Anatomy», *Neuroimaging Clin N Am.* 31 (1), 2021, pp. 33-51.

9.  R. Singh y S. Munakomi, «Embryology, Neural Tube», *StatPearls* [Internet], 1 de mayo de 2023, StatPearls Publishing, Treasure Island (FL), 2023 Jan. PMID: 31194425.

10. P. E. Ludwig; V. Reddy y M. Varacallo, «Neuroanatomy, Neurons», *StatPearls* [Internet], 25 de julio de 2022, StatPearls Publishing, Treasure Island (FL), 2023 Jan. PMID: 28723006.

11. L. Sancho; M. Contreras y N. J. Allen, «Glia as Sculptors of Synaptic Plasticity», *Neurosci Res.* 167, 2021, pp. 17-29.

12. J. M. S. Ron, «José Echegaray: entre la ciencia, el teatro y la política», *Arbor*, 179 (707/708), 2004, pp. 601-688.

13. J. Berciano; M. Lafarga y M. Berciano, «Santiago Ramón y Cajal», *Neurología* 16(3), 2001, pp. 118-21.

14. *https://www.lecturalia.com/autor/1921/jacinto-benavente*

15. *https://historia.nationalgeographic.com.es/a/juan-ramon-jimenez-poeta-belleza_17494*

16. S. Y. Tan y K. Pettigrew, «Severo Ochoa (1905-1993): The Man Behind RNA», *Singapore Med J.* 59 (1), 2018, pp. 3-4.

17. *https://www.lecturalia.com/autor/1719/vicente-aleixandre*

18. *https://www.lecturalia.com/autor/5162/camilo-jose-cela*

19. M. K. Ganapathy; V. Reddy y P. Tadi, «Neuroanatomy, Spinal Cord Morphology», *StatPearls* [Internet], 24 de octubre de 2022, StatPearls Publishing, Treasure Island (FL), 2023 Jan. PMID: 31424790.

20. B. Leung y S. M. Shimeld, «Evolution of Vertebrate Spinal Cord Patterning», *Dev Dyn.* 248 (11), 2019, pp. 1.028-1.043.

21. E. Saker; B. M. Henry; K. A. Tomaszewski, M. Loukas; J. Iwanaga; R. J. Oskouian y R. S. Tubbs, «The Human Central Canal of the Spinal

Cord: A Comprehensive Review of its Anatomy, Embryology, Molecular Development, Variants, and Pathology», *Cureus*. 8 (12), 2016, e927. doi: 10.7759/cureus.927. PMID: 28097078; PMCID: PMC5234862.

22. S. A. Mangold y J. M. Das, «Neuroanatomy, Reticular Formation», *StatPearls* [Intcrnct], 25 de julio de 2022, StatPearls Publishing, Treasure Island (FL), 2023 Jan. PMID: 32310562.

23. J. D. Schmahmann, «The Cerebellum and Cognition», *Neurosci Lett.* 688, 2019, pp. 62-75.

24. M. H. Bear; V. Reddy y P. C. Bollu, «Neuroanatomy, Hypothalamus», *StatPearls* [Internet], 10 de octubre de 2022, StatPearls Publishing, Treasure Island (FL), 2023 Jan. PMID: 30252249.

25. M. T. Herrero; C. Barcia y J. M. Navarro, «Functional Anatomy of Thalamus and Basal Ganglia», *Childs Nerv Syst.* 18 (8), 2002, pp. 386-404.

26. J. Arendt y A. Aulinas, «Physiology of the Pineal Gland and Melatonin», *Endotext* [Internet], 30 de octubre de 2022, South Dartmouth (MA), MDText.com, Inc., 2000. PMID: 31841296.

27. B. Pukenas, «Normal Brain Anatomy on Magnetic Resonance Imaging», *Magn Reson Imaging Clin N Am.* 19 (3), 2011, pp. 429-37.

28. C. Fields y M. Levin, «Does Regeneration Recapitulate Phylogeny? Planaria as a Model of Body-Axis Specification In Ancestral Eumetazoa», *Commun Integr Biol.* 13 (1), 2020, pp. 27-38.

29. J. H. Johnson y Y. Al Khalili, «Histology, Myelin», *StatPearls* [Internet], 1 de mayo de 2023, StatPearls Publishing, Treasure Island (FL), 2023 Jan. PMID: 31082053.

30. R. Macchiarelli; A. Bergeret-Medina; D. Marchi y B. Wood, «Nature and Relationships of *Sahelanthropus tchadensis*», *J Hum Evol.* 149, 2020, p. 102.898. doi: 10.1016/j.jhevol.2020.102898. Epub 2020 Nov 1. PMID: 33142154.

31. A. Kuperavage; D. Pokrajac; S. Chavanaves y R. B. Eckhardt, «Earliest Known Hominin Calcar Femorale in *Orrorin tugenensis* Provides Further Internal Anatomical Evidence for Origin of Human Bipedal Locomotion», *Anat Rec (Hoboken)* 301 (11), 2018, pp. 1.834-1.839.

32. S. N. Cobb, «The Facial Skeleton of the Chimpanzee-Human Last Common Ancestor», *J Anat.* 212 (4), 2008, pp. 469-85.

33. K. Javed; V. Reddy y F. Lui, «Neuroanatomy, Cerebral Cortex», *StatPearls* [Internet], 25 de julio de 2022, StatPearls Publishing, Treasure Island (FL), 2023 Jan. PMID: 30725932.

34. R. Olry, «Korbinian Brodmann (1868-1918)», *J Neurol.* 257 (12), 2010, pp. 2.112-3.

35. N. Toodayan, «Professor Alois Alzheimer (1864-1915): Lest We Forget», *J Clin Neurosci.* 31, 2016, pp. 47-55.

36. F. Pillmann, «Carl Wernicke (1848-1905)», *J Neurol.* 250 (11), 2003, pp. 1.390-1.391.

37. T. Boraud y S. J. Forkel, «Paul Broca: From Fame to Shame?», *Brain.* 145 (3), 2002, pp. 801-804.

38. P. Chauhan; K. Jethwa; A. Rathawa; G. Chauhan y S. Mehra, «The Anatomy of the Hippocampus», en R. Pluta (ed.), *Cerebral Ischemia* [Internet], Exon Publications, Brisbane (AU), 2021, pp. 17-30. PMID: 34905307.

39. C. Sam y B. Bordoni, «Physiology, Acetylcholine», *StatPearls* [Internet], 10 de abril de 2023, StatPearls Publishing, Treasure Island (FL), 2023 Jan. PMID: 32491757.

40. A. Bakshi y P. Tadi, «Biochemistry, Serotonin», *StatPearls* [Internet], 5 de octubre de 2022, StatPearls Publishing, Treasure Island (FL), 2023 Jan. PMID: 32809691.

41. K. M. Costa y G. Schoenbaum, «Dopamine», *Curr Biol.* 32 (15), 2022, R817-R824. doi: 10.1016/j.cub.2022.06.060. PMID: 35944478.

42. S. C. Bradford, «The History of Adrenalin. 1915», *Sci Prog.* 98 (3), 2015, pp. 306-8. doi: 10.3184/003685015X14401543180542. PMID: 26601344.

43. J. T. Kaiser y J. G. Lugo-Pico, «Neuroanatomy, Spinal Nerves», *StatPearls* [Internet], 22 de agosto de 2022, StatPearls Publishing, Treasure Island (FL), 2023 Jan. PMID: 31194375.

44. M. C. Davis; C. J. Griessenauer; A. N. Bosmia; R. S. Tubbs y M. M. Shoja, «The Naming of the Cranial Nerves: A Historical Review», *Clin Anat.* 27 (1), 2014, pp. 14-19.

45. J. A. Waxenbaum; V. Reddy y M. Varacallo, «Anatomy, Autonomic Nervous System», *StatPearls* [Internet], 25 de julio de 2022, StatPearls Publishing, Treasure Island (FL), 2023 Jan. PMID: 3096966.